空间生命保障系统译丛
名誉主编　赵玉芬　主编　邓玉林

载人航天生命保障技术

Life Support Systems for Humans in Space

［美］埃里克·西德豪斯（Erik Seedhouse）　编
郭双生　毛瑞鑫　译

北京理工大学出版社
BEIJING INSTITUTE OF TECHNOLOGY PRESS

内 容 简 介

本书由美国安柏瑞德航空大学的埃里克·西德豪斯（Erik Seedhouse）资深教授编写，其强调了综合生命保障技术的概念，即涉及到各种低地球轨道航天器座舱内的环境控制和生活物资保障、航天医学和营养保障、舱外活动防护服的生命保障、长期载人航天植物栽培等受控生态生命保障技术等，对载人航天生命保障技术进行了较为全面和深入的介绍，在本领域是一本较为难得的专著。

本书可供从事载人航天生命保障技术研究的科研人员参考，也可供航天知识爱好者参阅。

版权专有　侵权必究

图书在版编目（CIP）数据

载人航天生命保障技术 /（美）埃里克·西德豪斯编；
郭双生，毛瑞鑫译. -- 北京：北京理工大学出版社，
2024. 5.
ISBN 978-7-5763-4136-2

Ⅰ．V529；R852.8

中国国家版本馆 CIP 数据核字第 2024D26Q98 号

北京市版权局著作权合同登记号　图字：01-2024-2236
First published in English under the title
Life Support Systems for Humans in Space
by Erik Seedhouse, edition: 1
Copyright @ Springer Nature Switzerland AG, 2020
This edition has been translated and published under licence from
Springer Nature Switzerland AG.
Springer Nature Switzerland AG takes no responsibility and shall not be made liable for the accuracy of the translation.

责任编辑：芈　岚	文案编辑：芈　岚
责任校对：刘亚男	责任印制：李志强

出版发行 / 北京理工大学出版社有限责任公司
社　　址 / 北京市丰台区四合庄路 6 号
邮　　编 / 100070
电　　话 /（010）68944439（学术售后服务热线）
网　　址 / http://www.bitpress.com.cn

版印次 / 2024 年 5 月第 1 版第 1 次印刷
印　刷 / 三河市华骏印务包装有限公司
开　本 / 710 mm×1000 mm　1/16
印　张 / 21
字　数 / 312 千字
定　价 / 94.00 元

图书出现印装质量问题，请拨打售后服务热线，负责调换

译者序

近年来,译者在阅读参考文献时意外看到了《载人航天生命保障技术》(*Life Support Systems for Humans in Space*)这本外文专著。当后来设法得到这本书的电子版时,发现该书有很多令人感兴趣的地方,于是组织进行了翻译。

本书的作者埃里克·西德豪斯(Erik Seedhouse,以下简称为埃里克),是美国安柏瑞德航空大学(Embry-Riddle Aeronautical University)航天操作与人因航空安全系(Spaceflight Operations and Human Factors Aviation Safety)的一名资深教授,先后出版了《月球基地:建立月球固定居所的挑战》《火星探险中的生存与牺牲:极地探险启示录》和《航天人因学》等多本专著。本书由著名的施普林格(Springer)出版社于2020年出版。

本书共包括九章,主要包括:生命保障系统的基础、太空生理学和心理学、开环与闭环生命保障系统、生命保障系统的演变与发展、国际空间站生命保障系统、舱外活动、太空不利环境因素的对抗措施、太空植物种植、未来生命保障技术概念。本书的特点之一是强调了综合生命保障技术的概念,即涉及到各种低地球轨道航天器座舱内的环境控制和生活物资保障、航天医学和营养保障、舱外活动防护服的生命保障、长期载人航天植物栽培等受控生态生命保障技术以及未来生命保障技术的发展理念等,对国际上的载人航天生命保障技术做了较为全面、系统而深入的介绍与分析,可以说在本领域是一本较为难得的专著。

另外,作者在本书中提出了许多新颖的观点或看法。例如,为了实现未来登陆并长期驻留火星等长时间在封闭、隔离且险恶的环境中进行载人深空探测的目标，作者提出可以借鉴最早进行南北极科学考察的探险家们的经历，包括他们对探险队员在职业、身体和心理学等方面进行挑选与培训的一系列经验和教训。另外，强调了对航天员，进行良好的心理学培训与咨询的重要性，即如何使航天员能够保持作者健康的心态，出现心理疾病问题，甚至走向犯罪（例如NASA的一名女航天员就因心理问题而成了一名罪犯）。另外，作者提出在往返火星的漫长飞行中，可以使航天员像动物那样进行冬眠（在书中也提到俄罗斯寒冷地区的少部分农民在冬天也会进行冬眠），这样就会大大减少在火星飞船上的生保物资（包括食物、氧气和水）的供应量和废物的产生量，便于实现载人火星任务的往返飞行和在火星表面的短暂驻留，进而实现长期驻留。再者，作者提出在未来载人航天器和太空基地创建人工重力的重要性及基本措施。

本书较为专业，但也具有一定的通俗性，可供科研院所的研究人员和大专院校的师生参阅，也可作为大专院校的辅助教材。另外，可供从事短期和长期载人航天环境控制与生命保障技术研究的科研人员参考，也可供航天知识爱好者阅读。

本书由译者全面组织翻译工作。需要说明的是，本书的翻译和校对得到了很多同志的关心、鼓励与支持。这里，首先要感谢合肥高新区太空科技研究中心的熊姜玲、王鹏和王振三位科研人员，他们参加了本书的初步校对和图片的翻译绘制工作。衷心感谢家人在本书的翻译和校对过程中给予的关心、帮助与支持。感谢国家出版基金项目的支持。另外，感谢北京理工大学出版社编辑对书稿进行了耐心、仔细且不厌其烦的审校。

由于译者的水平有限，在本书中出现翻译不准确甚至错误之处在所难免，敬请广大读者和航天科技爱好者多加批评指正！

作者序

> 这里的气温并不是特别低,但可怕的风穿透了我们帐篷脆弱的布料,风产生的大量气流,使我们无法保持温暖。昨天吃晚饭时,我们的饮用水还没来得及喝就在锡罐里冻住了,我们渴的不行。
> ——英国南极探险家欧内斯特·沙克尔顿(Ernest Shackleton),《南极时报》

我为本科生和研究生教授了许多关于生命保障的系统类课程。每门课程结束后,我都鼓励学生撰写课程评价,在这些评价中重复最多的评论之一是没有专门的关于航天生命保障系统的教科书。彼得·埃卡特(Peter Eckart)的著作《航天生命保障与生物圈科学》(*Spaceflight Life Support and Biospherics*)一书,包含了我教授课程中的一些内容,但这本书早在1996年就出版了,自那以后,这门学科已经发生了很多变化。

因此,我决定自己撰写本书。本书旨在为我教授的大量关于航天生命保障主题和包括生命保障主题在内的其他课程提供支撑。希望这本书也能为世界各地的其他大学和学院的相关课程提供参考。本书是一本教材,用循序渐进的方法来回答航天生命保障的核心问题。除了作为教材,本书还旨在为航天生命保障学科和相关技术提供有用信息,以实现使航天员能够在太空中度过数月甚至更久时间的目标。

本书未能涵盖航天生命保障的所有主题,因此,也推荐阅读另一本重要的参考书,即《航天器和地外栖息地的生命保障系统手册》(*Handbook of Life Support Systems for Spacecraft and Extraterrestrial Habitats*)。这本参考书由施普林格出版社出版,在撰写本书时已接近完成,我也是该参考书的联合主编之一。

  在撰写本书时,我有幸得到许多评论家对本书的上佳评论。我也感谢毛利·所罗门(Maury Solomon)和汉那·考夫曼(Hannah Kaufman)以及他们在施普林格的团队在这本书的出版过程中所给予的指导。另外,感谢施普林格出版社内容解决方案公司的项目经理埃卢尔洛尼卡·帕斯纳山(ArulRonika Pathinathan)女士及其制作团队,也感谢所有为本书提供图片的人们。

埃里克·西德豪斯博士

美国佛罗里达州代顿海滩市安柏瑞德航空大学

2020 年 8 月

目 录

第 1 章　生命保障系统的基础　　1
  1.1　引言　　1
  1.2　大气层　　2
  1.3　岩石圈、水圈和生物圈　　4
  1.4　生物圈中的物质循环　　5
    1.4.1　氧循环　　5
    1.4.2　氮循环　　6
    1.4.3　碳循环　　7
    1.4.4　磷循环　　8
  1.5　太空环境　　8
    1.5.1　辐射　　9
    1.5.2　重力　　12
    1.5.3　太空垃圾　　13
    1.5.4　真空　　14
  1.6　行星环境　　17
    1.6.1　月球　　18
    1.6.2　火星　　19

参考文献 21
　　延伸阅读文献 22
第 2 章　太空生理学和心理学 23
　2.1　引言 24
　2.2　骨丢失 24
　　2.2.1　太空中的骨丢失 25
　　2.2.2　预防骨丢失的措施 27
　2.3　肌肉流失 28
　　2.3.1　肌肉生理学 28
　　2.3.2　太空中的肌肉萎缩 29
　2.4　神经前庭效应 30
　2.5　视力障碍 33
　　2.5.1　基本理论 33
　　2.5.2　案例研究 34
　　2.5.3　颅内压 36
　　2.5.4　脑脊液 37
　　2.5.5　视神经鞘直径 37
　　2.5.6　眼球后部扁平化 38
　　2.5.7　微结构解剖学差异 38
　2.6　心血管系统 39
　　2.6.1　液体转移 39
　　2.6.2　利尿 39
　2.7　营养问题 41
　　2.7.1　太空食品系统 42
　　2.7.2　保障营养的对策 43

2.8 社会心理学支持 — 44
2.8.1 队员选拔 — 45
2.8.2 品行不良的航天员 — 47
2.8.3 禁闭 — 49
2.8.4 健康本源学 — 51
2.9 免疫系统 — 53
2.10 辐射 — 54
2.10.1 银河宇宙射线（GCR） — 55
2.10.2 银河宇宙射线测量 — 55
2.10.3 太阳粒子事件（SPE） — 55
2.10.4 太阳粒子辐射测量 — 56
2.10.5 国际空间站上的辐射剂量 — 57
2.10.6 辐射与航天员的健康 — 58
2.10.7 航天飞行器内的辐射 — 59
2.10.8 受到空间辐射的生物医学后果 — 60
2.10.9 神经形成发生改变 — 63
2.10.10 氧化损伤 — 63
2.10.11 阿尔茨海默病 — 64
2.10.12 辐射引起的骨丢失 — 64

参考文献 — 66

第3章 开环与闭环生命保障系统 — 72
3.1 引言 — 72
3.2 开环与闭环生命保障系统 — 73
3.3 生命保障系统的设计因素 — 74
3.3.1 航天员需求 — 80

3.3.2　环境需求：辐射防护　　　　　　　　　　　　　　　80
　　　3.3.3　环境需求：代谢率　　　　　　　　　　　　　　　81
　　　3.3.4　环境需求：营养　　　　　　　　　　　　　　　　83
　3.4　物理化学生命保障系统　　　　　　　　　　　　　　　　84
　3.5　生物再生生命保障系统　　　　　　　　　　　　　　　　87
　3.6　受控生态生命保障系统　　　　　　　　　　　　　　　　89
　参考文献　　　　　　　　　　　　　　　　　　　　　　　　　93
　延伸阅读文献　　　　　　　　　　　　　　　　　　　　　　　96

第4章　生命保障系统的演变与发展　　　　　　　　　　　　　97

　4.1　引言　　　　　　　　　　　　　　　　　　　　　　　　97
　4.2　"水星"计划　　　　　　　　　　　　　　　　　　　　98
　　　4.2.1　生命保障系统　　　　　　　　　　　　　　　　　99
　　　4.2.2　加压服　　　　　　　　　　　　　　　　　　　　100
　　　4.2.3　座舱控制系统　　　　　　　　　　　　　　　　　101
　　　4.2.4　仪表面板使用方法　　　　　　　　　　　　　　　102
　　　4.2.5　系统操作方法　　　　　　　　　　　　　　　　　102
　　　4.2.6　医学保障措施　　　　　　　　　　　　　　　　　102
　4.3　"双子座"计划　　　　　　　　　　　　　　　　　　　105
　　　4.3.1　生命保障系统　　　　　　　　　　　　　　　　　105
　　　4.3.2　生理指标测量　　　　　　　　　　　　　　　　　109
　　　4.3.3　舱外活动（EVA）　　　　　　　　　　　　　　　110
　4.4　"阿波罗"计划　　　　　　　　　　　　　　　　　　　111
　　　4.4.1　指令舱LSS　　　　　　　　　　　　　　　　　　111
　　　4.4.2　登月舱LSS　　　　　　　　　　　　　　　　　　119
　　　4.4.3　LSS问题分析　　　　　　　　　　　　　　　　　121

        4.4.4 舱外机动装置 125
    4.5 航天飞机 135
        4.5.1 大气再生子系统 136
        4.5.2 水冷却剂回路子系统 137
        4.5.3 大气再生压力控制子系统 137
        4.5.4 主动热控制子系统 138
        4.5.5 供水和废水储存子系统 140
        4.5.6 废物收集子系统 140
        4.5.7 气闸舱保障子系统 141
        4.5.8 舱外活动机动装置和高级航天员逃生服子系统 142
    参考文献 144
    延伸阅读文献 145

第5章 国际空间站生命保障系统 147
    5.1 引言 147
    5.2 美国轨道段生命保障系统（USOS LSS） 148
        5.2.1 质量平衡 149
        5.2.2 ECLSS概述 150
        5.2.3 大气控制子系统（ACS） 151
        5.2.4 大气再生子系统 152
        5.2.5 温度和湿度控制子系统 158
        5.2.6 火灾探测与灭火子系统 160
        5.2.7 水回收管理子系统 161
        5.2.8 真空调控子系统 163
    5.3 俄罗斯轨道段生命保障系统（ROS LSS） 163
        5.3.1 总体概况 163

5.3.2　大气控制子系统　　165
　　5.3.3　供水子系统　　167
　　5.3.4　食品供应子系统　　168
　　5.3.5　卫生设备子系统　　168
　　5.3.6　火灾探测与灭火子系统　　170
5.4　生命保障范式：积微成著和渴墙　　170
　　5.4.1　积微成著　　170
　　5.4.2　"渴墙"　　171
参考文献　　173

第6章　舱外活动　　176

6.1　引言　　176
6.2　舱外服　　177
　　6.2.1　舱外服的组成部分　　177
　　6.2.2　穿上舱外服的基本程序　　181
6.3　舱外活动预呼吸程序　　182
　　6.3.1　预呼吸程序的发展历史　　183
　　6.3.2　精选预呼吸程序　　184
6.4　气闸舱　　187
6.5　减压病治疗　　187
6.6　体液沸腾　　188
6.7　总结　　189
参考文献　　190
延伸阅读文献　　194

第7章　太空不利环境因素的对抗措施　　195

7.1　引言　　196

7.2　太空运动的应用简史　196
7.3　运动能力　202
7.4　辐射防护对策　204
 7.4.1　为航天员设定可接受的风险水平　205
 7.4.2　允许暴露剂量限值　206
 7.4.3　ALARA 原则　210
 7.4.4　辐射剂量测定与检测　211
 7.4.5　被动辐射剂量测定　211
 7.4.6　舱内 TEPC 装置　213
7.5　屏蔽措施　216
 7.5.1　水屏蔽　218
 7.5.2　磁屏蔽　219
 7.5.3　电屏蔽　219
 7.5.4　线性能量转移与相对生物学效应　220
 7.5.5　聚乙烯等聚合物屏蔽材料　221
 7.5.6　AstroRad 辐射防护罩　222
 7.5.7　药理学对抗措施与辐射防护剂　223
7.6　心理对策　228
7.7　免疫系统保护对策　230
 7.7.1　保健　230
 7.7.2　食用添加剂　231
 7.7.3　食用药物　231
 7.7.4　保持运动　232
 7.7.5　接种疫苗　232

参考文献　233

延伸阅读文献 239

第 8 章 太空植物种植 240

8.1 引言 240

8.2 地面植物的基本生物学特性 241

8.2.1 发芽 241

8.2.2 根和茎 242

8.3 Veggie 蔬菜生产系统 243

8.3.1 植物枕头 244

8.3.2 高级植物培养装置 245

8.3.3 迄今为止的研究结果 246

8.4 MELiSSA 247

8.4.1 基本工作原理 247

8.4.2 MELiSSA 的合作伙伴及保障单位 247

8.4.3 MELiSSA 的发展情况 249

参考文献 252

延伸阅读文献 255

第 9 章 未来生命保障技术概念 256

9.1 引言 256

9.2 人工重力 257

9.2.1 太空人工重力 261

9.2.2 将运动与人工重力相结合 261

9.2.3 变量优化 262

9.3 冬眠 263

9.3.1 动物冬眠 263

9.3.2 人类冬眠 265

9.4 生物打印 268
9.4.1 生物制造 269
9.4.2 生物打印技术 272
9.5 纳米技术 275
9.5.1 树形大分子纳米材料 275
9.5.2 类血管 277

参考文献 279

延伸阅读文献 283

附录 A 电离辐射 284

附录 B 辐射防护 285

附录 C 颅内高压症 286

附录 D 生存心理学 289
D.1 道格拉斯·莫森（Douglas Mawson，1882—1958） 289
D.2 波莫里人（Pomori） 291

附录 E 环境与热力操作系统操作手册 293
E.1 环境与热力操作系统（Environmental and Thermal Operating System, ETHOS） 293
E.1.1 大气控制与供应系统 293
E.1.2 大气再生系统 294
E.1.3 内部热控系统 295
E.1.4 被动热控系统 295
E.1.5 再生式环境控制与生命保障系统 295
E.1.6 应急响应 297
E.2 ETHOS 控制台显示 298

附录 F 超眠状态恢复手册 299

F.1 超眠状态恢复量表[1] 299
F.2 干预措施 301
F.3 超眠状态中断量表 301

附录 G 纳米技术 303
G.1 技术特点 303
G.2 技术优势 304
G.3 应用领域 304

索引 305

第 1 章

生命保障系统的基础

学习提要

① 描述并区分大气层，并且说明每一层的显著特征；
② 描述岩石圈、水圈和生物圈的关键特征；
③ 解释"生物群落"（biome）一词的含义；
④ 解释碳和磷循环的重要性及其与地球上生命的关系；
⑤ 描述太空环境的关键特征；
⑥ 解释 SPE 和 GCR 之间的区别；
⑦ 解释 RBE 的含义；
⑧ 描述评估辐射暴露时进行组织权重的基本原理；
⑨ 解释"微重力"对人体生理的影响；
⑩ 解释阿姆斯特朗线的意义；
⑪ 列出月球和火星环境的五个主要区别特征。

1.1 引言

任何涉及生命保障主题的书都必须从总结地球上陆地环境的基本特征（见图 1.1）开始。本章的第一部分将从大气层开始。

图 1.1　航天员从太空拍摄到的一张地球图像

（2004 年 1 月 28 日拍摄。这是航天员从国际空间站（International Space Station，ISS）拍摄的十大最受欢迎的照片之一。这张照片包含了珠穆朗玛峰（高度 8 848.86 m）和马卡鲁峰（高度 8 462 m），以及从青藏高原向南望见喜马拉雅山脉的斜视图。来源：美国国家航空航天局（National Aeronautics and Space Administration，NASA））

1.2　大气层

了解地球的一种方式是将其分层看待，这里先从大气层开始。如图 1.2 所示，大气层的最低层为对流层（troposphere），它只延伸到海拔 17 km 的高度，但正是这一层包含了人类生命所需的大部分氧气。随着对流层的高度升高，其温度和气压会下降。

对流层的上一层是平流层（stratosphere），它一直延伸到海拔 48 km 处。平流层的下部含有臭氧，臭氧对过滤太阳光中有害的紫外线辐射非常重要。与对流层不同，平流层的温度随着高度的上升而升高。这种温度的上升趋势意味着平流层的空气不像对流层那样动荡，这是商用飞机可以在平流层中飞行的原因之一。

沿着平流层继续向上，会到达中间层（mesosphere），它会延伸到海拔 85 km 的高度。与平流层不同，中间层高度越高，温度越低。事实上，地球大气层中的最低温度（约为 −90 ℃）就是在平流层的上游附近发现的。

接下来是热层（thermosphere），这一层能够吸收高能 X 射线和紫外线。由于太阳对该层的影响，热层的海拔在 85～500 km 之间（国际空间站的轨道高度为 400 km），温度在 500 ℃～2 000 ℃之间。热层也是极光出现的大气层（见图 1.3）。

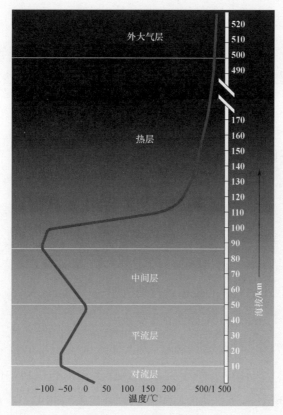

图 1.2 大气层的分层
（来源：NASA）

图 1.3 北极光
（来源：NASA）

热层还未到达大气层的顶端。接下来是最后一层：外大气层（exosphere），又被称为外逸层或外层。该层是地球大气层的最后边界，这里空气极其稀薄，甚至几乎没有空气的存在。外大气层的海拔延伸到距离地球表面的500～3 000 km。

1.3 岩石圈、水圈和生物圈

了解了大气层后，接下来介绍地球表面附近的区域。这个区域可以理解为一系列相互联系的领域（sphere），它由三部分组成。

第一部分是岩石圈（lithosphere），由地球岩石、地幔和地壳组成。中国的珠穆朗玛峰、马尔代夫的海滩和美国的莫纳凯亚山（Mauna Kea，是地球上从底部到顶峰的最高山峰）都是岩石圈的组成部分。

第二部分是水圈（hydrosphere），由地球表面或附近的所有水组成。地球上97%的水存在于海洋中，剩下的淡水存在于湖泊和极地地区。但是，水并不是在静止的环境中一动不动的，相反，它会在水循环中不断移动并发生变化（见图1.4）。

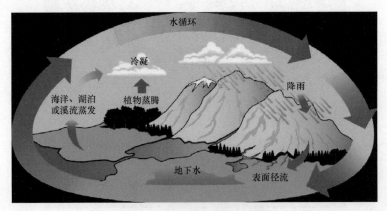

图 1.4 大气水循环基本原理
（来源：NASA）

第三部分是生物圈（biosphere），它由所有生物组成，其中大部分位于地下 3 m 到地上约 30 m 的区域范围内。在海洋中，大多数生物都生活在海平面及以下 200 m 左右的区域中。当然，有些生物例外，例如，一些鱼类被发现生活在海洋 8 km 深的地方，还有一些极端微生物（extremophile）可以在酸性环境，如位于美国加利福尼亚州东部的莫诺湖（Mono Lake）中生存。

在生物圈内的是生物群落，它是地球上具有相似气候、动物和植物的区域。生物群落分为陆地生物群落（沙漠、森林、草原和苔原）和水生生物群落（淡水和海水生物）。了解这些对航天生命保障很重要，因为地球上的生命维持是通过极其复杂和相互关联的过程实现的，所以只有对这些过程有所了解，才能理解在航天器的密闭环境中复制它们有多困难。

太阳为生物圈提供热量，为光合作用提供能量（见第 8 章），也为物质循环提供动力，并驱动天气系统。到达对流层的大部分阳光都是可见光，大约 1/3 的太阳能会被云和地球表面反射回太空。物体表面反射辐射的能力被称为反照率（albedo，又称为反射率或漫反射系数），它由物体的颜色和质地决定，例如，冰和雪的反照率很高，而森林的反照率很低。

1.4 生物圈中的物质循环

生物体在生物圈内生长的过程称为物质循环。生物体的生存、生长和繁殖需要营养，大量需要的营养被称为常量营养素（macronutrient），而生物体少量需要的营养被称为微量营养素（micronutrient），如铁。

1.4.1 氧循环

无论哪种营养素都会在营养循环（nutrient cycle）的过程中，从空气、水和土壤中持续循环到生物体，再回到空气、水和土壤中。这些生物地球化学循环（biogeochemical cycle）直接由太阳能和重力驱动，它包括专门化循环（specialized cycle），如氧、氮和水的循环。图 1.5 显示了大气中各种形式的氧循环过程的原理。在该循环中，植物和动物利用氧气进行呼吸，通过呼吸过程，氧元素被转化为二氧化碳，然后返回大气，再通过藻类（见第 8 章）和植物代谢，最后在光合作用过程中被转化为碳水化合物，并产生副产品氧气。在地球生物圈中，海洋是制造氧气最多的生物圈。

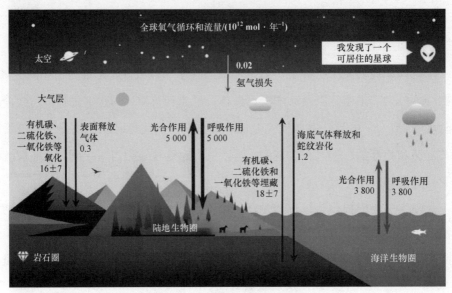

图 1.5　大气氧循环基本原理
（来源：NASA）

1.4.2　氮循环

氧是维持生命所必需的元素，而氮是地球大气层中最丰富的元素，也是人类生存所必需的元素。然而即使被氮包围，动植物也不能自由地利用氮，因为它们缺少将氮转化为可用形式所需的酶。但是，细菌能够将游离氮与其他元素进行化学结合，从而形成可用的更具活性的化合物，如氨和亚硝酸盐。这一过程被称为固氮作用（nitrogen fixation），它是氮循环的关键部分（见图 1.6）。大多数固氮作用由某些特定类型的细菌和藻类完成，固氮作用的产物包括可被藻类和植物组织利用的化合物。因此，食用了这些藻类和植物的动物会代谢这些化合物，它们将代谢产生的副产品（如尿素）排出体外，这些副产品先被转化为氨，然后被转化为硝酸盐和亚硝酸盐，最后通过反硝化细菌的作用，硝酸盐和亚硝酸盐被转化为大气中的氮，整个循环又重新开始。

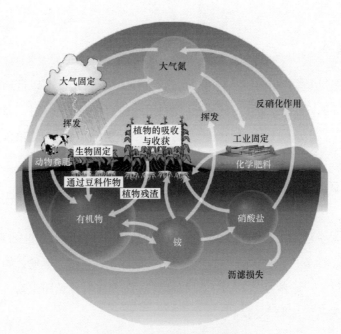

图 1.6 大气氮循环基本原理
(来源:NASA)

1.4.3 碳循环

另一个关键循环是碳循环。碳是碳水化合物、脂肪和蛋白质的基本组成元素,也是组成脱氧核糖核酸(deoxyribonucleic acid,DNA)和核糖核酸(ribonucleic acid,RNA)的必要元素。碳循环由二氧化碳驱动,二氧化碳主要存在于海洋和岩石中,约占大气低层气体的 0.035%。下面简要介绍该循环是如何工作的。

首先,碳元素与大气中的氧元素结合,形成二氧化碳。然后,通过光合作用进入食物链。碳元素进入食物链的第一步是进入植物中,然后这些植物被动物吃掉。动植物死亡和腐烂后会将碳带入地下。在那里,腐烂后的动植物变为化石燃料,化石燃料燃烧后碳被释放到大气中。碳被释放到大气中的另一种方式是通过人的呼吸。人每次呼气都会释放二氧化碳,每人每天约释放 1 kg 二氧化碳(清除二氧化碳是航天器的生命保障系统(life support system,LSS)最艰巨的任务之一)。海洋也在二氧化碳的调节中发挥作用,部分二氧化碳可以残留在海水中,部分则被海洋生态系统清除,即海洋生态系统吸收二氧化碳并形成碳酸盐化合物,如碳酸钙,来构建地壳(shell)。

1.4.4 磷循环

磷不仅是动植物生存所必需的,也是组成 DNA 的元素。磷是通过磷矿沉积物的逐渐分解被释放出来的。磷在被植物利用之前溶解在土壤水中,动物通过食用植物来摄入磷。当动物死亡后,其尸体腐烂的产物会将磷送回土壤而完成该循环。

1.5 太空环境

在讨论太空环境前,需要先确定太空的起点。如果你问 20 世纪 60 年代的一位美国空军飞行员,他会告诉你 50 mi[①]已经是神奇的高度。毕竟,如果飞行员达到了这个高度——通常是驾驶 X-15 高超音速研究机时(见图 1.7),空军就会授予他们"航天员的翅膀"的称号。

图 1.7　X-15 高超音速研究机外观
(来源:美国空军(United States Air Force,USAF))

现在,太空起点的高度被设定为 100 km,即 62.21 mi 或 328 000 ft[②]。这源于 2004 年的一个名为"X 奖"的比赛,比赛要求私人开发的航天器能够飞行高度达到 100 km,并在两周内重复飞行至这一高度。美国缩尺复合材料公司(Scaled Composites)的伯特·鲁坦(Burt Rutan)和他的团队开发了一艘名为"太空船一号"(Space Ship One,SS1)的航天器并赢得了比赛。理查德·布兰森(Richard Branson)的维珍银河公司(Virgin Galactic)对 SS1 取得所有权后,将 SS1 改装成了"太空船二号"(Space Ship

---

① 此单位为非法定计量单位,1 mi≈1 609 m。
② 此单位为非法定计量单位,1 ft≈0.305 m。

Two，SS2），这家公司承诺在未来的 15 年内将人类送入太空。

1.5.1 辐射

1.5.1.1 基本概念

一种类型的辐射是由太阳产生的。一旦航天员进入太空，其注意力就会被很多东西吸引，其中之一就是太阳。太阳是一个巨大的黄色球体，在黑暗的太空中通过核聚变产生热量。太阳给航天员和生命保障工程师带来了各种各样的难题，其中之一就是辐射。太阳本身是相当普通的，它只是银河系中数十亿颗恒星中的一颗。通过核聚变，太阳每秒可以熔化约 6 亿 t 氢气。核聚变过程生成的两种副产品是电磁辐射和带电粒子，正是这些副产品构成了太阳的辐射。在晴朗的夏日，我们脸上感受到的光和热就是电磁辐射。带电粒子包括质子和电子，质子是带正电荷的粒子，而电子是带负电荷的粒子。

在核聚变过程中，太阳内部产生热量，这种热量如此巨大以至于会产生物质的第四种状态。物质在三种状态（固体、液体和气体）下继续被加热，分子会开始分解，并最终形成等离子体（plasma）。在太阳内部，组成这种等离子体的带电粒子受到强磁场的干扰，以 700 km/s 的速度从太阳射出，这种带电粒子流被称为太阳风（solar wind）。每隔一段时间，太阳表面的一些区域就会变得比平常更活跃，这导致太阳表面爆发而喷出带电粒子，这些爆发被称为太阳粒子事件（solar particle event，SPE）（见图 1.8）。SPE 可能会持续几小时甚至几天，其强度很大，偶尔会到达地球轨道（earth orbit，EO），并可能导致航天员丧生。

图 1.8　太阳粒子事件
（来源：NASA）

另一种类型的辐射是银河宇宙辐射（galactic cosmic radiation，GCR）。GCR 源于太阳系外，由爆炸后的恒星残余物组成。这种辐射由高能粒子组成，如氢、铁和氦。这些粒子的原子核被完全电离，即所有的电子都已从原子中剥离，意味着这些粒子将与磁场相互作用。同时，这些带电粒子以接近光速的速度快速移动，导致 GCR 具有很大的破坏力，因此 GCR 具有令人难以置信的能量。GCR（见图 1.9）是航天员和生命保障工程师必须面对的最危险的辐射类型。在航天员所能接触到的辐射中，99%是由太阳产生的，1%是 GCR，但 99%的伤害是由这 1%造成的。由于 GCR 具有如此大的破坏性，对它的追踪意义非常重大，因此要在国际空间站舱内安装放射量测定器（dosimeter）来完成这项工作。

图 1.9　银河宇宙辐射的起源
（来源：NASA）

1.5.1.2　组织权重

放射量测定器被用于测量航天员所受辐射的剂量（指辐射沉积在身体各种组织中的能量总和）。由于并不是所有的组织都受到辐射同等程度的影响，因此就要提出相对生物效应（relative biological effectiveness，RBE）的概念。每种类型的辐射都有一个 RBE，数值越大，辐射的破坏性就越大。例如，X 射线的 RBE 为 1，而阿尔法粒子的 RBE 可能在 10～20 之间，这就说明阿尔法粒子更具有破坏性。

然而，仅仅测量剂量并不能告诉生命保障工程师关于辐射对身体损害程度的所有信息[1-3]。要达到这一点，需要用到质量因子（quality factor），该质量因子为 Q，但通常被称为权重因子（W_R）。W_R 是线性能量转移（linear energy transfer，LET）的函数，它是电离辐射粒子在材料中按距离沉积的能量。LET 是描述辐射通过物质时行为的一种方式。测量辐射的方法根据具体情况（context）进行选择。戈瑞（Gray，Gy）是测量单位质量吸收的能量的单位，伦琴（Roentgen，R[①]）是测量 X 射线照射量的单位，西弗特（Sievert，Sv）是测量所谓的等效剂量（H）及有效剂量（E）的单位。另外，可能会遇到 rad[②] 和 rem[③]，但它们是非国际标准单位，因此，应尽量避免使用。

等效剂量（H）和有效剂量（E）。等效剂量（H）简单地描述了产生生物效应所需要吸收的剂量，效应的大小由不同类型的辐射决定。为了尽可能提高对辐射效应评估的精确度，需要将等效剂量（H）乘以 W_R，这样可以将 RBE 考虑在内，从而更好地评估辐射对器官等组织的影响。虽然等效剂量（H）提供了有关辐射剂量的有用数据，但是在确定暴露极限时，采用有效剂量（E）会更准确，这些数据对于确保航天员暴露在可接受的辐射水平下很重要。有效剂量（E）的特异性在于对每种组织（W_T）应用特定的权重因子（表 1.1），这样就能够更准确计算全身剂量（见附录 A 和附录 B）。

表 1.1 器官的组织权重因子

器官	组织权重因子
性腺	0.08
红骨髓	0.12
结肠	0.12
肺	0.12
胃	0.12
胸部	0.12
膀胱	0.04
肝脏	0.04
食管	0.04
甲状腺	0.04
皮肤	0.01
脑	0.01
身体的其余部分	0.12

[①] 此单位为非法定计量单位，1 R = 2.58×10^{-4} C/kg。
[②] 此单位为非法定计量单位，1 rad = 10^{-2} Gy。
[③] 此单位为非法定计量单位，1 rem = 10^{-2} Sv。

范·艾伦带（Van Allen belt）辐射源是由环绕地球的高能带电粒子组成的，它是由詹姆斯·范·艾伦（James Van Allen）在 1958 年发现的，几十年来一直是人们研究的重点。对于在海拔 500 km 以上轨道运行的航天器来说，该内辐射带是主要的辐射源。研究发现，这些内辐射带随着太阳活动的增加而膨胀，且外辐射带由电子和质子组成。目前，尚不清楚当太阳粒子在地磁风暴中撞击这些辐射带时会发生什么，但很重要的一点是太阳风暴可能会导致航天器通信中断。现在，人们尚不十分清楚范·艾伦带对航天员的影响，因为只有登月的"阿波罗"号航天员曾经穿行过该辐射带（航天器的设计轨道为通过该辐射带的最薄部分）。

1.5.2 重力

每当看到航天员在国际空间站漂浮的图像（见图 1.10）时，几乎都会听到"零重力"（zero gravity）这个词，但这是一种误导性的叫法，其学名应为"微重力"（microgravity），这是一种航天员看似处于"零重力"下的状态。

图 1.10　国际空间站上的航天员漂浮在团结舱内
(来源：NASA)

重力是一种物体与其他物体间的引力。重力使月球保持在绕地球的轨道上，但重力会随着距离的增加而减弱。国际空间站在大约距地 400 km 的高度绕地球运行，在这个高度上的地球重力大约是其表面重力的 90%。如果一名在地球表面上体重[①]为 70 kg 的航天员被运送到国际空间站，则这名航天员的体重将下降到

---

① 本书中提到的"体重"是指航天员在地球上测定的体质量。

63 kg。现在大家可能想知道，当 90%的地球引力仍在影响国际空间站时，航天员是如何在国际空间站内漂浮的[4]。那是因为航天员处于自由落体状态。在真空中（国际空间站从技术上讲不是在真空中），重力会导致物体（包括航天员）以同样的速度下降，但由于他们是在太空中围绕地球高速运动，因此航天员并不是朝着地球坠落，而是围绕着地球坠落。国际空间站之所以没有坠落到地球上，是因为它运动得很快——大约是 7.9 km/s，这恰好是与第一宇宙速度相同的。这样，作用于空间站及其中物体的地心引力就几乎被作用于它们的离心力相抵消，因此最终就剩下微重力。

不过，这种"微重力"对航天员来说并不好，因为"微重力"会对人的生理造成严重破坏。在国际空间站上仅仅停留 6 个月，航天员就会失去 20%~25%的肌肉质量和超过 6%的骨密度（bone mass density，BMD），并罹患视力损害、颅内压升高、头痛、液体移位等多种航天病。

1.5.3 太空垃圾

在讨论生命保障系统时，太空垃圾并不是一个会立即被讨论的话题，但保护航天员免受太空垃圾的伤害则是一个重要的生命保障问题。NASA 有一个代表太空垃圾的首字母缩略词"MMOD"，它代表微流星体和轨道垃圾（micrometeoroids and orbital debris）[5-6]。有人可能认为航天员被一块太空垃圾击中的概率很小，但事实是，近地轨道（low earth orbit，LEO）已经被太空垃圾堵塞。由于每一次太空任务都会留下一些垃圾，目前在 LEO 周围漂浮着大约 2 200 t 的垃圾（见图 1.11），它们以 7 km/s 的速度移动，因此，即使是一小块油漆也能产生比子弹更大的冲击力而造成很大的伤害。如图 1.12 所示，航天飞机窗口处的撞击坑就是由一片油漆造成的，撞击面的深度为 0.2 mm，宽度为 4 mm，没有穿透飞机，但这也说明了航天飞机与太空垃圾的碰撞是多么常见。这起事故的维修费用高达 5 万美元。

国际空间站上的工作人员不得不处理他们遇到的大量太空垃圾。2012 年 3 月，报纸上刊登了一篇名为《太空垃圾迫使国际空间站上的航天员乘坐救生艇避难》的文章，当时一颗旧的俄罗斯卫星被发现在一条国际空间站轨道上，由于距离太近，因此任务控制中心命令航天员在两艘"联盟"号飞船上寻找避难所，以防万一发生碰撞。最终，这颗旧的俄罗斯卫星从距离国际空间站 11 km 的地方呼啸而过,这是12年以来航天员第三次不得不躲避与太空垃圾的近距离碰撞事故。通常,NASA与国际空间站合作伙伴要求航天员在预计太空垃圾经过时,以一种回避的方式定位空间站,但2012年3月的事件(最终确定是俄罗斯"宇宙"号2251卫星的残骸)让空间站及美国军方的太空监视网络(Synchronous Sequential Network,SSN)陷入了停滞(napping),SSN的工作是跟踪LEO中的数千个物体。

图1.11 太空垃圾成为一种严重且不断演变的危险源
(来源:NASA)

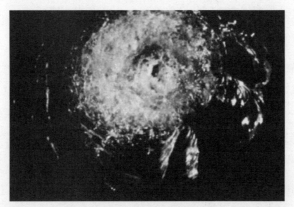

图1.12 航天飞机STS-7执行任务期间,一片油漆撞击
航天飞机的挡风玻璃造成的撞击坑
(来源:NASA)

1.5.4 真空

好莱坞经常把太空描绘成一个寒冷而荒凉的地方,而没有空气这一特征导致《普

罗米修斯》《全面回忆》和《外域》等科幻电影中对外太空的描绘出现了各种谬误。在这些电影中，人无意暴露在真空中会立刻冻僵、血液沸腾（《全面回忆》）、头爆炸（《外域》），或者这三种情况同时发生！因此，本书有必要澄清这些谬误。

第一，寒冷[4,7-8]。这取决于热力学，温度是定量的物质和空间中热能的函数，但是这在太空没有任何意义。根据热力学，传热不能在太空中发生，因为太空中没有物质，传导和对流不能在没有物质的情况下发生。

所以，如果航天员碰巧没穿航天服就走出了气闸舱（不可取！），会发生什么呢？航天员刚刚走出时，如果航天器在阳光下，航天员会感到温暖；如果太阳被遮挡，航天员会感到寒冷；如果航天器碰巧在深空的某个地方，那里的温度很低（达到了 $-270\ ℃$），航天员也不会被冻死，至少不会立即发生，因为热传递不会像辐射那样迅速。

第二，未穿航天服的航天员在突然减压到真空后会遭遇什么呢？（这在生命保障术语中被称为体液沸腾（ebullism）。）

首先，介绍一些物理定律。亨利定律指在恒温下，溶解在给定体积液体中的气体量与气体和液体平衡时的分压成正比，换句话说，气体在液体中的溶解度与液体上方气体的分压成正比。该定律在航天员未穿航天服跳入太空中时很重要，因为在人体正常温度下，水的蒸汽压约为大气压力的 6%，即约 47 mmHg[①]，在此压力下，在约 19 000 m（63 000 ft，一种被称为阿姆斯特朗线（Armstrong Line）的生理界限）的高度，体液就会开始沸腾。

阿姆斯特朗线与尼尔·阿姆斯特朗无关。该生理界限是为了纪念美国空军航空医学系的哈里·乔治·阿姆斯特朗（Harry George Armstrong）少将而命名的（见图 1.13）。阿姆斯特朗被认为是航空医学的重要先驱之一，这就是阿姆斯特朗线或阿姆斯特朗极限（Armstrong Limit），即指水在人体温度下沸腾的高度，以他的名字命名的原因。在他的职业生涯中，阿姆斯特朗曾担任美国航空医学实验

---

① 此单位为非法定计量单位，1 mmHg = 133.322 4 Pa（0 ℃时）。

室主任，运用自己的航空知识保护机组人员免受高空缺氧的影响。

图 1.13　美国空军航空医学系的哈里·乔治·阿姆斯特朗
(来源：NASA)

其次，可能会带来可怕后果的事件是加压服破损。几年前，我有幸在一次阿姆斯特朗线测试中试穿过加压服。穿上该加压服后，我被带到一个低压舱，在我的座位对面的视线高度放了一杯水。我被密封在加压服内后，低压舱的舱门被锁上，然后开始吸出空气。当高度计开始接近 60 000 ft 时，玻璃杯里的水开始沸腾。当高度计在 70 000 ft 的高度趋于稳定时，水几乎煮干了。可以想象，如果我的加压服破了，则我的血液也会遭遇同样的结果。之后在几分钟内，我对自己的死亡进行了思考，并穿着加压服进行了一些自信心测试，然后空气被送回低压舱内以使其达到地面水平。

那么，对于未穿加压服的航天员，在他的身体深处，水则会开始转化为气体并变成水蒸气。这一过程会在肺部和皮下组织迅速发生，也会导致静脉血液中的水形成水蒸气气泡，此过程影响很严重，会导致血液循环被蒸汽堵塞。但是，最糟糕的情况还在后面：压力的急剧下降会导致肺部的空气迅速膨胀。对航天员来说，此时最好的做法是张开嘴，以确保空气向外流动，否则肺必然会破裂。不过这并不重要，因为没有血液循环（受到蒸汽的堵塞）和氧气，航天员只有大约 12 s 的清醒时间。格奥尔基·多勃罗沃利斯基（Georgi Dobrovolski）、维克托·帕查耶夫（Viktor Patsayev）和弗拉季斯拉夫·沃尔科夫（Vladislav Volkov）（见图 1.14）就遭遇了类似的情况。1971 年，他们乘坐的"联盟"号飞船发生故障而导致他们死于高空减压。

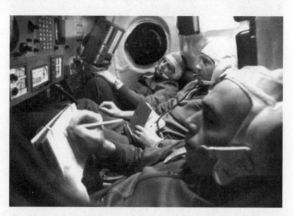

图 1.14　苏联 3 名死于高空减压的航天员多勃罗沃利斯基、帕查耶夫和沃尔科夫
（来源：俄罗斯联邦航天局，Roscosmos）

如果你是科幻电影爱好者，无疑会想起电影《太空漫游》（*A Space Odyssey*）中戴夫·鲍曼（Dave Bowman）在 2001 年的困境。鲍曼在被恶意的 HAL 9000 计算机锁定后，面临着无法进入航天器的问题。无奈之下，他在太空中将自己弹射进入航天器的未加压气闸舱。进入气闸舱后，鲍曼转动手柄并对气闸舱重新进行加压。根据我的秒表记录，他完成所有项目所需要的总时间大约为 12 s。如果鲍曼在减压过程中有勇气呼气，并在该过程中保持张大嘴巴，那么他很可能会完成这一壮举并活了下来，因为减压后的场景最终以加压结束。可以说，该场景非常准确，因此我用它向学生们展示了急剧减压未必就是一种糟糕的结局。

1.6　行星环境

在对地球和太空环境特征有所了解的基础上，接下来介绍一些作为目的地的行星环境。目前，由 NASA 资助的返月计划正在进行中，该计划预计会在 21 世纪 20 年代中期重返月球（见图 1.15），而商业计划 SpaceX 也打算在 21 世纪 20 年代末之前到访火星。在 21 世纪 50 年代之前，完成比月球或火星距离更远的载人任务可能性较小，因此本书将主要介绍这两个目的地。

图 1.15　未来的一座月球基地外观示意图
（来源：NASA）

1.6.1　月球

首先，月球比地球小得多，其引力只有地球引力的 1/6。由于逃逸速度非常低，因此月球没有大气层，这就意味着月球表面直接暴露在真空中。缺乏大气层也意味着其表面温度可能会出现极端趋势，即当在阳光直射时，温度可达到107 ℃；而当太阳落山时，温度会骤降到 −153 ℃（见表 1.2）。这也是生命保障工程师头疼的问题。更加令其头痛的是月壤（lunar regolith，又称为月表土），这是数十亿年来流星体猛烈撞击月面而造成的结果。这些月壤给"阿波罗"号航天员造成了严重伤害，比如使他们的肺部受损，同时也给航天设备造成了严重磨损。另外，月球还面临流星体撞击所带来的危险。

表 1.2　月球的重要特性（与地球比较）

项目类别	重要指标	
	月球	地球
平均半径/km	1 737	6 378
表面面积/km^2	37 900 000	510 000 000
质量/kg	$0.073\,5 \times 10^{24}$	5.976×10^{24}
平均密度/（g·cm^{-3}）	3.34	5.52
平均表面重力/（cm·s^{-2}）	162	980
逃逸速度/（km·s^{-1}）	2.38	11.2

续表

项目类别	重要指标	
	月球	地球
平均表面温度/℃	白天 107，夜间 −153	15
温度极限/℃	−233～123	−89.2～56.7
表面压力/bar[①]	3×10^{-15}	1

其次，月球上还有另一种危险是辐射。首先是太阳风，它是以 400 km/s 的速度传播的等离子体，等离子体由电子和质子等带电粒子组成。辐射水平会受到太阳耀斑（solar flare）的影响，太阳耀斑可能拥有比太阳风更大的能量。此外还有 GCR，它是由质子、电子、正电子和伽马射线组成的高能粒子[9-11]。

由于月球既没有磁场，也没有大气层，因此所有那些由计算机生成的未来航天员在月球表面上弹跳的图像都是异想天开的。现实情况是，居住在掩体中的航天员（仔细观察图 1.15 中正在建造的栖息地）不仅能抵御致命辐射的袭击，还能抵御极端温度的伤害和流星体的撞击。

最后，在月球表面运行会是什么情况呢？在这里先介绍一下月球服的缺点。第一，穿脱月球服用时很长。第二，当被暴露在腐蚀性土壤中时，它们的工作周期（duty cycle）极为有限。第三，消耗品、回收系统和操作员的疲劳都会极大地限制在表面舱外活动（extravehicular activity，EVA）的持续时间。第四，维修和整修服装所需要的时间过长，意味着这些服装只能被用在极端情况下。第五，没有哪个单位希望他们的航天员不必要地暴露在辐射、真空和流星体这三大危险面前。因此，现实的做法将是，航天员在一种相对安全的地下三维打印的掩体中，远程操作漫游车和其他地面设施[12]。

1.6.2 火星

火星是一个近几十年来人们一直在规划中的目的地。NASA 已经发布了针对火星的设计参考任务（design reference mission，DRM），同时有许多商业经营项

---

① 此单位为非法定计量单位，1 bar = 100 kPa。

目都与火星有关,包括但不限于"灵感火星"(Inspiration Mars)、"火星一号"(Mars One)及埃隆·马斯克(Elon Musk)最近的"火星风险"项目(Mars Venture)。

从生命保障的角度来看,登陆火星和登陆月球一样是一种挑战,尽管与月球相比,火星确实存在一些优势,其中之一就是火星具有大气层(见表1.3)。火星大气层的厚度约是地球大气层的1/100(大约相当于地球表面以上 13 000 ft 的高度),其中95%的气体是二氧化碳(剩下5%的气体包括氮气、氩气、氧气和一氧化碳等)。火星原始的大气层厚度比现在的厚度要更厚,一种理论认为,当时由于巨大的撞击导致大气层被剥离,因此使大气层变得稀薄。不过,有大气层总比没有大气层要好。然而,即使火星在大气层的保护下,其赤道上的温度依然会低至 -60 ℃,而两极附近会低至 -125 ℃(中午,在火星赤道上温度可以达到令人舒适的 20 ℃)。

表1.3 火星的重要特性

项目类别	重要指标
与太阳的平均距离/km	227 943 824(1.5 AU)
火星年(公转周期)/地球日	686.98
平均轨道速度/km·s^{-1}	24.1
赤道半径/km	3 396.2
表面面积/km^2	1.44×10^8
平均表面重力/cm·s^{-2}	371
逃逸速度/km·s^{-1}	5.03
火星日(自转周期或叫恒星日)/(h:min:s)	24:37:22.663
平均火星太阳日(sol)/(h:min:s)	24:39:36
平均表面温度/℃	-63
典型表面压力/bar	0.006

在火星上,辐射仍然是航天员面临的一种安全问题,同时还有氧化铁粉尘导致的灰尘问题。首先是辐射问题。在太阳活动极大期,火星表面接收的辐射强度为 30 μSv/h,这大约是太阳活动极小期时辐射强度的 2 倍[13-14]。如果航天员每 3 天在他们的栖息地外花费时间为 3 h,那么他们每年的暴露量大约为 11 mSv。这样,

航天员只有用 5 m 厚的土壤保护自己的栖息地，才能够得到与在地球上接近的辐射水平。

参考文献

[1] Cucinotta, F. A., Chappell, L., Kim, M. Y. Space Radiation Cancer Risk Projections and Uncertainties – 2012 [C]. NASA Technical Paper 2013 – 217375, NASA STI Program, Hampton: 2013.

[2] Lauriente M., Vampola A. L., Koga R., Hosken R. Analysis of Spacecraft Anomalies due to the Radiation Environment [J]. Journal of Spacecraft and Rockets, 36(6): 902 – 906, 1999.

[3] National Council on Radiation Protection and Measurements. Radiation Protection Guidance for Activities in Low-earth Orbit [R]. Bethesda:The Council. Report no. 132. ISBN 0 – 929600 – 65 – 7, 2000.

[4] DeLombard, R., Hrovat, K., Kelly, E., et al. Microgravity Environment on the International Space Station [R]. Report No. NASA/TM—2004 – 213039. National Aeronautics and Space Administration, Washington, DC, 2004.

[5] Rodriguez, H. M., & Liou, J. C. Orbital Debris: Past, Present, and Future [C]. In:Proceedings of American Institute of Aeronautics and Astronautics(AIAA) Annual Technical Symposium, 2008 May 9. Houston, Webster: American Institute of Aeronautics and Astronautics, 2008.

[6] Soares, C., Mikatarian, R., Schmidl, R., et al. Natural and Induced Space Environments Effects on the International Space Station [C]. In:Proceedings of the 56th International Astronautical Congress October 17 – 21. Fukuoka, Japan. IAC – 05 – B4.2.07, 2005.

[7] Eckart, P.(Ed.). Spaceflight Life Support and Biospherics [M]. Dordrecht: Kluwer Academic Publishers/Torrance:Microcosm Inc, 1999.

[8] Nicogossian, E. A., Huntoon, C.L., & Pool, S. L.(Eds.). Space Physiology and Medicine [M]. Philadelphia: Lea and Febiger, 1994.

[9] National Council on Radiation Protection and Measurements. Guidance on Radiation Received in Space Activities [R]. Bethesda: The Council. Report No. 98. ISBN 0 – 929600 – 04 – 5, 1989.

[10] NCRP Report No. 98: Guidance on Radiation Received in Space Activities [R]. Bethesda: National Council on Radiation Protection and Measurements, 1989.

[11] Silberberg, R., Tsao, C. H., Adams, J. H., Jr., & Letaw, J.R. Radiation transport of Cosmic Ray Nuclei in Lunar Material and Radiation Doses [M]. In W.W. Mendell (Ed.), Lunar Bases and Space Activities of the 21st Century. Houston: Lunar & Planetary Inst. Land P, 1985.

[12] Land P. Lunar Base Design [M]. In W. W. Mendell, Lunar Bases and Space Activities of the 21st Century. Houston: Lunar & Planetary Inst, 1985.

[13] Newman, D. J. Life in Extreme Environments: How Will Humans Perform on Mars? [J]. Gravitational and Space Biology Bulletin, 2000: 13:35 – 47.

[14] Zeitlin, C., Hassler, D. M., Cucinotta, F. A., Ehresmann, B., Wimmer-Schweingruber, R.F., Brinza, D.E., Kang, S., Weigle, G., Böttcher, S., Böhm, E., Burmeister, S., Guo, J., Köhler, J., Martin, C., Posner, A., Rafkin, S., & Reitz, G. Measurements of Energetic Particle Radiation in Transit to Mars on the Mars Science Laboratory [J]. Science, 340(6136):1080 – 1084, 2013.

延伸阅读文献

Finckenor, M., & de Groh, K. Space Environmental Effects [C]. A mini-book published by NASA [C]. Just 40 pages and available online at: https://www.nasa.gov/sites/default/files/files/NP – 2015 – 03 – 015 – JSC_Space_Environment-ISS-Mini-Book – 2015 – 508.pdf, 2015.

Thirsk, R., Kuipers, A., Mukai, C., & Williams, D. The Space-flight Environment: The International Space Station and Beyond [J]. CMAJ: Canadian Medical Association Journal, 180(12):1216 – 1220. https://doi.org/10. 1503/cmaj.081125. Epub 2009 Jun 1. A good reference written by astronauts, 2009.

第 2 章

太空生理学和心理学

📋 **学习提要**

① 描述航天员骨丢失的机制；

② 描述破骨细胞和成骨细胞的作用；

③ 解释"骨重塑"这一术语的含义；

④ 了解航天员在长期飞行任务中的骨密度损失率；

⑤ 列出并描述两种预防骨丢失的措施；

⑥ 列出三种肌肉的类型；

⑦ 解释航天员肌肉萎缩的机制，并解释达到什么水平的肌肉萎缩与肌肉收缩功能丧失相关；

⑧ 描述肌肉萎缩和运动背景下的肌丝滑动学说；

⑨ 解释为什么一些航天员患有太空晕动病；

⑩ 描述半规管和耳石器官的功能；

⑪ 描述"视力障碍颅内压（VIIP）"的理论；

⑫ 解释在 VIIP 中颅内压（ICP）的含义；

⑬ 解释什么是眼球后部扁平化；

⑭ 描述航天员进入轨道时流体移动的机制；

⑮ 解释"利尿"这一术语的含义；

⑯ 描述太空食物系统的三个关键特征；

⑰ 解释"概观效应""乏力"和"健康本源学"这三个术语的含义；

⑱ 列出长期飞行任务中五个"中选"（select-in）的心理社会学特征；
⑲ 描述银河宇宙辐射（GCR）和太阳粒子事件（SPE）之间的区别；
⑳ 描述长期暴露在辐射下对航天员健康的影响；
㉑ 描述辐射对航天员中枢神经系统的影响；
㉒ 解释"神经发生改变"这一术语的含义；
㉓ 描述辐射诱导氧化损伤的机制；
㉔ 解释"放射性骨坏死"这一术语的含义。

2.1 引言

关于生理学的基本概述是在太空生命保障系统教科书中不可缺少的重要组成部分。生命保障系统是航天员生存的保障，为了充分了解这些工程系统的复杂性，首先有必要了解人体自身的生理系统。因此，本章深入研究了基本生理学，并加入了一些心理学内容。本章强调的生理学的一个方面是，人类只能在非常狭小的环境参数范围内生存，例如，分压过高或过低都可能导致人类产生各种生理问题。这种人类生存环境的局限性对生命保障系统工程师来说是一个巨大的挑战。另一个突出的方面是跨生理系统的自适应时间线（adaptive timeline）。一些系统，如流体系统，在4～6周后能够适应微重力；但对于其他系统，如骨骼系统，尚无临床观察经验（clinical horizon）。因此，本章将对骨骼系统展开讨论。

2.2 骨丢失

骨骼起着若干重要的作用。首先，骨骼是一种支撑身体的结构；其次，骨骼储存钙；再者，骨骼产生血液。骨骼也很有活力，它能进行一种被称为"骨重塑"（bone remodeling）的过程[1-2]。这一过程依赖于两种非常重要的骨细胞的活动，这两种骨细胞分别为成骨细胞（osteoblast，用于构建骨骼）和破骨细胞（osteoclast，用于分解骨骼，又称为骨吸收）。在地球上，人类的骨骼承受着巨大的负荷。那些戴着Fitbit记录器的人类会知道，仅仅是进行日常活动，他们每天就要走8 000～10 000步。这种负荷会被人类的大脑检测到，然后向成骨细胞和破骨细胞发出信号，好让它们开始工作（见图 2.1）。

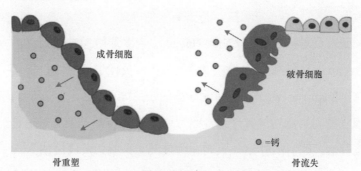

图 2.1　成骨细胞和破骨细胞的作用
（来源：NASA）

2.2.1　太空中的骨丢失

"骨重塑"过程产生的结果是产生抗骨折的健康骨骼。但是在太空中，人的骨骼几乎没有负荷。人的大脑会检测到负荷减少了，并相应地进行调整适应。较少的负荷意味着不再需要强壮的骨骼，所以"骨重塑"的过程发生了变化，即成骨细胞的作用被减少了，而破骨细胞的作用被增加了。结果每月骨密度会减少1.0%～1.2%，这是骨质疏松症患者骨丢失率的 10 倍。

骨丢失对人的身体造成的影响将是灾难性的（见图 2.2）。骨密度的大幅下降会将骨折风险提高 2～3 倍。此外，身体不仅改变了成骨细胞和破骨细胞的反应，而且也改变了钙平衡。钙是一种关键的造骨元素，但在微重力下，并不需要强壮的骨骼，因此身体每天会流失的钙量约为 250 mg[2-3]。钙的排泄（excretion）

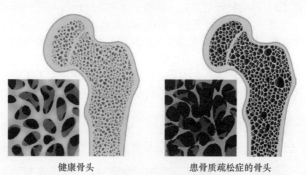

图 2.2　患骨质疏松症的骨头与健康骨头的比较
（来源：NASA）

不仅会导致骨骼变脆弱,还会增加肾结石的风险,这是因为钙在被排泄之前必须经过肾脏[4-7]。

NASA 航天员尼克·黑格(Nick Hague)、俄罗斯航天员阿列克谢·奥夫奇宁(Alexey Ovchinin)和阿拉伯联合酋长国航天员哈扎亚·阿里·阿尔曼苏里(Hazzaa Ali Almansoori)三人返回地球后的照片如图 2.3 所示。他们刚刚结束持续数月的国际空间站定期飞行任务。照片中的航天员都是躺卧着的,因为在太空中长时间飞行后,他们的骨骼和肌肉非常虚弱。在航天员周围的人群中有一些是受委托照顾航天员的飞行外科医生。着陆后不久,航天员被迅速送往各自的所属机构,并开始一项专门的个性化康复训练,以恢复其失去的肌肉和骨骼。大约 90 天后,大多数航天员都能恢复肌肉,但是骨头的恢复情况却不同。有些航天员在国际空间站工作了 6 个月后,在 10 年内都没有完全恢复骨丢失。一些航天员的骨量恢复相对较快(3~4 年),而其他航天员需要更长的时间。

图 2.3　美国航天员尼克·黑格、俄罗斯航天员阿列克谢·
奥夫奇宁和阿拉伯联合酋长国
航天员哈扎亚·阿里·阿尔曼苏里从国际空间站返回地面着陆场后的状态
(来源:NASA)

骨丢失的一个方面是骨密度及其结构的变化。在图 2.2 中可以看到一些杆状结构,它们有助于形成骨骼。这些杆状结构和骨面板排列得越好,理论上骨骼的结构就越强壮。另一个影响骨骼强度的因素是骨密度。即使骨骼结构良好,如果骨密度很低,那么骨骼也会很脆弱。理想的情况是,既要有良好的骨密度,又要有良好的骨骼结构。

在太空中，身体会根据骨骼的负荷需求重塑骨骼。由于这些负荷要求很低，因此骨密度就会被降低。这些杆状结构和骨面板被重新安排来处理微重力下的负荷，这就导致骨骼结构变弱。在 LEO 中，由于在轨道上的时间有限（只有 6 个月的时间），且航天员返回地球后会进行个性化康复训练，因此骨丢失的影响是可控的。但是，火星飞行任务要求航天员在深空中度过 12 个月的时间，并且大部分时间是在火星表面的低重力（占地球重力的 38%）环境中停留。如果一名航天员发生了股骨骨折，那么乘组人员应该如何应对？

图 2.4 中所示的图像是处理股骨骨折的一种方法，这种技术被称为外固定术（external fixation）。想象一下，在低重力环境中处理这一问题的所有挑战：出血、感染、再感染、败血症、全天候护理等。那么，针对这些问题又该如何处理？

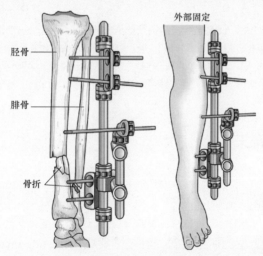

图 2.4　通过外部固定来处理股骨骨折的一种方法
（来源：The Free Dictionary 网站）

2.2.2　预防骨丢失的措施

预防骨丢失的措施包括跑步机跑步和使用高级阻力运动装置（advanced resistive exercise device，ARED）。

如图 2.5 所示，ARED 是一种多功能运动装置（见第 7 章），该装置在缓解骨丢失方面有出色表现[8-9]。然而，即使是认真运动的航天员每月也会出现 1.0%~1.2% 的骨丢失。本书在第 7 章还将讨论其他解决方案。

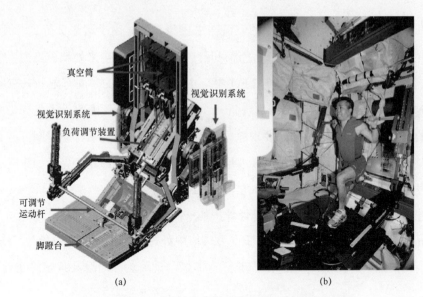

图 2.5　ARED 系统结构及航天员在其上面运动的情形

（a）ARED 系统结构示意图；（b）日本宇宙航空研究开发机构航天员若田光一，"远征" 38 号飞行工程师，在国际空间站 "宁静" 节点舱内使用 ARED 进行运动。

（来源：NASA）

2.3　肌肉流失

2.3.1　肌肉生理学

人体内有三种类型的肌肉。第一种是平滑肌（smooth muscle），也被称为不随意肌（involuntary muscle），存在于器官和器官结构中。第二种是心肌（cardiac muscle），也是一种不随意肌，只存在于心脏中。第三种是骨骼肌（skeletal muscle），也被称为随意肌（voluntary muscle），用于运动。

人体内大约有 640 块骨骼肌，它们通过肌腱被固定在骨骼上。因为骨骼肌（见图 2.6）在显微镜下的外观呈现明暗相间的横纹，所以也被称为横纹肌（striated muscle），其有助于支撑身体、协助骨骼运动和保护内脏。骨骼肌被分为不同类型。Ⅰ型，也被称为慢肌纤维（slow twitch，红色），其中毛细血管密集，可以携带大量氧气并维持长时间的有氧活动。Ⅱ型，也被称为快肌纤维（fast twitch），可以维持短暂的剧烈活动。

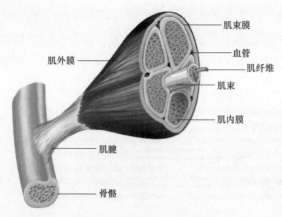

图 2.6　骨骼肌结构示意图

下面介绍一些基本的运动生理学知识。首先，不管一个人在健身房听到怎样的"运动学说"，他体内的油脂都不可能变成脂肪，并且脂肪也不可能变成肌肉。其次，无论一个人怎么努力运动，其肌纤维的数量都不可能增加。肌肉细胞会在一种被称为肥大（hypertrophy）的过程中变大。这与萎缩（atrophy）相反，萎缩是描述肌肉消瘦的术语。在骨骼肌中，运动是位于神经肌肉交界处的神经通过神经冲动而使肌肉产生收缩来实现的。肌肉运动的能量以糖原的形式存在，而糖原储存在肌肉和肝脏中。当运动时，肌肉通过肌动蛋白和肌球蛋白丝的相互滑动而收缩，这种机制被称为肌丝滑动学说（sliding filament theory）（见图 2.7）。

2.3.2　太空中的肌肉萎缩

在地球上，肌肉张力是通过运动来维持的。即使是进行日常活动的人，每天也要走 8 000～10 000 步，这些运动通常足以维持肌肉张力。但在太空中，肌肉的使用程度达不到在地球上的使用程度，结果是，肌肉开始迅速萎缩。在短短 6 个月内，航天员将失去约 25% 的总肌肉质量[8-9]。然而，但这种损失并不是均匀分布的，大比例的肌肉损失发生在负重肌（大腿部肌肉）和平衡肌（支撑脊柱的肌肉群）。随着航天员在太空中停留的时间越长，他们的肌肉细胞就越会收缩并变小；随着这些肌肉变小，肌肉张力就会变弱，这就意味着航天员无法施加很大的力。

从操作角度考虑，航天员需要在漫长的 EVA 中建造前哨基地，并探索火星表面。他们能够在这样的状态下完成这些任务吗？别忘了，这些航天员已经失去了 1/4 的肌肉质量，其中包括心肌质量。这意味着心脏的效率要比在地球上低得多，这样会导致运动能力显著降低[10]，并且随着任务时间的增加，情况只会变得更糟。不过，开展跑台运动和应用 ARED 会有所帮助[8-9]（见第 7 章）。

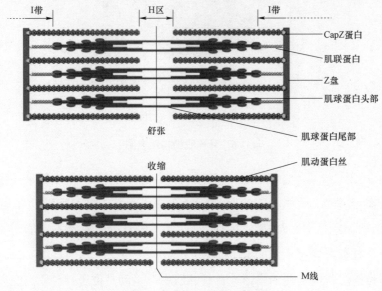

图 2.7　肌丝滑动学说示意图

（来源：Richffeld，David（2014）."Medical Gallery of David Richfield." Wiki Journal of Medicine 1(2). DOI：10.15347/wjm/2014.009. ISSN 2002－4436./CC BY-SA）

2.4　神经前庭效应

人的神经前庭系统（neurovestibular system）能够提供有关运动、头部位置和空间方向等信息，从而可以帮助人们保持平衡。它位于内耳（见图 2.8），由以下几部分结构组成。半规管（semicircular canal），彼此成直角排列，能够提供有关角加速度（如俯仰、侧倾和偏航）的信息。耳石器官（otolith organ），能够提供关于线加速度的信息。另一种关键结构是毛细胞（stereocilia，又叫静纤毛），它们被嵌在一种被称为吸盘（cupula）的凝胶状结构中。当一个人移动头部时，这些毛细胞就会移动或移位，信息则从毛细胞传递到大脑（脑干和小脑），最终大脑会相应地对该运动作出解释。

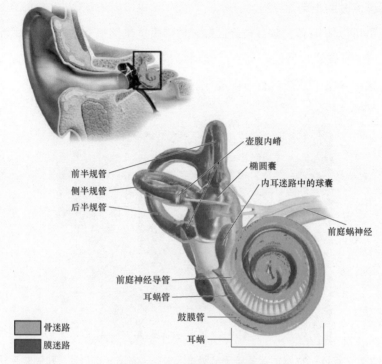

图 2.8　内耳结构示意图

（来源：Blausen.com Staff（2014）"Medical Gallery of Blausen Medical 2014." Wiki Journal of Medicine 1(2). DOI:10.15347/wjm/2014.010. ISSN 2002−4436./CC BY-SA）

在微重力环境下，神经前庭系统会受到破坏，从而可能会导致恶心、眩晕、失去平衡和呕吐等症状[11]。微重力环境不仅可能破坏神经前庭系统，还可能影响视觉系统。在正常情况下，人类通过神经前庭系统和视觉系统来积累感官信息，并将这些信息存储在感官信息库中。当外界环境与信息库发生冲突时，就有可能导致晕动病。事实上，首次飞行的航天员中有 60% 患有太空晕动病（space motion sickness，SMS）。

图 2.9 中所示为"远征"27 号的 NASA 航天员罗恩·加兰（Ron Garan）、凯迪·科尔曼（Cady Coleman）、欧洲航天局（European Space Agency，ESA）航天员保罗·内斯波利（Paolo Nespoli）和俄罗斯航天员亚历山大·萨莫库捷耶夫（Alexander Samokutyaev）在国际空间站的和谐节点舱内摆出的姿势。想象一下

你到达轨道时看到图 2.9 中所示的情景！如图 2.10 所示，神经前庭系统适应得非常快，其适应时间不超过 72 h。

航天员可以服用异丙嗪（promethazine）等抗晕动病药物来治疗病症，但并不能保证 100%有效。另外，自生反馈训练也很有帮助。不过，只要有航天员进入太空，这种太空晕动病就有可能发生，而且无法预测谁会得和谁不会得。

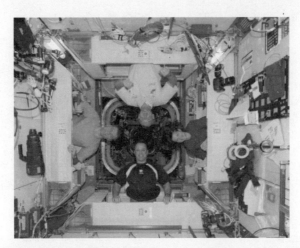

图 2.9 "远征"27 号的美国航天员罗恩·加兰、凯迪·科尔曼、欧洲航天局航天员保罗·内斯波利和俄罗斯航天员亚历山大·萨莫库捷耶夫在国际空间站的"和谐"节点舱内摆出的姿势
（来源：NASA）

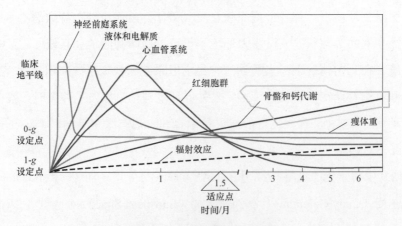

图 2.10 生理系统适应时间表
（来源：NASA）

2.5 视力障碍

到目前为止，已经介绍了航天员的身体在微重力条件下会受到的各种影响，如果没有有效的对策，则肌肉会萎缩且骨骼会脱钙，由此导致航天员生病。另外，航天员的视力也可能受到影响。航天员的视力受损这一情况已经持续一段时间了，但这个问题直到最近才引起人们的关注，因为一些航天员出现了严重的视力缺陷[12-13]。通过对航天员的轶事报道，以及飞行前后视力测量的比较，得出微重力引起的视力损伤是一个具有重大风险的问题（施普林格出版社出版的《微重力与航天员视力损伤》（*Microgravity and Vision Impairments in Astronauts*）一书中有更多这方面的文章）。而且，这个问题并不仅仅存在于少数航天员中。对医疗记录的回顾性分析表明，300名航天飞机的航天员中有29%的人，空间站的航天员中有60%的人出现了某种形式的视觉退化[14]。因此，对于计划将航天员送到月球，并最终送达火星的某些机构来说，航天员视觉退化是其所面临的一个严重问题。

2.5.1 基本理论

NASA将视力障碍问题称为视觉障碍颅内压综合征（visual impairment intracranial pressure（VIIP）syndrome）。尽管VIIP综合征最近才被发现，但是此前科学家们已经进行了大量研究，并较好地了解了该综合征。数据显示，患有VIIP综合征相关症状的航天员会经历不同程度的视觉功能减退。例如，一些航天员的视网膜会出现棉絮斑（见图2.11），而另一些航天员可能出现视盘水肿[15-16]；一些航天员可能会出现眼球后部扁平化，而另一些航天员可能会出现视神经鞘扩张[15]。总之，尽管具有大量的视力障碍迹象和症状，但对视力受损发生的原因仍未确定。

有一种理论认为，眼睛结构的变化和视神经的损伤是由于航天员在国际空间站上经历的头胸部液体移位所引起的[17-19]。从理论上讲，由于遗传和解剖因素，一些航天员对液体移位比较敏感。在对VIIP综合征进行研究的过程中，研究人员将重点放在了三个系统：眼系统、心血管系统和中枢神经系统。这些研究揭示了除视力下降以外的多种症状，包括颅内压（intracranial pressure，ICP）升高和脑脊液（cerebrospinal fluid，CSF）出现压力变化[20]。由于飞行前、飞行中和飞行后的地面数据相对较少,因此很难确定这些症状发生的原因和机理。此后,由于 VIIP 综合征会影响到航天员的视力,因此航天机构增加了对该综合征的飞行前、飞行中和飞行后监测,以便更好地应对该综合征及其带来的风险。

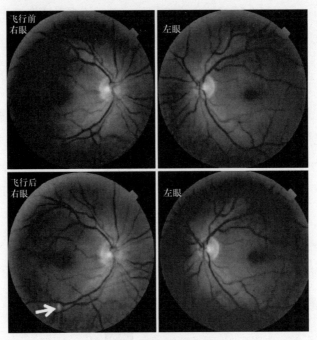

图 2.11　棉絮状斑点外观
(来源：NASA)

2.5.2　案例研究

到目前为止,已有十多名航天员出现了 VIIP 综合征症状[13]。其中有一些症状在飞行任务完成后仍持续存在,而有些症状则消失了。一些航天员出现的症状相当严重,而另一些航天员的症状很轻。目前对产生症状的病因知之甚少,但研究人员认为,微重力引起的头胸部液体移位和相关生理变化可能与 VIIP 综合征症状有关。为了更好地探究该综合征,NASA 人类健康和绩效管理局(Human Health and Performance Directorate)于 2011 年召集了一个 VIIP 综合征项目研究团队,利用数据汇编、分析和跨学科及跨领域的合作来探究出现 VIIP 综合征症状的病因。为了便于了解 VIIP 综合征项目研究团队所面临问题的复杂性,下面简要介绍三个令人困惑的该综合征案例。

案例 1 这起事件发生在执行国际空间站任务三个月后,当时一名航天员告诉地面指控人员,他只有使用他的阅读眼镜才能清楚地看到地球。在接下来的任务执行过程中,他的病情没有得到任何改善,但也没有恶化。回到地球后,航天员注意到他的视力逐渐改善,但是并没有完全恢复。这位航天员接受了荧光素血管造影术(fluorescein angiography)检查,结果发现他眼中存在脉络膜皱褶(choroidal fold)。他还接受了磁共振血管造影术(magnetic resonance angiography,MRA)和磁共振静脉造影术(magnetic resonance venogram,MRV)测试,但检查结果均为正常[13]。随后他使用光学相干断层扫描术(optical coherence tomography,OCT)进行了更敏感的测试。OCT 是一种非侵入性测试,其利用光波拍摄视网膜图像。检查结果显示,该航天员的视网膜神经纤维层(nerve fiber layer,NFL)增厚了。这是 VIIP 综合征难题中出现的又一个新问题。

案例 2 某位航天员在轨道上飞行两个月后,发现自己的视力发生了变化。他的症状包括右眼近视力下降和右颞区(temporal field)出现暗点(scotoma)。该暗点影响了航天员的视力,以至于他无法阅读 12 号字体(12-point font),这与你现在阅读的字体大小很接近。然而奇怪的是,除此以外,这位航天员没有出现其他症状,如头痛或复视,而这些症状通常与视力损害有关[13]。此外,在他停留期间,国际空间站上的环境也在正常范围内——并未出现过量的二氧化碳(国际空间站上的二氧化碳水平较高,一些科学家认为这可能会导致 VIIP 综合征)或有毒烟雾。尽管眼底成像技术检查(fundoscopic examination,FE)结果表明,在航天员的右眼中确实存在脉络膜皱褶,但是他在飞行前和飞行后(可矫正的)的视敏度(visual acuity)是相同的。

案例 3 某位国际空间站的航天员的视力受到严重影响,不得不调整眼镜以便阅读操作程序[13]。此时,NASA 决定使用严谨的方法,进行在轨眼部超声检查,以便观察乘组人员的眼部健康情况。这位航天员接受了超声波检查,结果显示其眼球后部扁平,且视神经鞘扩张。这个案例发生在航天飞机飞行期间,因此任务管理人员决定使用视频检眼镜(video ophthalmoscope)进行远程眼底成像技术检查。检查完成后,将图像发送给神经眼科顾问,神经眼科顾问最终决定不需要治疗,但建议在剩余任务期间,每月进行一次眼底成像技术和视敏度检查。这些检查具有双重目的：一是为神经眼科医生提供与其他视力问题进行比较的基准，二是能够成为监测航天员眼部健康的一种手段。在随后的飞行任务中，该航天员继续接受检查。在飞行后的第 30 天，对该航天员进行了另一次磁共振成像（magnetic resonance imaging，MRI）检查，结果发现其视神经鞘明显扩张、眼球后部扁平及视神经增厚[13]。在这个阶段，该航天员继续飞行并仍然受到视力障碍的影响。在飞行后的第 57 天，对该航天员进行了腰椎穿刺检查，结果显示他的 CSF 压力正常。这位航天员在执行任务三周后就意识到了视力变化，但他报告称在国际空间站停留的剩余时间里，他的视力却一直保持不变（static）[13]。他没有出现头痛、视力模糊或复视，但在飞行完成几周后，他依然患有视力障碍。在此之后，他接受了进一步检查，包括睫状肌麻痹验光（cycloplegic refraction）和眼底彩色照相（fundus photo），但这些检查结果均为正常，包括未出现脉络膜皱褶或椎间盘水肿的迹象，也未发现其他异常情况。

许多 VIIP 综合征患者都有椎间盘水肿、眼球后部扁平化、脉络膜皱褶和远视漂移等症状。这些症状与患有颅内压升高的地面患者报告的症状高度一致（附录Ⅱ）。这些案例也有其他相似之处，包括视神经鞘扩张和眼球后部扁平化。以上观察结果均来自完成任务后对航天员进行的磁共振成像检查。尽管进行了无数次检测（总结见附录 C）和扫描，但是对 VIIP 综合征的发病原因仍然无法确定。有人认为，头胸液移位引起的眼部静脉充血可能是导致脉络膜体积增大的原因[18]。鉴于这一症状具有共性，因此也有人认为这里可能存在一种相同机制（unifying mechanism）。

2.5.3 颅内压

研究人员之所以对颅内高压患者感兴趣，是因为这些地面患者报告的眼部变化与航天员报告的非常相似[21-22]。研究人员推断，地面患者的 ICP 升高可能在某种程度上解释了在航天员身上观察到的视力变化的原因。这是一种很好的假设，但仍有不足的地方。虽然颅内高压患者和航天员 VIIP 综合征患者均报告了 ICP 升高，但是这两组患者的 ICP 升高的发病机制并不相同。那些在地球上报告 ICP 升高的人，通常症状会比国际空间站上的人更严重，即除了头痛外，地球上的 ICP 升高患者还报告了认知障碍和恶心呕吐。在这一点上需要注意的是患者数量的问题：在地球上成千上万的患者中观察到了 ICP 升高的问题，而根据报道，只有十几名航天员出现了

VIIP 综合征的症状。因此，考虑到轨道上的"病人"很少，科研人员很难在地面与太空的 ICP 升高患者之间建立相关性。

2.5.4 脑脊液

另一个导致问题难以解决的因素是，可以被研究的航天员数量非常少，只有少数报告 ICP 的人在飞行前和飞行后进行了 ICP 测量。对 ICP 测量通常要通过腰椎穿刺（有时称为脊椎穿刺）进行，这个过程是在两个腰椎之间插入一根针以抽取 CSF。对报告有 VIIP 症状的航天员在飞行后进行 ICP 测量发现，他们的 CSF 压力仅仅略高于正常压力。虽然这并没有明显强调飞行中会出现 ICP 升高的假设，但它确实在一定程度上帮助研究人员掌握了 ICP 升高与 VIIP 综合征相关的机制。

2.5.5 视神经鞘直径

支持 ICP 升高假说的另一项观察是对航天员的视神经鞘直径（optic nerve sheath diameter，ONSD）和光学直径（optical diameter，OD）进行测量。这些飞行后的超声波测量结果表明航天员的 ONSD 会出现扩张，由于这种扩张是颅内高压的迹象之一，因此 ICP 升高是 VIIP 症状之一的假说得到了更多的理论支持[19,21]。但这些发现只是一部分没有结论性的证据[20]，因为飞行后的图像是在航天员着陆后很长一段时间后拍摄的，有时是几个月，甚至几年。看似有希望的 ICP 升高证据链的另一个缺点是，没有对照组可被用于比较 ONSD 的测量结果。有很多关于 VIIP 问题与颅内高压相似的讨论，引起了人们对 VIIP 综合征确切性质的猜测。特别是，视乳头水肿（papilledema）一词有时被用于指在有 VIIP 症状的患者中观察到的视盘肿胀。但是，视乳头水肿只是由 ICP 升高引起的视盘肿胀，而在太空中，视盘肿胀可能是由 ONSD 或其他对视神经头的影响因素（可能是损伤）引起的。

ONSD 测量是对研究颅内高压理论基础的支持，在了解 VIIP 综合征方面也非常实用。然而，值得注意的是，虽然颅内高压有很明显的特征，但是其原因尚不明确，而 VIIP 综合征也是如此。并非所有报告有 VIIP 综合征症状的航天员都有视觉变化，即在一些航天员中这些症状可能非常明显，而在另一些航天员中这些症状可能几乎没有出现。这些症状似乎没有什么规律、原因或模式。造成这种情况的部分原因是被评估的航天员人数太少。为了便于了解该症状模式令人困惑的原因，可以以一名航天员的情况为例来进行解释：虽然他在飞行期间或飞行后没有报告任何症状，但在飞行后的检查却表明他出现了有史以来最严重的视盘肿胀。

该名航天员不仅右眼视盘有 3 级水肿以及左眼视盘有 1 级水肿，而且右眼视盘下方有小出血、神经纤维增厚及 CSF 压力增加，但这名航天员没有脉络膜皱褶或眼球后部扁平化的迹象。这是一个令人不解的案例，让许多研究人员感到困惑。

2.5.6 眼球后部扁平化

影响 ICP 升高和 VIIP 综合征之间关联研究的另一个复杂变量是眼球后部扁平化症状。在地球上，ICP 升高可诱发眼球后部扁平化，但对颅内高压进行治疗后，没有人知道眼球后部扁平化是否会持续，因为目前还没有任何研究来跟进这一问题。这就意味着，没有人知道视盘后面的压力是否会导致眼球后部永久性扁平。这是关于 VIIP 综合征的另一个知识空白。

2.5.7 微结构解剖学差异

眼睛中有多个结构受到压力的影响，这些结构的形态差异可能会导致一些航天员呈现出比其他人更多的症状。以巩膜筛板（lamina cribrosa sclera）为例，该结构位于视神经和眼内空间之间，并充当该空间和围绕视神经球后段的 CSF 空间之间的压力屏障层[20]。

在地球上，正常情况下巩膜筛板会向视神经方向轻微凸起。这是因为眼内压（intraocular pressure，IOP）为 15 mmHg，高于 10 mmHg 的颅内压。但是，如果这些压力发生改变，则巩膜筛板的反应就可能影响视力。例如，若结构过度移位，巩膜筛板就会挤压相邻的神经纤维，从而导致神经损伤和视力丧失（青光眼（glaucoma）患者的患病原理基本上就是这样的）。但这一机制对每个人的影响程度不同，因为每个人的解剖结构不同，这样就使他们或多或少地易患某些综合征和疾病。所以，如果某位航天员的组织弹性碰巧比其他大多数人的都大，那么他受筛板压力变化的影响可能就比较小，因为组织的弹性越大，压力对眼睛和大脑敏感组织造成损害的可能性就越低。同样，那些不幸拥有基因突变或组织弹性较小的航天员可能更容易产生 ICP 诱发的视觉障碍。2.5.5 中介绍的在飞行任务中没有症状，但在返回时被诊断为 3 级水肿的航天员，可能经历过 ICP 升高，但因为他的血管和组织比大多数人的更具有弹性，所以他没有出现任何视力障碍。

2.6 心血管系统

人类对自身的心血管系统及其如何适应微重力的认知，就像对其他许多生理系统一样，仍然所知甚少。心血管系统的适应过程较为复杂，涉及许多控制机制，如自主神经系统、心脏功能和外周血管系统。

2.6.1 液体转移

触发心血管系统适应性过程的主要因素，是航天员的体液向头部的转移及再分配（见图 2.12）。除了体液，如存在于器官之间的间质液和脊髓内的 CSF，人体还有大约 5 L 的血液。当航天员到达轨道时，有 1.5～2.0 L 的液体会从下肢流向胸部和头部[22]，这会导致各种症状和体征的变化，包括面部浮肿、"鸟腿"综合征、剧烈头痛及 2.5 节提到的视力问题。

2.6.2 利尿

人类的身体总是在努力适应环境。因此，这种液体转移会触发一系列的适应性过程。在人类的体内有各种各样的传感器和受体，会向大脑发送有关温度、电解质平衡和压力等信息。只要液体的压力被保持在一定的阈值内，压力感受器（baroreceptor）就不必采取任何行动。但当多达 2 L 的液体从人体的下半身转移到上半身时，压力就会激增并超过阈值，这时压力感受器会将这些信息发送到大脑，接着大脑将会采取必要的行动。

降低液体压力的方法就是排出多余的液体，这是通过"抑制肾素—血管紧张素—醛固酮系统"（renin – angiotensin – aldosterone system）来实现的，该系统会释放心房利尿钠肽（atrial natriuretic peptide），最终导致利尿（diuresis）。利尿是一个生理术语，它意味着人类必须经常去洗手间排尿[22-25]。利尿的缺点是，排尿会降低血浆容量。血液中大约55%是血浆，而血浆中大约90%是水。所以如果人类经常排尿，就会失去体内的水分，从而失去血液容量。事实上，在入轨后的前24 h内，航天员会失去17%的血浆容量，这相当于减少了约10%的总血容量[26-29]。身体尽最大努力适应这一过程需要大约6周的时间，尽管这种适应是针对微重力而不是针对1G重力环境。返回地球后，航天员上半身内的所有液体都会流向下半身，从而导致不能耐受立位（即无法直立）。从太空返回后，25%的航天员由于不能耐受立位，因此无法在着陆后几个小时内站立10 min。这就是为什么NASA禁止航天员在飞行结束返回地球后的三周内开车的原因之一。

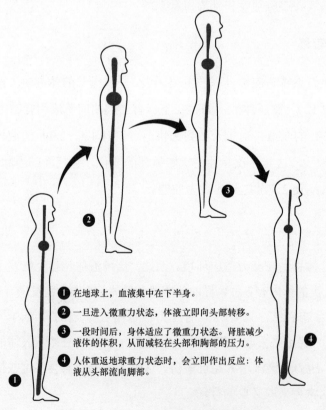

图2.12　微重力下人体中的液体转移过程

（来源：NASA）

2.7 营养问题

在国际空间站长时间停留期间，航天员保持足够的营养摄入非常重要，因为航天员不仅必须满足身体正常的地面营养需求，还必须努力避免长期暴露在微重力环境下的负面影响。此外，历史经验表明，地面极地探索任务（见图2.13）的成败通常取决于对探索人员摄入营养的考虑程度，例如坏血病（scurvy）就是因为探索人员遭遇营养匮乏而引起的。

图2.13 著名的欧内斯特·沙克尔顿（Ernest Shackleton）和他带领的队员在南极冰面上
（来源：弗兰克·赫尔利（Frank Hurley），一位参加过多次南极探险的澳大利亚摄影师和冒险家）

在南极海洋营地（ocean camp），尽管沙克尔顿带领的队员在很大程度上避免了坏血病，但是在南极探险的英雄时代（Heroic Age of Antarctic Exploration），由营养缺乏导致的队员死亡人数超过了其他所有原因造成死亡人数的总和。营养对于航天员来说要更加重要，因为沙克尔顿和他的队员在口粮用完时，至少可以将企鹅和海豹作为食物，而在地球以外的轨道飞行任务中，不会有这样的补给。因此，食物供应至关重要，并且需要精心规划，以确保航天员获得最佳营养。营养规划是一个挑战，因为生理变化（太空晕动病及体液变化等）及航天器所在的环境条件（缺乏紫外线及高二氧化碳浓度等）等因素均会影响航天员的营养需求。

2.7.1 太空食品系统

ISS 食品系统(见图 2.14)可提供为期 8~16 天的食谱。食品由 NASA、加拿大航天局(Canadian Space Agency,CSA)、ESA、日本宇宙航空研究开发机构(Japan Aerospace Exploration Agency,JAXA)和俄罗斯航天局(Russian Space Agency,RSA)提供,并被包装在单份(single-serving)容器中。食物可以是天然的,也可以是热稳定、脱水或辐照处理过的。每天,航天员需要扫描所吃食物的条形码,并利用食物摄入跟踪器(food intake tracker,FIT)应用程序(见图 2.15)来记录他们的饮食摄入量。航天员所吃的食物可以基于特定的菜单,也可以携带额外的食物(有一位名叫苏妮塔·威廉姆斯(Sunita Williams)的航天员,特别喜欢吃花生酱奶油杯子蛋糕(fluffer nutter),这是一种将花生酱和棉花糖奶油涂抹在白面包上制成的三明治)。NASA 约翰逊航天中心的食品分析实验室会对航天员摄入的营养进行分析。实验室可以提供有关航天员食物摄入的各类详细信息,例如,每位航天员摄入的蛋白质、铁和钙的数量。

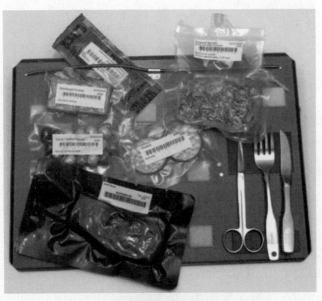

图 2.14 国际空间站上的太空食品系统
(来源:NASA)

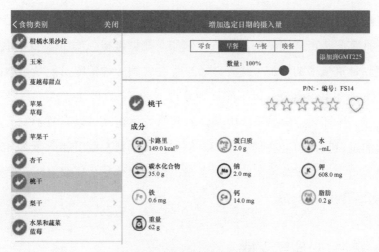

图 2.15 每日营养摄入报告
（来源：NASA）

2.7.2 保障营养的对策

将所有航天员摄入食物的数据都记录下来似乎太多了，但根据数据显示，航天员的实际食物摄入量总是无法达到应摄入量的标准。"阿波罗"号航天员只吃了他们应摄入量的 65%，航天飞机航天员的情况也基本相同，他们只吃了被推荐食品的 70%。这种食物摄入不足与体重减轻和精力缺乏有关。精力不足不仅会对运动对策的实施产生负面影响，也会造成骨骼和肌肉的丢失。

严格监测营养摄入量的另一个用途是追踪飞行前、飞行中和飞行后的生物化学差异。数据表明，国际空间站内的二氧化碳水平远高于地面，这可能会增加血液流向头部，并引发复视问题。生化证据表明，单碳代谢途径的循环代谢产物（如同型半胱氨酸和甲基丙二酸）与这些视力问题之间存在联系。还有数据表明，血清叶酸和某些单碳中间体的浓度与航天员在国际空间站上完成轮换后的屈光度（refraction）变化有关。钠也与视力问题有关。太空食品中钠含量非常高：地球上的平均钠摄入量为 5 g/天以上，而航天员在太空食品系统中的钠摄入量为 12~13 g/天。所有这些营养的摄入都与生理问题有关，这凸显了在任务期间跟踪营养摄入量的重要性。

还有一个问题，即骨丢失。骨丢失是对航天员身体健康的一个重大威胁，可

---

① 此单位非法定计量单位，1 kcal=4.186 8 kJ

能成为任何一种火星飞行任务的致命因素。数据表明，某些营养的摄入可能对增加骨形成具有一些可被测量到的影响。例如，在持续摄入维生素 D 的航天员中，可以观察到骨重塑率的增加。另外，应对骨丢失的一种策略可能是摄取欧米伽-3 脂肪酸（Omega-3fattyacid，以下简称为ω–3 脂肪酸），但这一点还需要进一步的研究来支撑。尽管太空食品系统中某些元素的大量摄入可以有益于航天员，但是其他元素的过量摄入可能会伤害他们。例如，铁的最高耐受摄入量为 45 mg/天，但一些航天员报告的平均摄入量超过了最高耐受摄入量，研究表明，食物中含有过量的铁会导致氧化损伤。

2.8 社会心理学支持

航天员需要具备各类行为能力，这样有助于他们在多元文化环境中有效地发挥作用。这一系列的能力至关重要，因为在飞行过程中不能允许出错。为了确保所有航天员都具备这些技能，航天机构在选拔过程中采用了非常具体的"淘汰"（select-out）和"中选"（select-in）标准。一旦被选中，航天员将要完成全面的飞行前训练，以培养"远征行为"能力，其中包括确保任务成功和与太空相关的社会心理学技能。除了所有这些准备工作外，为了确保任务顺利进行，还有一批地面工作人员会通过视频会议的方式为他们提供支持。

* 单身男性、健康、强壮、温和、乐观、具备英语读写能力，当然还应该是一流的水手。挪威人、瑞典人和丹麦人优先，避免英格兰人、苏格兰人和爱尔兰人。拒绝法国人、意大利人和西班牙人。按照海军薪酬支付。航天员要绝对并毫不犹豫地服从每一个命令，不管命令是什么。

* 参照德龙船长（De Long）对参与 1879—1881 年"珍妮特"号极地远征（Jeanette Arctic Expedition）船员的要求。

* CSA 正在寻找具有广泛背景的杰出科学家、工程师或医生。创造力、多样性、团队精神和探索精神是加入 CSA 航天员队伍的必备素质。候选人必须具备良好的心理素质和健康的体魄，以承受太空飞行中所需要的各类训练。

以上三条标准来自 CSA 在 2008 年发布的航天员招募活动公告（Astronaut

Recruitment Campaign announcement）。

2.8.1 队员选拔

尽管如此，挑选队员的过程仍然是一项具有挑战性的任务。人际互动和困境、队员绩效分解（crew performance breakdown）、在受限和孤立环境中的人际关系互动和表现是必须考虑的几个因素。其他选择标准，如沟通能力和跨文化培训，也对未来任务的成功与否起到决定性的影响。正是由于这些原因，心理学问题才被认为是更有挑战性的生命保障问题之一。

但事实远非如此。为艰苦的探险队挑选队员，还有很多标准。以沙克尔顿（见图2.16）为例，早在1913年，就有近5 000人向这位伟大探险家的国家就与穿越南极探险队相关的27份工作递交了申请。相比之下，NASA在2009年航天员选拔活动中仅收到3 654份申请——要知道这是在互联网时代。沙克尔顿亲自面试了每一位他认为有潜力的候选人，显然这些候选人必须具备航海技能和科学知识，但他更希望能有热情和乐观的人来加入探险队伍。幸运的是，沙克尔顿对人才有着敏锐的洞察力，知道如何组建一支在任何情况下都能够生存下来的队伍。被选中的每一位队员都要去做某项特定的工作，并且他们做得很好，这可能就是为什么沙克尔顿的团队能够在南极洲生存2年多，虽然任务最终仍以失败告终。

图2.16 可能是有史以来最伟大的探险家——
欧内斯特·沙克尔顿爵士（Sir Ernest Shackleton）
（来源：挪威国家图书馆）

与国际空间站的长期任务一样，沙克尔顿的探险也是一次危险的任务，任务能否成功取决于是否有一支优秀的团队。他的理想队员必须具备在"耐力"号上工作的资格，并且他们也必须具备应对极端（极地）条件的特殊能力。另一个至关重要的品质是队员们必须能够在无法与外部交流的情况下彼此和谐相处很长一段时间。研究沙克尔顿探险队是如何生存下来的组织发现，尽管他的任务失败了，但是每个人都渡过了不可能渡过的难关，因为沙克尔顿挑选了一支优秀的团队，并确保每个队员都了解自己的工作。此外，沙克尔顿知道南极探险的艰苦将非常考验他的队员们的精神状态，所以他谨慎地寻找性格合适的人，而不仅仅看中能力。技术水平是一笔财富，但他更强调积极的态度和轻松的心态。

例如，当沙克尔顿面试探险队物理学家雷金纳德·詹姆斯（Reginald James）时，他问詹姆斯是否会唱歌。外科医生亚历山大·麦克林（Alexander Macklin）在面试过程中被问到为什么戴眼镜时，回答道："许多聪明的人不戴眼镜会看起来很愚蠢。"沙克尔顿对队内领导人的选拔也是如此。沙克尔顿探险队拥有二十多人的指挥队伍。沙克尔顿明白具有忠诚而强大品质的领导人的价值，这就是为什么他选择弗兰克·怀尔德（Frank Wild）作为他的副手。怀尔德是一位南极探险的老兵，他在沙克尔顿1907年的探险中证明了自己的勇气以及能够与沙克尔顿和睦相处的能力。同样，沙克尔顿的二副托马斯·克林（Thomas Crean）在1901年的一次探险中也证明了自己的能力和自制力。

沙克尔顿关于选择队员的十条指导原则如下：

（1）从一个可靠的团队开始队员的选拔，可以是以前探险中认识的人，或者由自己信任的人推荐而来；

（2）副手是最重要的成员，选择一个与你的管理风格互补、表现忠诚但不唯唯诺诺，并且能够与他人合作的人；

（3）雇佣那些与你有共同理想的人；

（4）淘汰那些不准备做单调或非热门工作的人；

（5）超越工作经验和专业知识，面试过程中提出能体现候选人个性、价值观及对工作和生活看法的问题；

（6）与开朗乐观的人为伍，他们不仅对成功至关重要，还会用忠诚和友情来回报你，并且在困难的时候，他们也会支持你；

（7）最渴望这份工作的求职者往往会竭尽全力保住这份工作；

（8）雇佣那些具有你所缺乏的专业知识的人才；

(9) 向新队员清楚地说明他们工作的职责和要求;

(10) 能够帮助你的团队做一流的工作。

2.8.2 品行不良的航天员

虽然沙克尔顿选择队员的指导原则至今仍然适用于国际空间站航天员的选拔,但是进行实际操作时,必须采用比沙克尔顿更严格的标准,以避免选拔了具有"错误品质"(wrong stuff)的航天员。下面列举这样一个相关事例。

丽莎·诺瓦克(Lisa Nowak)的警示故事:

2006 年 7 月,NASA 的航天员丽莎·诺瓦克(Lisa Nowak)(见图 2.17)在 STS-121 任务执行期间搭乘"发现"号航天飞机。她用了 12 天 18 h 37 min 54 s 才在世界上最顶尖的俱乐部之一获得了一席之地,然而只用了大约 14 h 就把它毁掉了。这个时间正是这位 43 岁的航天员从得克萨斯州的休斯敦驱车 1 500 km 到达佛罗里达州的奥兰多所花的时间。当时,她随身携带着一把二氧化碳驱动的弹丸枪、一把折叠刀、一支胡椒喷雾器、一把钢槌和 600 美元现金。诺瓦克得知美国空军上校科琳·希普曼(Colleen Shipman)当晚会从休斯敦飞往奥兰多,诺瓦克想在那里"吓唬她",让希普曼说明她与处于三角恋情中的某位男士之间的关系。那位男士是比尔·奥费林(Bill Oefelein),他和诺瓦克一起接受了航天员训练。

图 2.17 丽莎·诺瓦克
(来源:NASA)

据称,希普曼在从机场休息室到停车场的公共汽车上看到了她从未见过的诺瓦克,后者穿着风衣,戴着墨镜和假发跟着她。希普曼很害怕,急忙赶往自己的车。希普曼能够听到身后奔跑的脚步声,当她"砰"地关上门时,诺瓦克开始拍打车窗，并试图把车门拉开。"你能帮帮我吗？我男朋友本该来接我，但他不在这里，"诺瓦克恳求道。当希普曼说她无能为力时，诺瓦克开始哭了。这时，希普曼摇下了窗户，诺瓦克却立即对她喷胡椒喷雾。希普曼立刻感觉到眼睛火辣辣的，于是开车离开并报了警。诺瓦克随后被指控一级谋杀未遂，这很快成为牵涉NASA现役航天员的最离奇事件。

仅说诺瓦克所属的团队（2007年3月8日她在该机构的任务被NASA终止）很优秀是不够的。NASA自1959年开始准备进入太空以来，截至2007年，只选择了321名航天员。诺瓦克通过了NASA严格的筛选程序，并接受了多年的训练，以应对太空飞行的压力。像所有的航天员一样，诺瓦克也接受了全面的精神和心理检查，而所有这些因素都愈发让她这次的行为令人费解。

对许多人来说，诺瓦克的丑闻让人想起了很多可怕的科幻电影，它们把精神不稳定的航天员送入太空。有些人认为，NASA应该能够提前注意到诺瓦克情绪崩溃的迹象。这些人可能有道理，但我们必须明白，从事高压力工作的人通常都是成绩优异的人，他们对工作表现的重视程度很高，而对自我保健的重视程度较低，甚至低于工作所需要的水平。这种类型的航天员往往忽略和否认自己身体或心理的疲劳迹象，就像一些极地探险家一样，他们会以一种类似机器的思维过程来处理任何问题。但人脑不仅仅是一台思维机器，它还是情感中枢，情感抑制会在潜意识的战场上体现出来。这种压抑及相关的身体和心理伤害最终会在扭曲的思维和行为过程中展现出来，而诺瓦克正是如此。

诺瓦克的闹剧是在机场停车场上演的，但想象一下，要是在飞往火星的宇宙飞船上出现类似场景会是多么的可怕。

航天员丽莎·诺瓦克的事件很令人唏嘘。NASA在庆幸该事件没有发生在太空的同时，也需要充分考虑如何避免在月球和火星飞行任务中出现这种情况。尽管对基因组筛查、大脑扫描和生物特征监测的研究可能有助于减少或避免精神崩溃，但是丽莎·诺瓦克事件凸显了一个事实，即长期飞行任务的最大威胁可能来自航天员自身。

就像尝试预测一名探险队员是否具有适合极地探险的品质一样，尝试预测一名航天员在数月的任务中是否容易出现精神或社会心理学问题，仍是一种不精确的猜测。目前的筛查包括用于收集心理信息的一系列标准测试，以及连续2 h的访谈[30]。

第一部分访谈由一名精神病学家和一名心理学家进行，第二部分访谈由一名精神病学家单独进行。标准测试方法（CSA 也采用该测试方法来选拔航天员）包括明尼苏达多相人格量化表（Minnesota multiphasic personality inventory）和人格特征量化表（personality characteristics inventory），它们被用于识别航天员的"正确品质"（right stuff）、"无品质"（no stuff）和"错误品质"（wrong stuff）等特征[31-32]。构成长时间太空漫游"正确品质"的因素包括情绪稳定，以及几乎没有抑郁或神经质的迹象。能够适应长期工作的航天员往往是善于社交的内向者，与他人相处得很好，但不需要其他人的肯定。另一个重要特征是航天员对缺乏成就的高度容忍，由于航天任务的持续时间会很长，因此具备这种特征是必须的。与沙克尔顿、阿蒙森以及他们的同伴一样，航天员团队需要为计划的变化、突发事件以及无法实现目标的可能性做好准备。

2.8.3 禁闭

悲观主义者特别强调，在孤立、受限和极端（isolated, confined, and extreme, ICE）的环境中工作，是航天员在心理方面要面临的另一个重要挑战。这些悲观主义者认为，在上述环境中工作，会导致航天员失去理智、互相攻击并甚至可能发生冲突。

接下来用一个真实的发生在 ICE 环境中的案例来证明这一点（在附录 D 中提供了另外两个案例）。1893 年，弗里德乔夫·南森（Fridtjof Nansen）（见图 2.18）乘坐"弗拉姆"（Fram）号船（见图 2.19）驶向北极，这是一艘专门建造的圆壳船，

图 2.18　弗里德乔夫·南森
（来源：比利时画家亨利·凡·德·威尔德（Henry van der Weyde））

图 2.19　有史以来建造的最著名的勘探船之一——"弗拉姆"号
(来源：罗阿尔德·阿蒙森（Roald Amundsen）：《南极》，第 1 卷，
约翰·默里（John Murray）于 1912 年在伦敦首次出版)

旨在穿过海冰而向北漂流。南森的理论受到了"珍妮特"（Jeannette）号船航行的启发（"珍妮特"号船在新西伯利亚群岛东北部沉没，漂流过极地海（Polar Sea）后，在格陵兰岛西南海岸被发现）。南森认为，极地洋流中的温水是冰层运动的原因。但是，在冰层上航行了一年多之后，"弗拉姆"号船依然无法到达北极。因此，南森在霍亚尔马·约翰森（Hjalmar Johansen）的陪伴下，当"弗拉姆"号船到达北纬 84°4′时，决定继续向北徒步行驶。这是一个大胆的举动，因为这意味着将离开并且不再返回"弗拉姆"号船，而是穿过浮冰返回到距离出发点以南 800 km 处最近的已知陆地。

1895 年 3 月 14 日，南森和约翰森乘坐由 28 条狗拉的三辆雪橇和两艘皮艇开始了他们的旅程。1895 年 4 月 8 日，他们到达了北纬 86°14′，这是当时的最高纬度。然后，他们转身往回走，但是他们没有找到所期望的陆地。1895 年 7 月 24 日，他们乘坐皮艇穿过开阔的水域后，遇到了一系列岛屿，于是在那里他们用苔藓、石头和海象皮建造了一座小屋（见图 2.20）。他们在这里度过了 9 个月，大部分时间都是黑暗的，每 24 h 中有 20 h 在睡觉，并等待着春日阳光的到来。他们靠海象的脂肪和北极熊的肉生存。1896 年 5 月，南森和约翰森决定前往斯匹次卑尔根岛（Spitsbergen，该岛是挪威斯瓦尔巴（Svalbard）群岛中最大的岛屿，靠近北极。译者注）。在旅行了一个月后，他们不知道自己在哪里，通过与弗雷德里克·乔治·杰克逊（Frederick George Jackson）的一次偶然会面，他们的努力获得了回报。杰克逊是英国杰克逊·哈姆斯沃斯探险队（British Jackson

Harmsworth Expedition)的领队,当时正在岛上过冬。杰克逊告诉他们的所在地是法兰士约瑟夫地群岛(Franz Josef Land,这是俄罗斯在北冰洋中的一座群岛,由 191 个冰封岛屿组成,面积 16 134 km²。译者注)。最后,南森和约翰森回到了挪威北部的瓦尔德(Vardø)。

图 2.20 弗里德乔夫·南森和探险家霍亚尔马·
约翰森于 1895—1896 年冬天一起住过的
独木屋的艺术画

(艺术家拉尔斯·洛德(Lars Lorde)根据南森拍摄的一张照片而创作的绘画。
来源:南森 1897 年出版的书籍《最遥远的北方》(*Farthest North*))

2.8.4 健康本源学

悲观主义者喜欢关注的另一个负面因素是无聊。就我个人而言,我从未听说过任何航天员抱怨无聊。事实上,在所有的航天员自传中,心理状态大多是正面的。心理学家甚至用一个术语来描述航天员如何在这样一种孤立和极端的环境中产生积极的心理状态:健康本源学(salutogenesis)。这是一个由医学社会学教授亚伦·安东诺夫斯基(Aaron Antonovsky)创造的术语,旨在传达这样一种观点:在某些情况下,压力有益并促进健康,而非致病或破坏健康。正如所能够想象的,一方面,极地探险者在努力应对与世隔绝、匮乏和极端条件时,经历了各种各样的负面影响;另一方面,成功应对如此多负面影响而产生的喜悦带来了积极的一面。探险家们倾向于享受这种体验,并对环境的挑战做出积极反应。不仅如此,这一独特的群体在成功克服这些挑战后感到非常兴奋。他们在日记中经常提到陆地、冰川和海洋的壮丽,队友之间的情谊和相互支持,以及面对并克服环境挑战所带来的兴奋,这可能就是这么多人重复报名参加探险的原因。

航天机构和太空心理学家仍然专注于研究长时间任务的负面影响及其应对

措施，而很少关注克服负面影响后产生的有益影响（见表 2.1）。这很可惜，因为极地考察数据表明，积极适应恶劣或极端环境的每个人都可以从他们的经验中获益，其中也包括航天员适应外界环境时其心理健康状况的改善。

表 2.1 极地探险的健康本源学效应（其中许多适用于航天员）

序号	极地探险的健康本源学效应
1	个人成就感
2	努力实现重要目标
3	勇气、决断、不屈不挠
4	兴奋、好奇
5	增强自尊心
6	坚韧、弹性、应对
7	改善健康
8	集体团结、凝聚力、共同价值观
9	个性增强，从众性降低
10	能够制订并实现更高的目标，并改变思维方式

尽管有些研究人员选择忽略太空飞行的健康本源学效应，但的确在大多数任务中都观察到了这些效应。航天员们积极报告了队员之间的友谊和凝聚力、对其出色工作的满意、对被选中在太空飞行的自豪，以及对地球之美的欣赏。这就是所谓的总观效应（overview effect）。事实上，在航天员的回忆录中，提及积极情绪的频率是提及消极情绪的 3 倍。最近的一个很好的例子是克里斯·哈德菲尔德（Chris Hadfield）的《航天员在地球上的生活指南：去太空教会了我关于独创性、决心和为任何事情做好准备的方式》（*An Astronaut's Guide to Life on Earth：What Going to Space Taught Me About Ingenuity，Determination，and Being Prepared for Anything*）。航天员在自传中经常提到对他人的信任、自主性、主动性、勤奋、强烈的个人认同感，以及他们坚信自己的生活是有意义和有价值的。这些航天员对保持自己的情绪稳定和提升应对能力充满信心，并将自己视为处理问题的积极参与者——就像沙克尔顿和他的队员或南森和约翰森一样。

根据这些自传报道可以总结出如下结论：首先，航天机构需要选择善于解决问题和能与他人友好相处的有韧性的人（见表2.2）；第二，对大多数航天员来说，太空飞行是他们人生的巅峰时刻；第三，在飞行完成后，航天员认为飞行任务让自己变得更好。这些发现不会影响预测问题和制定长期挑战任务对策的重要性，但它强调了一场伟大的冒险给航天员自身以及人类带来独特好处的重要性。

表 2.2 执行长期太空飞行任务的航天员特征

序号	执行长期飞行任务的航天员特征
1	具有实现目标的强烈愿望
2	强烈的冒险意识
3	焦虑易感性低
4	年龄在 30 岁以上
5	情绪稳定
6	很少有抑郁症状
7	低神经质
8	内向但善于社交
9	不过于外向或自信
10	不太需要社交互动
11	对社会支持的需求较低
12	对他人的需求敏感
13	能够高度容忍少量的精神刺激
14	不易感到无聊
15	对缺乏成就能够高度容忍

2.9 免疫系统

免疫失调最早出现在 20 世纪六七十年代的航天员身上，其中包括"阿波罗"号航天员，他们中有一半受到细菌感染。虽然有很多关于航天员在太空飞行后免疫系统发生变化的数据，但是科研人员对于在任务期间发生的情况知之甚少（见图 2.21）。在飞行后进行的研究中，数据显示了免疫系统发生的一系列变化，包括白细胞和细胞因子的变化、自然杀伤细胞活性下降以及免疫反应发生改变。许多免疫系统的改变都与航天员在执行任务期间必须承受的高度生理和心理压力有关[33]，隔离、禁闭和昼夜节律的改变也会引发航天员在长期任务后的免疫系统变化[34]。

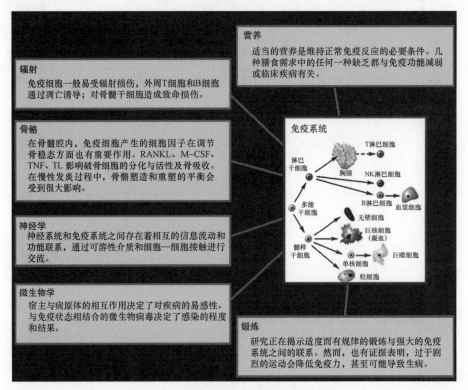

图 2.21　太空飞行对免疫系统的影响情况
（来源：NASA）

另一个对免疫系统功能产生深远的负面影响的主要因素是电离辐射，但研究人员对辐射引发免疫失调的确切机制尚未完全掌握。除了辐射暴露外，失重也会导致免疫系统发生显著变化，因为失重会改变致使 T 细胞激活的关键信号通路。

2.10　辐射

在航天员必须应对的所有生理挑战中，辐射是最具破坏性的。航天员在太空停留的时间越长，他们受到的辐射就越多，过多的辐射会对人体生理造成严重的负面影响。

2.10.1 银河宇宙射线（GCR）

GCR 是独一无二的，它几乎不可能被屏蔽。GCR 是太阳系外的高能带电粒子，这些粒子以接近光的速度弹射，由恒星的爆炸力推动而穿过太空[35]。这些粒子具有巨大的能量，其中一些粒子，如铁，在其质量和惊人速度的共同作用下，它们能够像热刀切黄油一样，穿过航天器的舱壁。

暴露于过多宇宙辐射中的航天员患癌症的风险会更高，而且不仅仅是癌症。弗朗西斯·库奇诺塔（Francis Cucinotta）博士是研究空间辐射生理效应的世界顶级专家之一，他说，"人们因为宇宙射线离子产生的肿瘤比因为其他辐射产生的肿瘤更具破坏性"[36]。

GCR 主要由质子和阿尔法粒子组成，它们占银河宇宙射线的 99%，其余 1% 由重核组成，如锂、铍和硼。由比氢重的带电核组成的 GCR 称为高能重粒子（high Z and energy particle，HZE）。HZE 很稀少，但由于这些粒子带电程度很高而且很重，因此它们在航天员的辐射剂量中占很大比例。

2.10.2 银河宇宙射线测量

在国际空间站上配备有主动辐射监测器，可以为地面控制人员和航天员提供累积辐射量和剂量率。在第 7 章中将较为详细地讨论这些问题，以下仅做简要介绍。在国际空间站上所搭载的监测器中，比较典型的一个例子是光谱仪，它能够提供基于中子光谱学的 GCR 成分（如中子）的时间分辨测量手段。多年来的各种研究结果表明，次级中子辐射占航天员任务期间受到总辐射剂量的 30%。对带电粒子的监测也很重要，这些数据提供了关于国际空间站内带电粒子分布方向的信息。这些数据也可被用于计算人体器官受到的准确的辐射剂量，以及人体特定器官受到辐射所导致的风险水平。总而言之，收集这些数据的目的是在计算风险时减少模糊性，并在表征国际空间站内的辐射环境时减少不确定性。

2.10.3 太阳粒子事件（SPE）

太空辐射的另一个组成部分是 SPE（见图 2.22）。SPE 由高能电子、质子和阿尔法粒子组成，这些粒子被日冕物质抛射（coronal mass ejection，CME。发生在太阳耀斑附近),其速度接近光速。能量最强的 SPE 可能在事件发生后 20~30 min 内到达 LEO,并可能对地球大气层造成严重影响。幸运的是,这些影响在一定程度上是可以预测的。因为太阳的活动以 11 年为一个周期,包括 4 个不活动年(太阳活动最小值)和 7 个活动年(太阳活动最大值)。

图 2.22　一次太阳粒子事件外观
(来源:NASA)

在太阳活动最大值时,太阳每天产生大约 3 个 CME,而在太阳活动最小值时,太阳每 5 天产生约 1 个 CME。这些事件及其发生的时间意义重大,因为典型的 CME 包含数十亿 t 的物质。与 CME 相关的冲击波可能会产生磁暴,所以会影响处于 LEO 上的航天员。在大型 SPE 期间,质子通量可能超过数千万电子伏(MeV),并可能显著增加处于 LEO 上航天员的辐射剂量,而这种辐射剂量超过了任务规划者可以操控的上限。目前,还没有可靠的方法来预测 SPE 何时会停止,而科学家所能做的最好的事情就是研究 SPE 强度与激波和等离子体参数之间的关系,以便更好地了解这些事件发生的条件。

2.10.4　太阳粒子辐射测量

通过对地球静止运行环境卫星(geostationary operational environmental satellite,GOES)系统的测量,科学家们已经能够对 SPE 的大小进行分类。大多数 SPE 被分为 A、B、C、M 或 X 等类型,每类 SPE 的峰值通量都是前一类 SPE 的 10 倍。每个等级中都存在线性刻度,这意味着 X2 级耀斑的威力是 X1 级耀斑的 2 倍(或 M5 级耀斑的 4 倍)。通常最具破坏性的耀斑是 M 和 X 类耀斑。

为了估计辐射暴露量,科学家们利用 SPE 的光谱来估计粒子强度。然后,这些信息被用于模拟辐射暴露,但由于这些粒子在行星际空间中的加速和传播的不可预测特性[37],因此许多 SPE 的光谱很难确定。为了能够解决这个问题,科学家们采用了顺序插值测量数据点(sequentially interpolate measured data points)的算法。该信息还可被用于对辐射暴露量进行建模。为了确定 SPE 暴露引起的急性辐射风险,NASA 开发了一种预测代码(projection code)软件。该软件被称为急性辐射风险/BRYNTRRN 器官剂量(Aucte Radiation Risk/BRYNTRRN Organ Dose,ARRBOD)预测代码,可用于分析 SPE。将这些信息与人体模型和剂量测定中获得的信息相结合(见第 7 章),可用于估计遇到 SPE 的航天员的最终器官接收剂量。反过来,它又可被用于模拟急性放射病的严重程度及其可能导致的相应后果,如呕吐、恶心和虚弱。

2.10.5 国际空间站上的辐射剂量

国际空间站的轨道高度约为 400 km(近地点的轨道高度为 400 km,远地点的轨道高度为 408 km),即高于地球主大气层(primary atmosphere)的高度。这意味着航天员要被暴露在高通量的电离辐射中,其主要来源是 GCR。除了 GCR 外,国际空间站的航天员还被暴露在范·艾伦带和 SPE 所捕获的粒子中[38-40]。

计算轨道上航天员辐射暴露的另一个关键因素是国际空间站的轨道倾角,即 52°。这种倾斜意味着该站每天都会经过南大西洋异常带(South Atlantic anomaly,SAA)。SAA 位于阿根廷东部,其特点是地球磁场异常,这会导致高能粒子可以穿透太空而到达更低的高度。这意味着当国际空间站通过 SAA 时,航天员会被暴露在更高水平的电离辐射剂量中。太空旅行会导致航天员患癌症的风险提高。国际空间站上的航天员在 6 个月的连续飞行期间会接收到 80 mSv 的辐射剂量,而在地球上的每个人每年只接收 2 mSv 的辐射剂量。另一个比较指标(comparative metric)是胸片剂量率,在地球上为 0.02 μSv/h。如果你碰巧花了很多时间乘坐商业飞机,可接收到的辐射剂量率是 0.3~5.7 μSv/h。在轨道上停留太长时间会使航天员达到职业生涯的辐射剂量极限值,这相当于他们一生中患癌症的风险增加了 3%。由于在 2 年的大部分时间里航天员都被暴露在致命辐射下,因此任何前往火星的航天员都将接收到 1~5 Sv 的辐射剂量,甚至可能超过这一个极限值。但需要注意的是,此处列举的仅仅是有限的几种类型的辐射。辐射无法通过屏蔽来阻止,并且有很多种类型。在深空,每名航天员身上的细胞在大约3天的时间里就可能被高能质子击中。对于一些细胞来说,这并不是什么大问题,但当这些猛冲的粒子击中DNA等重要的细胞遗传物质时,可能会导致遗传物质发生突变(见图2.23)。

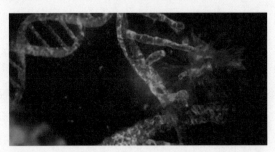

图 2.23 受到辐射轰击而可能很难修复的遗传物质
(来源:NASA)

辐射危险

在美国,癌症的发病率为 38.5%(国家癌症研究所(www.cancer.gov)基于2008—2012年的统计数据)。如果让100人(这是 SpaceX 的火星"星舰"飞船(Marsbound Starship)的容量)暴露在火星航天员将要接收的1 Sv辐射剂量中,那么其中61人将被诊断为患有癌症。由于 GCR 的独特性,因此这些癌症通常会是肺癌、乳腺癌和结直肠癌,这意味着这些航天员中有一半会因辐射而死亡。科学家们模拟了载人火星任务期间航天员所遭遇的 GCR 的危险,并计算出暴露在这次旅行的辐射剂量中会缩短航天员 15~24 年的寿命。

2.10.6 辐射与航天员的健康

这些信息听起来令人十分悲观和失望,这就是为什么像库奇诺塔博士[36]这样的专家建议航天机构收集更多关于 GCR 如何影响航天员的健康,以及如何减轻这些影响的数据。例如,GCR 暴露引起的一些免疫反应与人体患炎症疾病时的免疫反应相似。在这种情况下,人体会产生改变细胞间信号的氧化剂。航天员可以在火星飞行任务期间服用非甾体抗炎药物,以减少罹患癌症的风险。GCR 的另一个更严重的影响是,它可能会加速类似于阿尔茨海默病(又称为老年痴呆症)的相关症状的发作[41-43]。

GCR 对航天员的健康会构成重大威胁。长期以来，人们一直知道太空辐射可能会导致癌症等健康问题，然而，研究首次表明，暴露在相当于执行火星飞行任务的辐射剂量水平中，还可能会引起航天员的认知障碍问题，并加速与阿尔茨海默病相似的大脑变化。

米歇尔·凯利·欧班诺（Michael Kerry O'Banion）教授（就职于罗切斯特大学医学中心神经生物学与解剖学系）专注于研究 GCR 如何影响中枢神经系统（central nervous system，CNS），但从结果来看并不乐观。他的大部分研究是在长岛布鲁克海文国家实验室的 NASA 空间辐射实验室（NASA Space Radiation Laboratory at Brookhaven National Laboratory on Long Island）进行的，这里的加速器可以让粒子以极高的速度碰撞物质，从而复制太空中的情境。欧班诺的研究探索了 GCR 等效辐射对认知功能的影响（即老鼠在迷宫中找到自己的路需要多长时间）。他将老鼠暴露在不同剂量的辐射中，该剂量与火星航天员将要接受的辐射剂量相当。然后，对这些老鼠进行回忆测试。研究人员发现，暴露在辐射中的老鼠无法通过测试（它们无法通过迷宫）的可能性更大，这一发现表明受试老鼠出现了认知障碍[41]。

在对老鼠展开更为细致的检查后，研究人员发现，老鼠的大脑显示出血管改变的迹象，并且 β-淀粉样蛋白（beta-amyloid）的含量高于正常水平，而 β-淀粉样蛋白恰好是阿尔茨海默病的特征。研究人员得出结论，航天员长时间接触 GCR 可能会加速阿尔茨海默病的发作。因此，航天员需要保护自己免受辐射（见第 7 章），并需要在飞行器内监测自己受到辐射的程度。

2.10.7 航天飞行器内的辐射

在国际空间站上的每个加压舱内都装有被动式剂量计（passive dosimeter）[38,44]。这些剂量计被用来测量基于时间累积的辐射吸收剂量，但这些剂量会随着空间站在太阳周期中的高度和位置而发生变化。在国际空间站医疗运行要求文件（International Space Station Medical Operations Requirements Document）（ISS MORD SSP 50260）中规定了这些剂量计的功能及要求，而且该文件规定了所有任务阶段的剂量限值和辐射暴露操作规程（radiation exposure practice）。

这些辐射剂量计必须执行以下功能：

(1) 测量累积辐射剂量；

(2) 下传线性能量传输数据；

(3) 提供国际空间站内外不同方向的辐射分布数据；

(4) 下传数据以供反复分析（frequent analysis）；

(5) 从带电粒子监测设备下传辐射剂量率；

(6) 当辐射暴露率超过设定阈值时提醒航天员。

2.10.8 受到空间辐射的生物医学后果

暴露于空间辐射的生物效应可分为急性和慢性两种类型。急性效应是暴露于高辐射剂量的结果（这可能是由 SPE 引起的），而慢性效应是由长期暴露于空间辐射引起的。任何一种辐射暴露的潜在影响都包括对遗传物质的直接和间接损害，以及引起细胞或组织的生化改变、癌变、退行性组织效应和白内障。这些影响的程度由辐射的类型、通量和能谱决定，但对这些影响因素的了解尚不深入。其他决定辐射损害的因素包括暴露时的年龄、性别和对辐射的敏感性。

人们对辐射的定量生物效应也知之甚少，部分原因是对与 DNA 修复有关的确切机制和过程存在误判。例如，21 世纪第一个 10 年间的实验揭示了适用于辐射防护中的质量因子的许多不确定性。一些研究表明，特定辐射暴露造成的生理损伤仅为之前估计的一半，这一发现可以被解释为低能质子比高能质子造成的损伤更大。道理很简单，因为低能质子需要更长的时间通过身体，所以具有更多的时间与人体组织进行相互作用。

另一个鲜为人知的机制是相对生物效率（relative biological effectiveness，RBE），它在很大程度上取决于辐射的类型和动能。对 RBE 与肿瘤类型或癌症发展之间的关系实际上是未知的，因为大多数有限的实验数据都是在老鼠身上进行的，但是很难将有关老鼠的数据外推并应用于人类。使用这些数据来评估癌症、白内障（见图 2.24）和中枢神经系统疾病等健康问题更是有风险的。要想对这个问题有所了解，就需要很多航天员进行 1 年（或更长）的连续飞行，然后对航天员进行至少 10 年的任务后观察。鉴于国际空间站将于 2028 年退役，因此这一目标是不可能实现的。即便如此，如从国际空间站向深空推断数据，那么对于那些可能冒险超越地球轨道的人来说，能准确预测其面临风险的概率充其量也是极其有限的。简言之，关于 GCR 和 SPE 潜在的急性和慢性生物医学风险仍存在大量的知识空白。

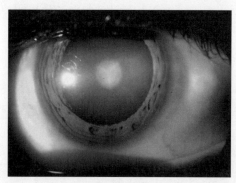

图 2.24 白内障——在深空停留所面临的另一种风险
（来源：Rakesh Ahuja，MD）

2.10.8.1 中枢神经系统效应

GCR 和 SPE 有可能对中枢神经系统造成的急性和慢性效应并不是国际空间站航天员的主要考虑因素，因为与深空辐射剂量相比，国际空间站上的航天员被暴露在相对低或中等剂量的电离辐射下。

我看到了这些闪光，就像光在我的眼睛里闪烁，就在我的眼睛里放烟花，太壮观了。

——查尔斯·杜克（Charles Duke），"阿波罗" 16 号登月舱飞行员

在"阿波罗"时代[45]，当航天员报告由 HZE 核穿过视网膜引起的"闪光"现象时，就说明 GCR 带来的风险是显而易见的。当这些 HZE 核穿过眼睛时，它们会引起眼睛微损伤（microlesion）。除了眼睛的微损伤外，暴露于 HZE 核的辐射剂量与航天员在火星飞行任务期间将要接收的剂量相似，这会导致神经认知障碍，如操作性反应。其他 CNS 所面临的风险包括短期记忆的受损和运动功能的改变。

航天员因受到辐射而导致癌症死亡的风险为 1/33，而因飞行失败导致航天员丧生的风险仅为 1/270。对于癌症死亡的风险评估是利用人类流行病学结合质量因素、风险预测模型和实验模型确定的，但这种方法不能被用于评估 CNS 在深空所面临的风险[46]。原因是很少有人会冒险越过地球轨道，这就意味着

人类几乎不可能扩大活动规模。已知的是，GCR 包括质子、氦核和携带高电荷和高能量的核——HZE 核。这些原子核的能量范围在数千万到超过兆电子伏特每单位原子质量（MeV/u）之间。但是，这些能量并不能说明整个问题，因为次级粒子是在核通过屏蔽层和组织时产生的。而且，由于 GCR 核具有如此高的能量，以致它们能够穿过数米厚的物质。为了更好地了解火星旅行中的 GCR 环境，NASA 在火星科学实验室（Mars Science Laboratory，MSL）（见表 2.3）上进行了辐射评估探测器（radioactive eletector，RAD）飞行实验。

表 2.3　火星巡航阶段和火星表面平均剂量率的 MSL 测量值[4]

飞行阶段	GCR 剂量当量率/（mSv·天$^{-1}$）
RAD 飞向火星	1.84±0.33
RAD 在火星表面	0.70±0.17

表 2.3 显示了通过 RAD/MSL 研究测得的 GCR 剂量当量率。相比之下，在国际空间站上停留 6 个月的航天员相当于暴露在 80 mSv 的环境中，这不到火星旅行 6 个月的航天员接收到的暴露剂量的 1/4。造成这种差异的原因是，处于 LEO 的航天员部分受到地球磁场的保护，因为该地球磁场会排斥能量低于 1 000 MeV/u 的 GCR 原子核。由于火星航天员会遭受如此多的辐射，因此有必要尽可能多地了解暴露于 GCR 的生物医学效应。一种选择是测试非人灵长类动物（nonhuman primates，NHP），因为 NHP 和人类有许多共同的生理和神经生物学特征。例如，NHP 被用于研究传染病、阿尔茨海默病和中风。也可以利用啮齿类动物，但跨物种差异会造成对于 CNS 健康风险的误判。例如，已知的许多认知缺陷源于人类的额叶皮层，但啮齿类动物的这一区域发育不完全。另一个例子是关于风险评估的差异，有 50%的人群会死于一定水平的辐射暴露，而且与某些啮齿动物相比，人类的死亡发生在较低的暴露水平。但在辐射研究方面，啮齿类动物依然是更受欢迎的试验对象，因为开展 NHP 研究需要更高的成本和更彻底的伦理审查。

2.10.8.2　中枢神经系统风险的行为研究

近年来，受到媒体关注的另一个与辐射有关的话题是，暴露于深空辐射可能会导致认知缺陷。在一项研究中[41]，将老鼠暴露在 1 000 MeV/u 的环境中，然后在放射状迷宫中测试其空间记忆能力。在这项研究中，遭受辐射暴露的老鼠比对照组的老鼠犯了更多的错误,而且它们无法制订出穿过迷宫的空间策略。一项类似的研究[8]对接受过 2 周全身辐射的老鼠进行了检查。结果显示,该老鼠的识别能力受损,且空间记忆力降低。另一项研究将 Wistar 老鼠暴露于 1 000 MeV/u 的环境中,并在暴露 3 个月后对老鼠进行测试。这项研究中的测试项目被称为"注意定势转移任务"(attentional set shifting task,AST),其证明,与对照组的老鼠中有 78%完成任务相比,只有 17%的受照射老鼠能够完成任务。

2.10.9 神经形成发生改变

研究表明,神经形成(neurogenesis)可能对辐射敏感[46-47],而辐射又可能导致记忆减退等认知缺陷[41]。此外,不仅暴露于高剂量的辐射可能抑制神经元祖细胞(neuronal progenitor cell)的产生,而且最终得以产生的神经元细胞的功能也可能不全[42]。这些研究是在受到 1 000 MeV/u 剂量辐射的老鼠身上进行的,这为揭示辐射引起的认知损伤的机制提供了一些依据,但由于之前所指出的原因,将这些结果推广到人类是有局限性的。

2.10.10 氧化损伤

氧化应激(oxidative stress)是指机体内自由基及抗氧化剂之间的平衡被打破,从而可能导致自由基氧化其他生物分子的现象。氧化应激既可能对机体有利,也可能造成损伤。自由基是含有氧的分子。这些分子有一个或多个不成对的电子,它们与其他分子反应性很强,例如,它们能够与 DNA 等发生化学相互作用,并使其不稳定。在正常情况下,抗氧化剂可以防止这些反应的发生。

氧化应激被认为与阿尔茨海默病、心力衰竭和慢性疲劳综合征有关。由于辐射已被证明会加重氧化损伤,因此氧化应激代表了辐射引发认知损伤的另一种机制。由于抗氧化剂在正常情况下可以防止这种损伤,因此建议航天员食用抗氧化剂含量高的食物似乎是合乎逻辑的,例如,蓝莓含量高的饮食应该有助于抵消氧化应激。褪黑素(melatonin)也具有很高的抗氧化性能,研究表明它能够抑制神经形成。迄今为止,依然存在的问题是,研究中使用的是高剂量率,而辐射的生物效应在低剂量率下和在高剂量率下是不同的。此外,对抗氧化剂的有益作用进行的研究发现,没有证据表明补充抗氧化剂对防止氧化损伤确实有效。事实上,一些研究表明，维生素 A、维生素 E 和 β-胡萝卜素等抗氧化剂可能对人体更具破坏性，因为摄入过量的抗氧化剂在拯救被辐射损伤的人体细胞同时，也可能会改变 DNA 的修复机能。

2.10.11 阿尔茨海默病

阿尔茨海默病是一种神经系统退行性疾病，在大多数情况下会导致患者痴呆。常见的症状包括短期记忆丧失、语言问题、定向障碍、缺乏动力和行为问题。这种疾病是慢性疾病，其症状开始时发展缓慢，但会随着时间的推移而加重。关于这种疾病的病因尚不完全清楚，但大部分的病因被认为是遗传的。目前，没有任何治疗方法可以阻止这种疾病，甚至无法减缓其发展。已经在老鼠身上证明，暴露于辐射会加速与年龄相关的神经元功能障碍的发生，从而导致与阿尔茨海默病患者相似的症状[41,43]。

这项研究首次表明，暴露在相当于火星飞行任务的辐射水平下可能会导致产生认知障碍，并加速与阿尔茨海默病相关的大脑的变化。这些发现清楚地表明，暴露于太空辐射中有可能加速阿尔茨海默病的发展。这是 NASA 在规划未来任务时需要考虑的另一个因素，很明显 NASA 非常关注航天员的健康问题。

2.10.12 辐射引起的骨丢失

另一个受辐射影响的过程是"骨重塑"。在零重力或微重力条件下，"骨重塑"会被破坏，并导致骨密度损失。国际空间站上的航天员通常每月损失 1.0%～1.2% 的骨密度。这相当于在典型的 6 个月连续飞行期间，骨密度总损失率将超过 7%，从而会导致骨折的风险增加 2～3 倍。对于在 LEO 上的航天员来说，这种骨密度损失率是可以预测的，但在 LEO 以外，辐射环境要更恶劣，这种情况下的骨密度损失率就不可以预测了。高剂量的辐射会对骨骼造成更大的损害。长期以来，癌症患者在接受放射性治疗后，骨骼体积持续下降就是证据[48-49]。

辐射对骨折部位的作用加剧了骨放射性坏死的影响[49]。为了更好地了解这一点，有必要先了解辐射造成的生物损伤。辐射有两种类型：非电离辐射和电离辐射。非电离辐射不会造成显著的生物损伤，因为这种辐射不会使电子从原子中产生位移。电离辐射具有足够的能量将电子从原子中转移出来，从而产生电离事件，这种电离事件的能量可以破坏分子键，从而导致生物损伤，如 DNA 中的单链或双链断裂。虽然身体在修复辐射损伤的能力上弹性巨大，但是一些细胞最终会在电离辐射的冲击中死亡。更糟糕的是，一些细胞实际上可能会将电离辐射引发的损伤遗传给后代。

空间辐射环境由 SPE 和 GCR 产生的离子组成。通过"好奇"号火星探测器上的 RAD 发回的数据发现，去往火星将导致超过 1 Sv 的辐射暴露。这意味着，来自空间辐射的组织剂量将为每天 1~2.5 mSv（相当于每年的地面剂量），但来自太阳耀斑的组织剂量可能会将这个数字提高到每天 100 mSv 以上，即使是在屏蔽舱内也是如此。此外，在太阳耀斑事件期间进行深空 EVA 的航天员可能每天要暴露在高达 250 mSv 的剂量下。相比之下，癌症患者每天接受的放射治疗剂量（小部分）约为 6 Sv，这些剂量在几分钟内被送达靶向肿瘤[48]。

长期以来电离辐射一直被用于治疗恶性肿瘤，并且是降低癌症死亡率的一个重要手段。接受照射后骨密度降低的主要原因之一是成骨细胞和破骨细胞受损（成骨细胞和破骨细胞是两种共同作用于重塑骨骼的骨细胞；破骨细胞分解骨骼，而成骨细胞形成骨骼）。但是，当这些骨细胞受损时，由于细胞周期停滞而导致骨形成受损。破骨细胞和成骨细胞受损的过程之一是由辐射引起的氧化应激，而正是这种氧化应激损伤了骨祖细胞（osteoprogenitor）。辐射导致破骨细胞的数量增加，从而导致骨质疏松症。被暴露于辐射不久，破骨细胞和成骨细胞的数量就会减少，从而抑制"骨重塑"，并且导致骨质量下降。

放射治疗的副作用已引起肿瘤学家的关注，并将引起那些在 LEO 之外执行探索级任务（exploration class mission，ECM）的航天员的飞行外科医生的注意，因为受照射区域内的骨骼骨折的风险要更高。例如，接受乳腺癌治疗的患者的肋骨骨折率可能超过 15%。这是航天员需要长期关注的问题，因为他们的骨骼已经因为微重力导致的骨密度的降低而变得脆弱。因此，这些航天员遭遇创伤性或自发性骨折的风险很高。

辐射的影响会导致一连串的骨骼变化。除了降低骨密度和影响愈合外，负责确保 ECM 航天员无骨折的飞行外科医生还将关注骨骼弱化的方式。例如，小梁骨的弱化意味着皮质骨必须处理骨骼上更大比例的负荷，即意味着皮质骨抵抗扭转和弯曲载荷的能力会越来越弱，这种变化可能会因骨骼中的任何缺陷（如一个多孔的洞)而加剧。所有这些辐射引发的效应都是对负荷分布的整体破坏,从而导致骨结构的完整性受损。对于即将登陆火星的航天员来说,这种情况并不乐观。在国际空间站完成一段时间的停留后,航天员返回地球后骨折风险会增加,但这并不意味着骨折必然会发生。只是由于骨密度的降低,因此他们回来后骨折的可能性会增大。但这种风险也可能被大大降低,因为航天员在返回地球后所实施的康复计划促进了骨骼再生。

放射性骨丢失被称为"放射性骨坏死"(osteoradionecrosis)。骨炎(osteitis)是指骨骼承受创伤的能力降低。在这种情况下,不愈合的骨骼易发生感染,而骨愈合的过程因血管减少而进一步复杂化。基本上,随着身体受到越来越多的辐射,骨骼内非常小的血管会被破坏。这种破坏是毁灭性的,因为这些血管要将营养和氧气输送到骨骼,如果没有血管骨骼就会坏死。在地球上,对"放射性骨坏死"患者的一种治疗选择是采用高压氧治疗(即使采用这种治疗,也只有不到30%的患者能存活下来),但在星际飞船上无法采用这种治疗方案。

参考文献

[1] Stein, T. P. Weight, muscle and bone loss during space flight:another perspective [J]. European Journal of Applied Physiology, 113, 2171–2181, 2013.

[2] Orwoll, E. S., et al. Skeletal health in long-duration astronauts:nature, assessment, and management recommendations from the NASA bone summit [J]. Journal of Bone and Mineral Research, 28, 1243–1255, 2013.

[3] Lang, T., LeBlanc, A., Evans, H., et al. Cortical and trabecular bone mineral loss from the spine and hip in long-duration spaceflight. Journal of Bone and Mineral Research, 19, 1006–1012, 2006.

[4] Cann, C. Response of the skeletal system to spaceflight [M]. In S. E. Churchill(Ed.), Fundamentals of Space Life Sciences(Vol. 1, pp. 83–103). Malabar:Krieger Publishing Company, 1997.

[5] Buckey, J. C. Bone loss:managing calcium and bone loss in space [M]. In M. R. Barratt & S. L. Pool(Eds.), Space Physiology(pp. 5–21). New York:Oxford

University Press, 2006.

[6] Whitson, P. A., Pietrzyk, R. A., & Sams, C. F. Urine volume and its effects on renal stone risk in astronauts [J]. Aviation, Space, and Environmental Medicine, 72, 368–372, 2001.

[7] Whitson, P. A., Pietrzyk, R. A., Morukov, B. V., & Sams, C. F. The risk of renal stone formation during and after long duration space flight [J]. Nephron, 89, 264–270, 2001.

[8] Loehr, J. A., et al. Musculoskeletal adaptations to training with the advanced resistive exercise device [J]. Medicine and Science in Sports and Exercise, 43, 146–156, 2011.

[9] Schneider, S. M., et al. Training with the international space station interim resistive exercise device [J]. Medicine and Science in Sports and Exercise, 35, 1935–1945, 2003.

[10] Loehr, J. A., et al. Physical training for long-duration spaceflight [J]. Aerospace Medicine and Human Performance, 86, A14–A23, 2015.

[11] Heer, M., & Paloski, W. H. Space motion sickness:incidence, etiology, and countermeasures [J]. Autonomic Neuroscience: Basic & Clinical, 129(1/2), 77–79, 2006.

[12] Zhang, L. F., & Hargens, A. R. Intraocular/Intracranial pressure mismatch hypothesis for visual impairment syndrome in space [J]. Aviation, Space, and Environmental Medicine, 85, 78–80, 2014.

[13] Mader, T. H., Gibson, C. R., Pass, A. F., Kramer, L. A., Lee, A. G., Fogarty, J., Tarver, W. J., Dervay, J. P., Hamilton, D. R., Sargsyan, A., Phillips, J. L., Tran, D., Lipsky, W., Choi, J., Stern, C., Kuyumjian, R., & Polk, J. D. Optic disc edema, globe flattening, choroidal folds, and hyperopic shifts observed in astronauts after long-duration space flight [J]. Ophthalmology, 118(10), 2058–2069, 2011.

[14] Alexander, D. J., Gibson, C. R., Hamilton, D. R., Lee, S. M., Mader, T. H., Otto, C., Oubre, C. M., Pass, A. F., Platts, S. H., Scott, J. M., Smith, S. M., Stenger,

M. B., Westby, C. M., & Zanello, S. B. Risk of spaceflight-induced intracranial hypertension and vision alterations[J]. Humanresearchroadmap. Nasa. Gov, 109, 2012.

[15] Mader, T. H., et al. Optic disc edema, globe flattening, choroidal folds, and hyperopic shifts observed in astronauts after long-duration space flight [J]. Ophthalmology, 118, 2058 – 2069, 2011.

[16] Mader, T. H., et al. Optic disc edema in an astronaut after repeat longduration space flight [J]. Journal of Neuro-Ophthalmology, 33, 249 – 255, 2013.

[17] Alperin, N., Hushek, S. G., Lee, S. H., Sivaramakrishnan, A., & Lichtor, T. MRI study of cerebral blood flow and CSF flow dynamics in an upright posture:the effect of posture on the intracranial compliance and pressure [J]. Acta Neurochirurgica, Supplementum, 95, 177 – 181, 2005.

[18] Nelson, E. S., Mulugeta, L., & Myers, J. G. Microgravity-Induced Fluid Shift and Ophthalmic Changes [J]. Life, 4(4), 621 – 665, 2014.

[19] Kramer, L. A., Sargsyan, A. E., Hasan, K. M., Polk, J. D., & Hamilton, D. R. Orbital and intracranial effects of microgravity:Findings at 3 – T MR imaging. Radiology, 263, 819 – 827, 2012.

[20] Jonas, J. B., Berenshtein, E., & Holbach, L. Anatomic relationship between lamina cribrosa, intraocular space, and cerebrospinal fluid space [J]. Investigative Ophthalmology & Visual Science, 44(12), 5189 – 5195, 2003.

[21] Friedman, D. I. Idiopathic intracranial hypertension [J]. Current Pain and Headache Reports, 11(1), 62 – 68, 2007.

[22] Hargens, A. R., & Richardson, S. Cardiovascular adaptations, fluid shifts, and countermeasures related to space flight [J]. Respiratory Physiology & Neurobiology, 169, S30 – S33, 2009.

[23] Convertino, V. A., & Cooke, W. H. Vascular functions in humans following cardiovascular adaptations to spaceflight [J]. Acta Astronautica, 60, 259 – 266, 2007.

[24] Norsk, P. Cardiovascular and fluid volume control in humans in space [J].

Current Pharmaceutical Biotechnology, 6, 325－330, 2005.

[25] Kirsch, K. A., Baartz, F. J., Gunga, H. C., & Rocker, L. Fluid shifts into and out of superficial tissues under microgravity and terrestrial conditions [J]. The Clinical Investigator, 71, 687－689, 1993.

[26] Foldager, N., et al. Central venous pressure in humans during microgravity [J]. Journal of Applied Physiology, 81, 408－412, 1996.

[27] Norsk, P. Blood pressure regulation IV:adaptive responses to weightlessness [J]. European Journal of Applied Physiology, 114, 481－497, 2014.

[28] Baevsky, R. M., et al. Autonomic cardiovascular and respiratory control during prolonged spaceflights aboard the International Space Station [J]. Journal of Applied Physiology, 103, 156－161, 2007.

[29] Verheyden, B., et al. Cardiovascular control in space and on earth:the challenge of gravity [J]. IRBM, 29, 287－288, 2008.

[30] Musson, D. M., & Helmreich, R. L. Long-term personality data collection in support of spaceflight and analogue research [J]. Aviation, Space, and Environmental Medicine, 76(Suppl), B119－B125, 2005.

[31] Collins, D. L. Psychological issues relevant to astronaut selection for long-duration space flight:a review of the literature [J]. Journal of Human Performance in Extreme Environments, 7, 43－67, 2003.

[32] Dion, K. L. Interpersonal and group processes in long-term spaceflight crews:perspectives from social and organizational psychology [J]. Aviation, Space, and Environmental Medicine, 75(Suppl 7), C36－C43, 2004.

[33] Mehta, S. K., Crucian, B., Pierson, D. L., et al. Monitoring immune system function and reactivation of latent viruses in the Artificial Gravity Pilot Study [J]. Journal of Gravitational Physiology, 14, P21－P25, 2007.

[34] Gmunder, F. K., Konstantinova, I., Cogoli, A., et al. Cellular immunity in cosmonauts during long duration spaceflight on board the orbital MIR station [J]. Aviation, Space, and Environmental Medicine, 65, 419－423, 1994.

[35] Getselev, I., Rumin, S., Sobolevsky, N., Ufimtsev, M., & Podzolko, M.

Absorbed dose of secondary neutrons from galactic cosmic rays inside the International Space Station [J]. Advances in Space Research, 34, 1429–1432, 2004.

[36] Cucinotta, F. A., Kim, M. Y. & Chappell, L. Space radiation cancer risk projections and uncertainties – 2012 [R]. NASA TP 2013 – 217375, 2013.

[37] Zeitlin, C., Hassler, D. M., Cucinotta, F. A., Ehresmann, B., Wimmer-Schweingruber, R. F., Brinza, D. E., et al. Measurements of energetic particle radiation in transit to Mars on the Mars Science Laboratory [J]. Science, 340, 1080–1084, 2013.

[38] Akopova, A. B., Manaseryan, M. M., Melkonyan, A. A., Tatikyan, S. S., & Potapov, Y. Radiation measurement on the International Space Station [J]. Radiation Measurements, 39, 225–228, 2005.

[39] Kodaira, S., Kawashima, H., Kitamura, H., Kurano, M., Uchihori, Y., Yasuda, N., Ogura, K., Kobayashi, I., Suzuki, A., Koguchi, Y., Akatov, Y. A., Shurshakov, V. A., Tolochek, R. V., Krash-eninnikova, T. K., Ukraintsev, A. D., Gureeva, E. A., Kuznetsov, V. N., & Benton, E. R. Analysis of radiation dose variations measured by passive dosimeters onboard the International Space Station during the solar quiet period(2007–2008) [J]. Radiation Measurements, 49, 95–102, 2013.

[40] Cucinotta, F. A., Kim, M. Y., Willingham, V., & George, K. A. Physical and biological organ dosimetry analysis for international Space Station astronauts [J]. Radiation Research, 170(1), 127–138, 2008.

[41] McGeer E. D., & McGeer, P. L. Inflammatory processes in Alzheimer's disease [J]. Progressin Neuro-psychopharcology & Biological Psychiatry, 27(5), 741–74, 2003.

[42] Cucinotta, F. A., Alp, M., Sulzman, F. M., & Wang, M. Space radiation risks to the central nervous system [J]. Life Sciences in Space Research, 2, 54–69, 2014.

[43] Cherry, J. D., Liu, B., Frost, J. L., Lemere, C. A., Williams, J. P., et al. Galactic

cosmic radiation leads to cognitive impairment and increased Aβ plaque accumulation in a mouse model of Alzheimer's disease [J]. PLoS One, 7(12), e53275, 2012.

[44] Dietze, G. et al. Assessment of astronaut exposures in space [R]. ICRP Publication 123. Ed. C. Clement. Annals of the International Commission on Radiological Protection 42, 2013.

[45] Pinsky, L. S., Osborne, W. Z., Bailey, J. V., Benson, R. E., & Thompson, L. F. Light flashes observed by astronauts on Apollo 11 through Apollo 17 [J]. Science, 183 (4128), 957–959, 1974.

[46] Cucinotta, F. A., Wang, H., & Huff, J. L. Risk of acute or late central nervous system effects from radiation exposure [R]. Human Health and Performance Risks of Space Exploration Missions NASA SP 2009, p. 345. Chapter 6, 2009.

[47] Britten, R. A., Davis, L. K., Johnson, A. M., Keeney, S., Siegel, A., Sanford, L. D., Singletary, S. J., & Lonart, G. Low (20 cGy) doses of 1 GeV/u ^{56}Fe-particle radiation lead to a persistent reduction in the spatial learning ability of rats [J]. Radiation Research, 177(2), 146–115, 2012.

[48] Hopewell, J. W. Radiation-therapy effects on bone density [J]. Medical and Pediatric Oncology, 41, 208–211, 2003.

[49] Sugimoto, M., Takahashi, S., Toguchida, J., Kotoura, Y., Shibamoto, Y., & Yamamuro, T. Changes in bone after high-dose irradiation. Biomechanics and histomorphology [J]. Journal of Bone and Joint Surgery, 73, 492–497, 1991.

第 3 章

开环与闭环生命保障系统

学习提要

① 解释"开环生命保障系统"和"闭环生命保障系统"之间的区别;

② 阐述提供食物、水、废物处理、大气和航天员安全等主要生命保障系统的功能;

③ 解释"失效安全"和"失效可操作"之间的区别;

④ 解释特定任务因素如何影响生命保障系统的设计;

⑤ 列出生命保障系统的主要子系统;

⑥ 列出每个生命保障子系统的生命保障接口;

⑦ 列出航天员在国际空间站停留 6 个月的辐射暴露值;

⑧ 解释如何计算人体代谢率;

⑨ 解释蛋白质合成的重要性和能量摄入不足对肌肉质量的影响;

⑩ 描述大气管理的功能;

⑪ 解释如何从国际空间站大气中去除二氧化碳;

⑫ 解释设计"闭环生命保障系统"面临的挑战。

3.1 引言

生命保障系统(LSS)的类型包括:开环式(open-loop)、闭环式(closed-loop)、再生式(regenerative)、混合式(hybrid)、生物再生式(bioregenerative)和物理

化学再生式（physicochemically regenerative）。本章通过讲述每种类型的特征来说明它们之间的差异。许多人对将国际空间站上的生命保障系统归类为部分闭合系统（闭合度达到 93%）感到惊讶，好奇为什么生命保障系统不能够被完全闭合，因为实现生命保障系统的闭合是一项非凡的工程挑战。航天生命保障系统除了执行所有功能外，还必须在数月或数年内以最少的维护来可靠地执行这些功能。毕竟，航天员除了做科学研究或运动外，其余时间都是在维护自己赖以生存的生命保障系统。

3.2 开环与闭环生命保障系统

生命保障系统（LSS）主要具有两种类型：开环 LSS 和闭环 LSS。下面将先从总体概述开始，然后深入讨论细节。

在开环 LSS 中，航天员所需要的所有输入都以消耗品的形式提供。这些消耗品包括食物、氧气和水，但这些消耗品都不能被回收利用。这种系统的优点是它在技术上非常简单，且较为可靠；缺点是它与任务的时间长度相关。消耗品意味着质量损耗（mass penalty），如果航天员依赖开环 LSS，那么任务时间越长，消耗品的质量损耗就越大[1-3]。

以氧气为例予以说明。每名航天员每天需要消耗 840 g 的氧气，四人乘组每天需要氧气 3.3 kg，如果飞行 1 000 天（往返火星需要的时间），那么所需要的氧气就会超过 3 000 kg。因此，在航天器上必须携带大量的氧气，这还不包括为防备意外事件发生时所需要的备用量。

因此，针对长期任务，显然闭环 LSS 这一解决方案为更优选项。问题是，在地球以外并不存在这样的系统。在地球上，人类具有一个完全闭环的 LSS，其中的生物和化学过程将废物再生为生命保障资源。对生命保障系统的第二种分类，是将它们分为非再生（开环）和再生（闭环）两类。第三种分类是将生命保障系统分为以下两类：① 物理化学生命保障系统（physicochemical life support system），其利用生命保障系统中的物理化学过程提供部分再生功能；② 混合生命保障系统（hybrid life support system），其利用生命保障系统中的物理化学和生物过程提供大部分再生功能。无论是哪种类型的生命保障系统，每个系统都必须能够实现表 3.1 中所列出的功能。

表 3.1　生命保障系统的基本功能

生命保障类型	功能
大气管理	压力控制 温度和湿度控制 大气循环 通风 污染物控制
食品管理	提供食品 （生产食品：针对长期任务）
水管理	提供饮用水 回收水 提供卫生用水 处理废水
废物管理	收集废物 储存废物 处理废物
航天员安全管理	火灾探测与灭火 辐射屏蔽 （运动对策：针对长期任务）

3.3　生命保障系统的设计因素

针对闭环生命保障系统，无论是物理化学式、再生式还是混合式，似乎都是长期太空飞行的首选系统（见图 3.1～图 3.4），航天机构理应选择这些系统作为生命保障系统。然而，事情并没有那么简单。尽管过去了几十年，但是世界上最优秀的生命保障科学家和工程师都还没有设计出一种完美的闭环生命保障系统。设计一种完美的生命保障系统似乎是一个很难实现的目标。

造成这种困难的一个原因是必须设计故障容限（designing failure tolerance）。故障容限是指一个子系统发生故障不会导致整个系统发生故障或危及航天员的生命。这就是为什么 LSS 必须是故障安全的或故障可操作的。故障安全是指系统具有承受故障的能力，且仍能保证航天员和任务的安全；故障可操作是指系统可能会发生故障，但即使发生故障，仍能保持运行[4-6]。

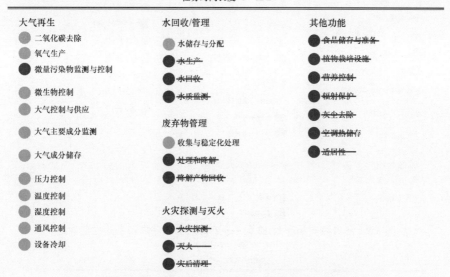

图 3.1　任务时间长度为 1～12 h 的生命保障系统的主要功能
（来源：NASA）

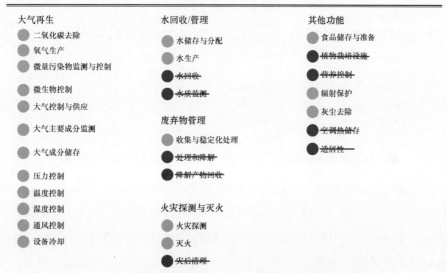

图 3.2　任务时间长度为 1～7 天的生命保障系统的主要功能
（来源：NASA）

任务时间长度=12天～3个月
大气再生
二氧化碳去除
氧气生产
微量污染物监测与控制
微生物控制
大气控制与供应
大气主要成分监测
大气成分储存
压力控制
温度控制
湿度控制
通风控制
设备冷却
水回收/管理
水储存与分配
水生产
水回收
水质监测
废弃物管理
收集与稳定化处理
处理和降解
降解产物回收
火灾探测与灭火
火灾探测
灭火
灾后清理
其他功能
食品储存与准备
植物栽培设施
营养控制
辐射保护
灰尘去除
空调热储存
适居性

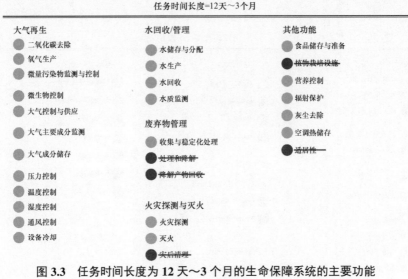

图 3.3　任务时间长度为 12 天～3 个月的生命保障系统的主要功能

（来源：NASA）

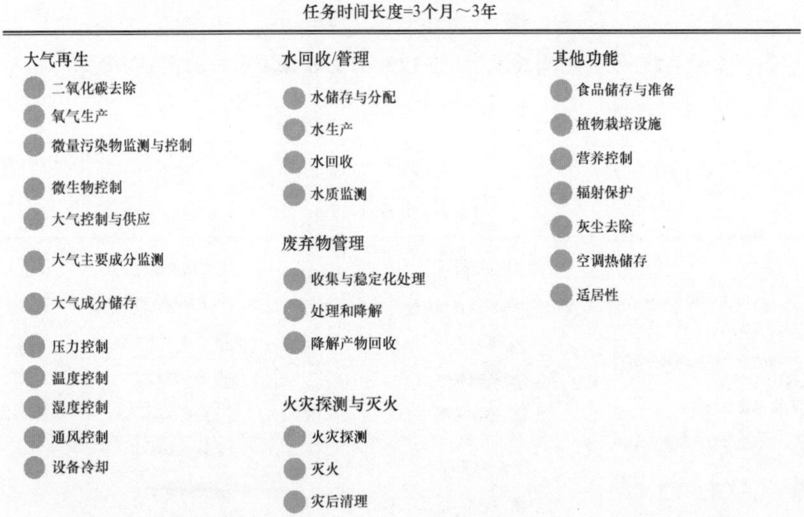

任务时间长度=3个月～3年
大气再生
二氧化碳去除
氧气生产
微量污染物监测与控制
微生物控制
大气控制与供应
大气主要成分监测
大气成分储存
压力控制
温度控制
湿度控制
通风控制
设备冷却
水回收/管理
水储存与分配
水生产
水回收
水质监测
废弃物管理
收集与稳定化处理
处理和降解
降解产物回收
火灾探测与灭火
火灾探测
灭火
灾后清理
其他功能
食品储存与准备
植物栽培设施
营养控制
辐射保护
灰尘去除
空调热储存
适居性

图 3.4　任务时间长度为 3 个月～3 年的生命保障系统的主要功能

为了确保满足这些要求，LSS 工程师必须考虑各种因素，包括功耗、可居住体积、存储要求、质量比和维护要求。这些因素中的每一个都会影响对 LSS 的设计（见表 3.2），而为了确定每个因素的影响，就有必要进行权衡研究。这些研究使用简单模型来确定一个或多个因素对特定 LSS 技术的影响。例如，一个子系统可能会以非常高的效率运行，但是，如果该子系统有卡车那么大，那么它显然不能被用在空间有限的航天器上。同样，可能有一个超高效的子系统做得很好，但是，如果需要每3天维护1次，那么就需要重新思考是否使用该子系统。

表 3.2　任务因素对生命保障系统的影响

任务因素	对生命保障系统设计的影响
航天员数量	更多的航天员意味着需要更多的消耗品
任务时长	长期任务比短期任务需要更多的消耗品，一项长期任务还需要更高的可靠性和更长的维护及维修周期
航天器泄漏	航天器泄漏的气体越多，对大气控制系统的需求就越大
补给能力	任务执行的时间越长，对可靠性和生命保障系统闭合度的需求就越大
能耗	能源总是有限的，因此必须对其进行管理，以便为无数的子系统和组件提供能源
体积	航天器的体积有限，所以必须将系统和子系统设计得尽可能小
重力	系统和子系统必须被设计成能够在各种重力效应下工作——微重力、1/6重力（月球）和1/3重力（火星）
污染	航天器系统会产生污染物，因此进行 LSS 的设计时必须使其能够处理这些污染物
原位资源利用（in situ resource utilization，ISRU）	利用原位资源可以降低目的地对 LSS 的需求

为了让人们了解工程师在考虑所有因素时所面临的困难，图 3.5 展示了国

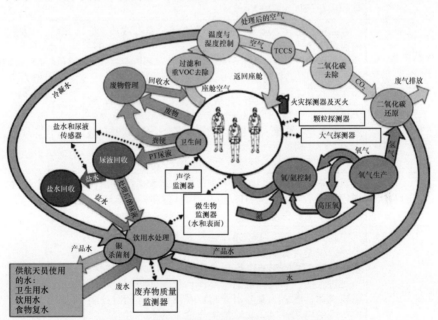

图 3.5　国际空间站生命保障系统工作原理图

（挥发性有机物（volatile organic compound，VOC）；
微量污染物控制系统（trace contaminat control system，TCCS）。来源：NASA）

际空间站上 LSS 所有子系统的相互作用关系。有关这些因素的详细分析如表 3.3 所示,其中列举了所有接口,在进行这些因素的权衡研究中必须考虑每个接口(见图 3.6)。

表 3.3 生命保障单元接口(life support interfaces,BVAD)

生命保障单元接口	说明	生命保障系统接口
航天员	航天员接口与所有生命保障子系统接口相交互。它记录了航天员的所有代谢输入和输出。目前航天员是生命保障物品的主要消费者和废物的主要生产者(直到其他动物或植物大规模加入任务为止)	全部
环境监测与控制(environmental monitoring and control,EMC)	EMC 接口提供航天员栖息地的化学和生物状态信息。包括空气和水的微量成分和主要成分、烟雾探测,以及空气、水和表面的微生物含量。这些信息被用于维持生命保障系统的正常运行,以及显示非正常事件	全部
舱外活动(EVA)保障	EVA 支持接口为所有适当的活动提供保障生命所需要的消耗品,包括氧气、水和食物,同时去除二氧化碳和废物。航天服可以被用于发射、进入和中止(在座舱减压的情况下)、失重环境中的标称或应急 EVA、从低地轨道以外的载人飞行任务中紧急返回,以及月球和火星表面上的 EVA 操作	空气、居住、废物、水、EMC、航天员、食品、电力、热能
食品	食品接口包含为航天员提供需要加工的食品或加工好的预包装食品,以及这些食品所需要的储存系统。如果生命保障系统包含了生物量子系统,那么食品系统会接收所收获的农产品,并将农产品加工成可食用的形式	空气、居住、废物、水、EMC、航天员、EVA 保障、食品、电力
居住	居住接口负责航天员的住宿和人体工程学的应用。航天员用品的包装、准备和储存,包括厨房布局和食品供应、服装管理系统、灭火剂、防毒面具、卫生站和用品、内务管理和相关用品,以及与可配置的航天员生活相关的其他功能。该技术领域负责提供基于人因需求的硬件	空气、废物、水、EMC、航天员、EVA 保障、食品、电力、辐射防护、照明
原位资源利用	原位资源利用接口提供来自所在星球物质的生命保障物品,如气体、水和风化层(指月球和火星土壤),用于整个生命保障系统	空气、水、EMC、航天员、电力、辐射防护
医疗系统	在正常情况下,医疗系统通常对生命保障系统无关紧要,但是,如果发生导致疾病或伤害的事件,则对生命保障系统的影响可能会非常大。在 EVA 期间对航天员进行医疗和代谢监测。高压治疗和呼吸治疗可能需要气体,或者为某些医疗程序提供氧气,同时控制座舱内的可燃性风险。可能需要额外的水,并且可能会产生不允许储存、处理或回收的废物,就像额定活动产生的废物一样	空气、废物、水

续表

生命保障单元接口	说明	生命保障系统接口
电力	电力接口提供必要的能源,以支持生命保障系统内的所有设备和功能。它还可以为生命保障系统提供燃料电池产品水等资源	全部
推进力	推进力接口可为生命保障系统和热控系统提供如氧气和冷却蒸发剂等资源	空气、废物、水、EMC、EVA 保障、热能
辐射防护	辐射防护接口为航天员提供免受环境辐射的保护。生命保障系统可以为辐射防护提供一些有用的物品,尤其是以水或废物的形式。辐射防护接口还可为 SPE 提供传感器和其他预测性措施,借此航天员可能会躲避此类事件	居住、废物、水、航天员、食品、ISRU、电力
热能	热能接口负责将座舱温度和湿度(除非与其他大气再生过程联合控制)保持在适当的范围内,并负责收集乘组人员、设备和加压体积中收集的废热并将其转移到外部环境。注:从座舱大气中去除热负荷的设备通常能提供足够的空气循环。热能接口工作是在热控制系统开发勘探项目支持下进行的	空气、居住、废物、水、EMC、航天员、EVA 保障、食品、电力

*修改自 NASA 的《生命保障基线值和假设文件》(*Life Support Baseline Values and Assumptions Document.* NASA/TP – 2015 – 218570)

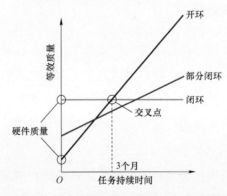

图 3.6 尝试设计生命保障系统时必须完成的权衡研究类型示例

(来源:NASA)

3.3.1 航天员需求

无论是哪一类的 LSS，其首要目标都是保障生命。为了保障生命，LSS 必须满足人类的生理需求，这是 LSS 设计的驱动因素。但对于 LSS 工程师来说，人类只能在非常精确的条件下生存[7-8]，例如，大多数人如果缺氧 4 min 或缺水 3 天就会死亡，而且大多数人在没有食物 30 天后无法存活。不仅如此，人类还需要一个舒适的栖息地，而且他们产生的废物也必须得到处理。表 3.4 中列出了航天员对氧气、水和食物等基本生活保障物质的需求情况。

表 3.4 航天员在地球上和太空中对重要生命保障物质的需求量

地球上和太空中的生命保障物质需求				
项目	地球上		太空中	
单位	需求量/ (kg·人$^{-1}$·天$^{-1}$)	需求量/ (gal①·人$^{-1}$·天$^{-1}$)	需求量/ (kg·人$^{-1}$·天$^{-1}$)	需求量/ (gal·人$^{-1}$·天$^{-1}$)
氧气	0.84		0.84	
饮用水	10	2.64	1.62	0.43
食物（干重）	1.77		1.77	
食物用水	4	1.06	0.80	0.21

（来源：NASA）

3.3.2 环境需求：辐射防护

在太空飞行中，环境必须满足提供舒适的大气、人工重力和辐射防护三个需求。第一个需求已经能够实现；但实现第二个需求可能需要相当长的时间；至于第三个需求，在执行火星任务时可能是一个"任务杀手"。在第 7 章和第 9 章将分别讨论辐射防护和人工重力。地球上的年辐射剂量为 2 mSv，而在国际空间站上停留 6 个月的航天员将受到 80 mSv 的辐射。当然，去往火星旅行的任何一位航天员所遭受的辐射暴露都会超过他们职业生涯的辐射剂量限值。在表 3.5 中给出了一年任务中的剂量限值，可作为一种比较参考。

---

① 此单位非法定计量单位，1 gal（美制）=0.003 79 m^3。

表 3.5 在 3%辐射暴露诱发的死亡危险（risk of exposure induced death, REID）
条件下 1 年期任务中有效剂量限值样本和死亡时平均生命损失的估值

辐射暴露时的年龄	在 3%辐射暴露诱发的死亡危险条件下的辐射能量（E）/mSv（每次死亡时的平均生命损失年龄）	
	男性	女性
30	620（15.7）	470（15.7）
35	720（15.4）	550（15.3）
40	800（15.0）	620（14.7）
45	950（14.2）	750（14.0）
50	1 150（12.5）	920（13.2）
55	1 470（11.5）	1 120（12.2）

3.3.3 环境需求：代谢率

代谢活动是航天员将食物转化为能量的过程。这一过程不仅对大气再生和产热有影响，而且对水的利用、废物的产生和电力消耗也有影响。在计算代谢率时，LSS 工程师根据 NASA 在《人类整合设计手册》（Human Integration Design Handbook，HIDH）保留文件[9]中所提供的方程式进行计算。在该方程式中，乘组时间被表示为 CM-h，乘组天数被表示为 CM-d，航天员的体重范围在第 95 百分位（95th percentile）的美国男性到第 5 百分位（5th percentile）的日本女性之间。

19 岁以上男性的人体代谢率方程式：

$$\left[\frac{622-9.53\times 年龄+1.25\times(15.9\times 体重(kg)+539.6\times 身高(m))}{0.238\,853\times 10^3}=能量\frac{MJ}{CM-d}\right]$$

19 岁以上女性的人体代谢率方程式：

$$\left[\frac{354-6.91\times 年龄+1.25\times(9.36\times 体重(kg)+726\times 身高(m))}{0.238\,853\times 10^3}=能量\frac{MJ}{CM-d}\right]$$

通过应用该方程式，可以计算出航天员进行各种活动的代谢率（见表 3.6）。有了这些数据，LSS 工程师就可以预测生命保障系统的需求。

在表 3.6 中列举了大量代谢率数据（取自 NASA 的 HIDH 文件），并提供了定量活动的代谢成本。计算能量成本后的下一步，是确定航天员完成日常活动所需的时间，如表 3.7 所示。

表 3.6 航天员在进行各种活动时的代谢率

航天员活动类型	活动持续时间/h	干热输出率/(kJ·h^{-1})	湿热输出率/(kJ·h^{-1})	总热输出率/(kJ·h^{-1})	水蒸气输出率/(kg·min^{-1})	汗液流失率/(kg·min^{-1})	耗氧率/(kg·min^{-1})	二氧化碳输出率/(kg·min^{-1})
睡眠	8	224	92	317	6.3	0.00	3.6	4.55
标称	14.5	329	171	500	11.77	0.00	5.68	7.2
在75%的最大摄氧量（VO$_2$）下运动 0～15 min	0.25	514	692	1 206	46.16	1.56	39.4	49.85
在75%的最大 VO$_2$ 下运动 15～30 min	0.25	624	2 351	2 974	128.42	33.52	39.4	49.85
在75%的最大 VO$_2$ 下运动后恢复 0～15 min	0.25	568	1 437	2 005	83.83	15.16	5.68	7.2
在75%的最大 VO$_2$ 下运动后恢复 15～30 min	0.25	488	589	1 078	40.29	0.36	5.68	7.2
在75%的最大 VO$_2$ 下运动后恢复 30～45 min	0.25	466	399	865	27.44	0.00	5.68	7.2
在75%的最大 VO$_2$ 下运动后恢复 45～60 min	0.25	455	296	751	20.4	0.00	5.68	7.2
活动持续时间合计	24	—	—	—	—	—	—	—

表 3.7　航天员日常活动的用时情况

活动类型	工作日/（CM-h·CM-d^{-1}）	周末/（CM-h·CM-d^{-1}）
日常规划会议	0.5	0.0
每日计划审核/报告准备	1.0	0.0
工作准备	0.5	0.0
已安排的系统使用操作	6.5	0.3
食物	3.0	3.0
家务	0.0	2.0
睡后	0.5	0.5
运动、卫生	2.5	2.5
娱乐	0.0	6.0
睡前	1.0	1.0
睡眠	8.5	8.5
总数	24	24

注：数据来自 NASA 的《生命保障基线值和假设文件》（*Life Support Baseline Values and Assumptions Document*。NASA/TP-2015-218570）。

3.3.4　环境需求：营养

为了保持最佳的生理功能，航天员必须得到正常的能量和营养供应。主要的营养物质是碳水化合物、脂肪和蛋白质。国际空间站上的菜单提供的热量约有 50% 来自碳水化合物，20% 来自蛋白质及 30% 来自脂肪[10]。然而，在决定如何最好地满足营养需求时，提供热量和营养只是众多考虑因素之一。历史已经证明，航天员很少会消耗完他们每天所需的热量配额。这是一个问题，因为微重力会减少肌肉质量，这就需要促进蛋白质合成来维持肌肉质量。然而，能量摄入不足会限制蛋白质的合成。[11-12]。

另外，还有骨骼质量（bone mass，又称为骨量）的问题。多项研究表明，在轨道上的几个月里，维持骨骼健康需要摄入足够的能量、蛋白质和维生素 D。但是，在国际空间站上饮食中的钠含量（5 300 mg/天）通常高于应有的水平。研究表明，在微重力环境下，高钠具有破骨（bone-resorbing）效应[13-14]。视力是在决定航天员的最佳营养摄入量时，需要考虑的另一个因素。这是因为航天员在轨时经常会遇到与视力有关的健康问题，这可能与血清叶酸水平、维生素 B12 摄入量和同型半胱氨酸等有关[15]。

3.4 物理化学生命保障系统

在物理化学生命保障系统（以下简称为物理化学 LSS）中，航天员是仅有的生物部分。国际空间站上的系统就属此类（见第 5 章），可以满足大气管理、水管理和废物管理的需求（见图 3.7）。在此，对每种管理系统的功能做简要介绍。

图 3.7　国际空间站上物理化学生命保障系统的主要功能示意图
（来源：NASA）

大气管理功能，可分为大气控制与供应、温度和湿度控制、大气监测、座舱通风以及火灾探测与灭火等单独功能。

1. 大气控制与供应
(1) 保持大气压力。

（2）保持氧气、氮气和二氧化碳的分压。

（3）调节大气总压和分压。

（4）储存氧气和氮气。

（5）分配氧气和氮气。

（6）在乘组有限的干预下自主运行。

2. 温度和湿度控制

（1）保持温度在 18 ℃～26 ℃之间。

（2）保持湿度在 25%～70%之间。

（3）监测微量污染物和微粒。

（4）控制微生物水平。

（5）在乘组有限的干预下自主运行。

3. 大气监测

（1）挥发性有机物（VOC）的监测、识别和定量。

（2）当 VOC 的浓度超过最大允许水平时，向乘组人员发出声光警报。

（3）净化微生物。

（4）控制污染事件。

4. 座舱通风

（1）通风，以保持温度梯度，并减少污染物积聚。

（2）通风以确保座舱凉爽。

5. 大气再生

（1）保持二氧化碳浓度。

（2）降低二氧化碳浓度。

（3）生产氧气。

大气再生的各种功能及所采用的相应技术如表 3.8 所示。

表 3.8 大气再生的各种功能及所采用的相应技术

功能	所采用的技术
二氧化碳浓缩	氢氧化锂
	四床分子筛（four-bed molecular sieve，4BMS）
	固体胺水解吸

续表

功能	所采用的技术
二氧化碳还原	活性炭
	萨巴蒂尔过程（Sabatier process）
	Bosch 反应
氧气生产	水蒸气电解
	固体聚合物水电解

对实现大气管理的各项技术进行全面解释超出了本章的范围（见第 7 章），在此将重点介绍其中一些关键技术，例如，在国际空间站上应用的 4BMS 技术（见图 3.8）。

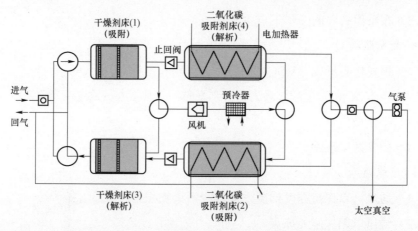

图 3.8　国际空间站上作为二氧化碳去除组件（Carbon dioxide removal assembly，CDRA）一部分的 4BMS 示意图

[这张图显示了一个半循环的过程：（1）潮湿的座舱内空气流经吸附干燥剂床；（2）空气通过风机和预冷器；（3）干燥的空气直接通过沸石吸附剂床，二氧化碳在此处被吸附；（4）空气被引导经过解析干燥剂床[16-17]]

4BMS 作为一项成熟的技术首次使用是在美国的"天空实验室"（Skylab）轨道空间站，它是一种去除二氧化碳并将二氧化碳浓度保持在可承受水平的可再生手段。4BMS 等可再生系统不同于氢氧化锂等不可再生过程，氢氧化锂可以在开环 LSS 中找到（注意，国际空间站的 LSS 被归类为部分闭环物理化学 LSS）。氢氧化锂的应用可以追溯到"水星"时代：使富含二氧化碳的空气通过装有氢氧化锂颗粒的容器，从而将二氧化碳从航天器的大气中清除。由于需要约 2 kg 氢氧化锂才能去除 1 kg 二氧化碳（航天员每天的二氧化碳排放量），因此该系统在短期

任务中运行良好,但在两周以上的任务中效果不佳。

显然,LSS 工程师在物理化学 LSS 闭合回路中使用氢氧化锂是没有多大效果的,但有一个过程可以实现这一个目的,即萨巴蒂尔过程。它是由诺贝尔奖获得者、法国化学家保罗·萨巴蒂尔(Paul Sabatier)在 20 世纪初开发的。萨巴蒂尔过程是使用催化剂使二氧化碳和氢气反应生成水和甲烷,从而闭合氧和水回路。该过程目前在国际空间站上运行,与制氧系统(oxygen generation system,OGS)集成在一起。

3.5 生物再生生命保障系统

到目前为止,航天机构在 LSS 的发展中采取的仍是"野餐方式",即任务所需的大部分物资都是通过货物补给的形式进行的,这是因为国际空间站依赖于 3.4 节讨论的物理化学 LSS。但是,如果航天员最终要在地球轨道之外执行任务时,就必须开发生物再生生命保障系统(bioregenerative LSS,BLSS)。物理化学 LSS 和 BLSS 之间的关键区别在于,BLSS 除了能够实现物理化学 LSS 可以实现的所有功能外,还可以生产食物(见图 3.9)。

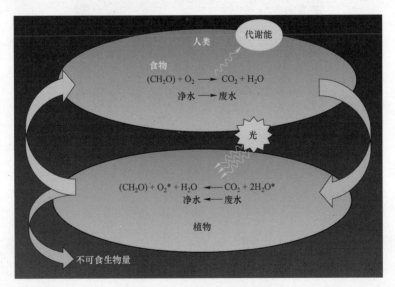

图 3.9　BLSS 基本工作原理图
(来源:NASA)

NASA 的高级生命保障计划（Advanced Life Support Program）正在对 BLSS 技术进行研究，以便优化生物生产力（见图 3.10），并回收液体和固体废物，从而最终建立能够长期运行的系统[18-20]。一旦这些技术被开发出来，就会完成从"野餐方式"到永久循环利用方式的转换，并独立于供应链系统。

在开发真正的 BLSS 方面，粮食种植是最大的技术鸿沟（见第 8 章）。但目前在国际空间站上进行的实验似乎已经走上了正确的轨道，研究人员正在逐步了解植物在太空中生长的基本过程。例如，一些实验揭示了回旋转头运动（circumnutation，即生长中茎的环状运动）的潜在机制。在太空中，对拟南芥（Arabidopsis）的研究表明，其发芽期间根系波动的模式与在地球上观察到的模式相似，因此表明重力对根系的生长模式没有显著影响。

植物不仅是为航天员提供食物，光合自养生物还有利于大气管理、水管理和废物管理。植物不仅生产食物，还能够吸收航天员产生的二氧化碳，这是一种双赢的局面。不仅如此，植物的蒸腾作用产生的水可以通过冷凝予以回收，然后被并入水回收系统进行处理，并被再次作为饮用水。植物的生物过程还可以减少可生物降解成分的质量和体积，从而为废物处理系统提供帮助。

图 3.10 国际空间站上美国航天员斯科特·廷格尔（Scott Tingle）负责开展的蔬菜生产系统（Veggie）实验

（在实验中种植的植物包括红叶生菜、俄罗斯红叶羽衣甘蓝、芥菜和超矮白菜。来源：NASA[21-22]）

目前，国际空间站上尚未装配 BLSS，因为设计这样一套系统是非常复杂的（见第 7 章）。建立一套高效的 BLSS 需要非常仔细地选择能够执行所有上述 LSS 功能的植物，即这些植物不仅必须与系统中的所有其他生物能够共存，还要与航天员在生态上能够兼容。重力等自然力的缺乏使得实现这种兼容性更具挑战，因为所有系统都必须被置于严格的控制之下。目前来看,构建完全成熟的 BLSS 还有很长的路要走,但好在还有一条发展道路可以选择,即率先构建受控生态生命保障系统(controlled ecological life support system,CELSS)。CELSS 是一个探路者项目,其致力于实现闭环 LSS 的目标。

3.6 受控生态生命保障系统

CELSS 技术的开发和验证工作仍在进行中。这种技术是将人类纳入循环中。多年来,围绕 CELSS 技术的研究一直在进行,但结果喜忧参半。

(1)扩展太空飞行中人类行为的(Human Behavior in Extended Spaceflight,HUBES)研究——1994 年 9 月—1995 年 1 月在挪威卑尔根进行,总体来说非常成功。

(2)空间站上国际航天员的模拟飞行(Simulated Flight of International Crew on Space Station,SFINCSS-99)——饱受性骚扰、团队凝聚力差、与任务控制人员发生争执等问题的困扰。

(3)火星-500 计划——这是一项非凡的研究项目,其揭示了从沙克尔顿的任何一本航海日志中都找不到的东西!

最近的一项研究是为期 180 天的中国 CELSS 实验,其更多地关注生命保障,且在火星任务的中期模拟中采用了闭环系统,但较少关注航天员的不和、冲突和争斗[23-26]。该实验研究的目的之一是探索如何在依赖闭环系统时模拟航天员的生理学和心理学效应,并重点讨论其生理学效应。实验装置(见图 3.11)由六个相互连接的舱体组成,其中 LSS 受到自动控制。

该实验装置为 4 名模拟航天员(3 男 1 女,年龄(34.2±6.6)岁,体重(64.5±6.1)kg)提供了容积为 1 340 m^3 的豪华宜居空间(相比之下,国际空间站的宜居空间为 931 m^3),其中包括容积共为 888.5 m^3 的四个温室。大量空间被用于温室是因为这些模拟航天员必须自主满足他们的食物需求。在该实验装置内,模拟航天员们种植了 25 种植物,包括马铃薯、大豆、生菜、卷心菜、樱桃萝卜和草莓。他们的工作包括维护 LSS、照看植物和做常规的后勤工作。在模拟任务中,再生了 100%的氧气和 99%的水,另外再生了 70%的食物(剩下的 30%

在任务开始之前已有储存)。任务开始时,模拟航天员的每日能量摄入约为 2 600 kcal(35%的脂肪、50%的碳水化合物、15%的蛋白质),任务结束时为 2 000 kcal。

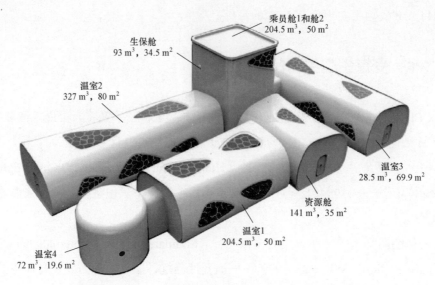

图 3.11　4 人—180 天集成实验用 CELSS 组合体外观图
(该实验装置位于中国深圳市太空科技南方研究院。氧分压范围为 18.6~26.7 kPa,二氧化碳浓度范围为 300~700 ppm。实验在 2016 年 6 月 17 日—2016 年 12 月 14 日期间进行。)

模拟航天员们的身体情况:他们的体重略有下降(开始时为(64±7)kg,结束时为(61±6)kg),瘦体重也出现下降(开始时为(54±8)kg,结束时为(52±8)kg);维生素 D 水平也出现下降(见图 3.12);血液计数、肾功能和代谢水平在任务结束后都在正常范围内。

中国的这项研究是闭环 LSS 发展的良好开端。当然,在将这样一种系统安装到航天器上之前,还需要进一步发展 BLSS 技术。未来还面临许多挑战,这里主要概括如下。

(1)需要创建详细的环境控制算法,以便通过跟踪病原微生物产生的污染物来提高系统的稳定性[18]。

(2)需要准确定义 BLSS/CELSS 中每名航天员需要多少空间和资源[25]。

(3)需要发展跟踪植物疾病的能力,以及了解如何控制这些疾病。这一点很重要,因为一些破坏农作物的疾病会很快导致任务的失败和航天员的损失。

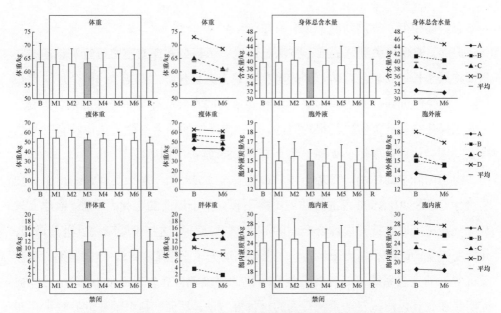

图 3.12　中国 4 人—180 天 CELSS 集成实验医学研究的主要结果
（来源：Yuan et al., 2019）

（4）如何衡量粮食生产和废物矿化之间营养循环的平衡，例如，每种植物的废物组成的限制值是多少。

（5）存在尚未进行大量研究的领域，即将水生植物作为食物加以利用。一些水生植物的生长速度特别快，且产量也很高。但同时也存在实现自动化的挑战。主要是照料植物需要花费大量时间，因此必须开发综合控制系统，该系统不仅能够维持标称条件，而且能够对意外事件做出自动响应。

（6）确定作物营养管理的要求，并定义将生食品转化为可食用食品所需要的过程（这些过程无疑会受到微重力的影响）[27]。

对于其中的许多挑战，建模可以作为测试和分析系统动力学如何应对微重力环境的第一步，但由于生物系统中自然反馈机制的复杂性，因此科研人员无法利用数学来描述复杂生态系统（如 CELSS）在现实中如何运行。想想这一过程所涉及的一系列因素——质量传输（如平流和扩散）、质量平衡、太阳能输入、温度和湿度的变化、化学过程（如反应动力学）、酶促反应、水解、离子交换等，这里还只是讨论标称条件下的因素。在弄清楚所有这些因素名义上是如何运作的之后，还必须预测在无数紧急情况下会发生什么。所以，无论这些模型在结构上有多动态，建模能发挥的功能都十分有限。

最终，实现可靠测试的唯一方法是建造一个模型并在太空中进行测试。这些测试将属于长期实验的范畴，因为典型的载人火星任务大约需要 30 个月或更长时间。这个时间跨度对于捕捉整个系统寿命内的真实故障率也是必要的。但是，由人工操作进行此类实验是很耗时的，而且国际空间站上的航天员也没有时间这样做，因为他们还要忙于处理无数个有关 LSS 维护的问题。

鉴于国际空间站的运行寿命将只被延长至 2028 年，那么工程师们用于开发全尺寸 CELSS/BLSS 技术的方法就不得不转向基于地面的实验。目前，地球上只有七套设施可以支持开展综合全面的 LSS 测试。然而，这些设施庞大且极其昂贵，并需要大量的时间和精力来运行。生态学家研究了小型 CELSS，这些紧凑、可控及可复制的生态系统，或者就是他们所说的"微观世界"（microcosm），已经被证明是在预算内测试复杂系统行为的一种好方法。然而，利用微观世界测试存在的问题是，它们不能作为真实事物的类似物，即在一个压缩模型中发生的事情无法代表在一个全尺度系统中将要发生的事情，这是因为过程会随着规模的变化而变化，所以不可能将微观世界的数据可靠地应用于大规模的 CELSS。

简而言之，定量和系统的外推是行不通的。与之相反，任何地面实验的目标都必须是确保 CELSS 内的生态关系在功能上具有相似性。也就是说，实验时间必须足够长，以确保所有过程都能被观察到。这意味着所有因素——水交换、营养物质浓度、水深、光衰减和生态复杂性等都受到了控制。这些参数中有许多可在较小的密闭生态系统中予以测试，即这些系统可被作为模拟设施。利用模拟设施可以生成基线数据，这些数据可被应用于最终进行的全尺寸系统测试。

基于对综合测试设施所进行的几十年的研究，生态学正得以突飞猛进地发展。但归根结底，生态系统动力学的复杂性使得即便具有最先进的算法和建模方法，也不可能在地面上对太空中的系统的工作进行全面模拟和预测。为了进一步发展 CELSS，以便最终拥有一种有效的 BLSS，工程师们必须开发出可靠性更高、控制力更强且生物稳定性更好的密闭生态循环系统，且对所有因素都必须在全面集成的 LSS 测试设施中进行测试。

参考文献

[1] Levri, J. A., Drysdale, A. E., Ewert, M. K., Hanford, A. J., Hogan, J. A., Joshi, J. A., & Vaccari, D. A. Advanced life support equivalent system mass guidelines document [R]. NASA/TM－2003－212278, 2003.

[2] NASA. Exploration Life Support Requirements Document [R]. JSC－65527A, National Aeronautics and Space Administration, Lyndon B. Johnson Space Center, Houston, Texas, 2008.

[3] Anderson, M. S., Ewert, M. K., & Keener, J. F. Life support baseline values and assumptions document [R]. NASA/TP2015－218570/REV1, 2018.

[4] NASA. NASA Space flight human-system standard Volume 1, Revision A: crew health [R]. NASA－STD－3001, Volume 1, Revision A, approved 7－30－2014. NASA. HIDH－"Human integration design handbook." NASA/SP－2010－3407/REV1, approved 6－5－2014, 2014.

[5] Escobar, C. M., Nabity, J. A., & Klaus, D. M. Defining ECLSS robustness for deep space exploration [C]. ICES－2017－280, 47th International Conference on Environmental Systems, 16－20 July 2017, Charleston, South Carolina, USA, 2017.

[6] Levri, J. A., Drysdale, A. E., Ewert, M. K., Hanford, A. J., Hogan, J. A., Joshi, J. A., & Vaccari, D. A. Advanced life support equivalent system mass guidelines document [R]. NASA/TM－2003－212278, 2003.

[7] Lane, H. W., Sauer, R. L., & Feeback, D. L. Isolation:NASA experiments in closed-environment living—advanced human life support enclosed system final report(Vol. 104: Science and Technology Series) [R]. Published for the American Astronautical Society by Univelt, Incorporated, P.O. Box 28130, San Diego, California 92198, 2002.

[8] NASA. Exploration life support baseline values and assumptions document [R]. Houston. TX:JSC－64367 Rev B. National Aeronautics and Space

Administration, Lyndon B. Johnson Space Center, 2010.

[9] NASA. Human integration design handbook (HIDH) [R]. NASA/SP−2010−3407/REV1, 06−05−2014, National Aeronautics and Space Administration, Lyndon B. Johnson Space Center, 2014.

[10] Lane, H. W., Bourland, C. T., Pierson, D., Grigorov, E., Agureev, A., & Dobrovolsky, V. Nutritional requirements for International Space Station missions up to 360 days [R]. Houston:JSC−28038, National Aeronautics and Space Administration, Lyndon B. Johnson Space Center, 1996.

[11] Lane, H. W., & Schoeller, D. Nutrition in Spaceflight and Weightlessness Models [M]. Boca Raton: CRC Press, 2000.

[12] Stein, T. P., Leskiw, M. J., Schluter, M. D., Donaldson, M. R., & Larina, I. Protein kinetics during and after long-duration spaceflight on MIR [J]. The American Journal of Physiology, 276, E1014−E1021, 1999.

[13] Buehlmeier, J., Frings-Meuthen, P., Remer, T., Maser-Gluth, C., Stehle, P., Biolo, G., & Heer, M. Alkaline salts to counteract bone resorption and protein wasting induced by high salt intake:results of a randomized controlled trial [J]. The Journal of Clinical Endocrinology and Metabolism, 97, 4789−4797, 2012.

[14] Zwart, S. R., Hargens, A. R., & Smith, S. M. The ratio of animal protein intake to potassium intake is a predictor of bone resorption in space flight analogues and in ambulatory subjects [J]. The American Journal of Clinical Nutrition, 80, 1058−1065, 2004.

[15] Zwart, S. R., Gibson, C. R., Mader, T. H., Ericson, K., Ploutz-Snyder, R., Heer, M., & Smith, S. M. Vision changes after spaceflight are related to alterations in folate- and vitamin B12-dependent one-carbon metabolism [J]. The Journal of Nutrition, 142, 427−431, 2012.

[16] Coker, R. F., & Knox, J. C. Predictive modeling of the CDRA 4BMS [C]. ICES−2016−92, 46th International Conference on Environmental Systems, Vienna, Austria, 2016.

[17] Knox, J. C., & Stanley, C. M., Optimization of the Carbon Dioxide Removal

Assembly (CDRA – 4EU) in support of the International Space System and advanced exploration systems [C]. ICES – 2015 – 165, 45th International Conference on Environmental Systems, Bellevue, WA, 2015.

[18] Barta, D. J., Castillo, J. M., & Fortson, R. E. The biomass production system for the bioregenerative planetary life support systems test complex:preliminary designs and considerations [C]. SAE Technical Paper Series No. 1999 – 01 – 2188, 29th International Conference on Environmental Systems, Society of Automotive Engineers, Warrendale, PA, 1999.

[19] Wheeler, R. M., Mackowiak, C. L., Stutte, G. W., Yorio, N. C., Ruffe, L. M., Sager, J. C., & Knott, W. M. Crop production data for bioregenerative life support: observations from NASA's Kennedy Space Center [ ]. Paris:COSPAR Abstract F4.1 – 0010 – 06, Committee on Space Research, International Council for Science, 2006.

[20] Wheeler, R. M., Sager, J. C., Prince, R. P., Knott, W. M., Mackowiak, C. L., Stutte, G. W., Yorio, N. C., Ruffe, L. M., Peterson, B. V., Goins, G. D., Hinkle, C. R., & Berry, W. L. Crop production for advanced life support systems – observations from the Kennedy Space Center Breadboard Project [R]. NASA – TM – 2003 – 211184. National Aeronautics and Space Administration, John F. Kennedy Space Center, FL, 2003.

[21] Godia, F., Albiol, J., Montesinos, J. L., Perez, J., Vernerey, A., Pons, P., & Lasseur, C. MELISSA pilot plant:A facility for the demonstration of a biological concept of a life support system [C]. European Space Agency Publications, ESA SP 400. pp. 873 – 878, 1997.

[22] Lasseur, C., Brunet, J., De Weever, H., Dixon, M., Dussap, G., Godia, F., Leys, N., Mergeay, M., & Van Der Straeten, D. MELiSSA:the European project of closed life support system [J]. Gravitational and Space Research, 23(2), 3 – 12, 2010.

[23] Yuan, M., Custaud, M. – A., Xu, Z., Wang, J., Yuan, M., Tafforin, C., Treffel, L., Arbeille, P., Nicolas, M., Gharib, C., Gauquelin-Koch, G., Arnaud, L., Lloret,

J. ‒ C., Li, Y., & Navasiolava, N. Multi-system adaptation to confinement during the 180 ‒ day Controlled Ecological Life Support System (CELSS) experiment [J]. Frontiers in Physiology, 10, 575. doi:10.3389/fphys.2019.00575, 2019.

[24] Li, T., Zhang, L., Ai, W., Dong, W., & Yu, Q. A modified MBR system with post advanced purification for domestic water supply system in 180 ‒ day CELSS: Construction, pollutant removal and water allocation [J]. Journal of Environmental Management, 222, 37 ‒ 43, 2018.

[25] Fu Y., Li L., Xie B., Dong C., Wang M., Jia B, Shao L., Dong Y, Deng S., Liu H., Liu G, Liu B., Hu D., & Liu H. How to establish a bioregenerative life support system for long-term crewed missions to the moon or Mars. Astrobiology, 16(12), 925 ‒ 936, 2016.

[26] Liu, H. Bioregenerative life support experiment for 90 ‒ days in a closed integrative experimental facility LUNAR PALACE 1 [C]. 40th COSPAR Scientific Assembly, Vol. 40, 2014.

[27] Saltykov, M., Bartsev, S. I., & Lankin, P. Stability of Closed Ecology Life Support Systems (CELSS) models as dependent upon the properties of metabolism of the described species [J]. Advances in Space Research, 49(2), 223 ‒ 229, 2012.

延伸阅读文献

NASA. Life support baseline values and assumptions document [R]. NASA/TP2015 ‒ 218570/REV1, 2018.

NASA. Human integration design handbook(HIDH) [R]. NASA/SP ‒ 2010 ‒ 3407/REV1, 06 ‒ 05 ‒ 2014, 2014.

第 4 章

生命保障系统的演变与发展

学习提要

① 描述"水星""双子座""阿波罗"和"航天飞机"项目中生命保障系统和子系统的发展过程;

② 解释"水星""双子座""阿波罗"和"航天飞机"项目中每种航天器生命保障子系统的功能;

③ 描述"阿波罗"计划期间执行特定任务时遇到的生命保障系统问题;

④ 描述舱外机动装置部件的功能和加压服组件(pressure garment assembly,PGA)的操作特性;

⑤ 解释便携式生命保障系统(portable life support system,PLSS)是如何执行任务的;

⑥ 列出便携式生命保障系统的主要规格;

⑦ 描述"水星""双子座"和"阿波罗"任务期间监测到的生理参数;

⑧ 列出"阿波罗"任务计划期间遇到的一些生命保障问题,并列出每个问题的纠正措施。

4.1 引言

在尤里·加加林(Yuri Gagarin)搭乘的"东方号"(Vostok)飞船上,搭载了第一个为航天员设计的生命保障系统,但这并不是第一个在太空飞行的生命保障系统。在加加林飞行之前,就有动物被送入太空的先例。有一只名叫莱卡(Laika)的杂种幼崽狗曾经乘坐"史普尼克"2号(Sputnik-2)人造地球卫星进入轨道,由于在该人造卫星内的实验舱的空间很小,因此要求其中的动物乘员的体重不能超过7 kg。莱卡由于体重符合要求而被选中,而且它也是符合要求的狗中最冷静和最上镜的一只。

作为训练的一部分,莱卡在任务开始前的几周里,需要持续待在越来越封闭的笼子里。但是,由于当时苏联政府渴望迅速取得成功,因此未对莱卡的生命保障系统进行全面而严格的测试。虽然莱卡活着进入太空,但是并没有太多的时间来享受太空。由于热控系统发生了故障,因此莱卡在轨道上仅存活了5 h就因过热而丧生。

在"太空狗"莱卡之前,还有两只分别名为齐甘(Tsygan)和德兹金(Dezikin)的小狗,它们都曾经历经过亚轨道飞行。其他国家也将动物送入了太空,例如法国发射了一只名为菲利塞特(Félicette)的猫,美国发射了许多黑猩猩,其中最著名的是汉姆(Ham)。的确,这些关于动物的实验对于最终在"水星"和后续项目中飞行的航天员来说是非常宝贵的经验。

从"水星"计划(Project Mercury)到"航天飞机"的早期项目中,生命保障系统主要是开环系统,很少有可再生系统。然而,随着国际空间站的出现,设计驱动因素发生了重大变化。最重要的是,国际空间站至少需要连续运行20年,这就意味着工程师们必须设法提高国际空间站生命保障系统的闭合度(见第5章)。本章从"水星"计划开始,重点介绍生命保障系统的发展过程。

4.2 "水星"计划

1957年10月4日发射的人造地球卫星"史普尼克"1号,是1958年启动的"水星"计划的催化剂。"水星"计划项目包括一系列的单人亚轨道和低轨道任务。NASA挑选了七名试飞员作为航天员。每位航天员的年龄都在35~40岁之间,身高不超过180 cm,而且身体状况极佳。"水星"计划的主要目标是将一名航天员送入轨道并安全返回。第一次轨道飞行计划持续4.5 h[1]。生命保障系统由麦克唐纳飞行器公司(McDonnell Aircraft Corporation)和普瑞特公司(Garrett Corporation)联合开发,方式是后者将任务分包给了前者。"水星"号飞船座舱的生命保障系统设计需符合以下要求：

（1）加压服（见图 4.1）和座舱能够提供代谢氧气且具有增压和通风功能，至少支持飞行 28 h；

（2）保持座舱温度在 50 ℉^①（10 ℃）～80 ℉（约 26.7 ℃）；

（3）能够去除航天员产生的二氧化碳和水；

（4）能够保持加压服内部舒适的温度和湿度；

（5）可以在微重力和超重力条件下运行。

图 4.1 "水星"号航天员穿着一套基本的双层航天加压服
（海军马克四号（Navy Mark Ⅳ））
（来源：NASA）

4.2.1 生命保障系统

该系统将座舱内的纯氧压力维持在 5 psi^②（约 34.5 kPa）。作为预案，航天员在此基础上穿了一套加压服。LSS 在发生故障时通过手动控制使其自主运行。实际上，"水星"号 LSS 只包含两个子系统：座舱子系统和加压服子系统[2]。氧气被储存在两个球体中，并被加压到 7 500 psi（约 51.71 MPa）。每个球体中都含有 4 lb^③（约 1.82 kg）的氧气，根据 500 mL/min 的消耗率和不超过 300 mL/min 的座

---
① 此单位为非法定计量单位，℃ = 32 + ℉ × 1.8。
② 此单位为非法定计量单位，1 psi≈6.89 kPa。
③ 此单位为非法定计量单位，1 lb≈0.454 kg。

舱泄漏率，预计可以飞行 26 h。为每个氧容器都配有一只用于维修的加注阀和一支提供氧气压力数据的压力传感器[3-4]；冷却剂由流入热交换器的水箱提供；电力是 115 V、400 Hz 的循环交流电。

采用正常大气还是纯氧模式？

生命保障工程师关于太空中座舱内大气的问题存在很多分歧。一些工程师认为应该使用正常的海平面大气，而另一些工程师则认为应该使用纯氧大气。正常的大气更为安全，因为高氧浓度具有发生火灾的危险，并可能导致高氧。但问题是，采用一个正常大气座舱会增加设计的复杂性，也会增加缺氧的风险（这将需要传感器来监测氧分压）。最后，人们认为缺氧的生理风险大于高氧[5]。

4.2.2 加压服

加压服提供可呼吸的氧气，同时去除代谢产物，并控制温度。加压服通过躯干处的入口连接点和头盔上的出口连接点而被连接到 LSS（见图 4.2～图 4.4），通过压缩机使氧气在服装内循环。为了去除二氧化碳和废物，气体被引导通过固体捕集器去除颗粒，然后通过化学反应罐去除二氧化碳[5-6]。最后，使气体流过热交换器，而热交换器将气体冷却到 45 ℉（约 7.2 ℃），在此温度下水蒸气凝结成水滴，这些水液滴随后被导入水分离器。加压服的压力由压力调节器维持，该

1. 项圈
2. 头盔系紧皮带
3. 压力密封入口拉链
4. 颈部拉链
5. 腰部拉链
6. 入口排气孔
7. 压力指示器
8. 血压计

图 4.2　加压服躯干部分结构外观图

（每套加压服都是为不同的航天员量身定制的。加压服覆盖了除头部和手以外的全身。它由两层组成：一层是用于保持内部气体的氯丁橡胶（neoprene）；另一层是用于热反射的镀铝尼龙。来源：NASA）

第 4 章 生命保障系统的演变与发展　101

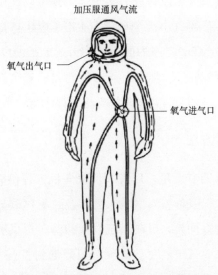

图 4.3　加压服的氧气进气口、出气口和通风气流分布情况
（氧气进气口位于航天员腰部上方，并被连接到服装内部歧管的端口，
而氧气管从该端口通向上半身和下半身。来源：NASA）

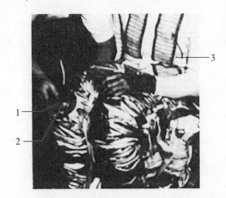

图 4.4　生物连接器（bio-connect）外观
（1—内部插头；2—可更换插座板；3—带有垫片的内衣）
（这一特点使生物医学电线能够穿过加压服）。来源：NASA）

调节器计量进入加压服回路中的氧气。如果出现压力故障，压力调节器会以 0.05 lb/min 的压力将额外的氧气导入加压服。

4.2.3　座舱控制系统

座舱控制系统可以控制压力和温度[1-2]。座舱增压的上限值由一个自动操作的安全阀控制。如果发生火灾或释放有毒气体，则可以使用仪表面板上的控制手柄手动对座舱进行减压。氧气由一个重量为 1 lb（约 0.45 kg）的容器提供，其压力为 7 500 psi（约 51.7 MPa）。序列面板（sequence panel）上的灯光信号会向航天员提供氧气压力的视觉指示。配带有压力传感器的安全阀会确保氧气压力不低于 4 psi（约 27.6 kPa）。座舱温度由热交换器进行维持[1-2]。

4.2.4 仪表面板使用方法

LSS 位于仪表面板的右上角，后者（仪表面板）提供有关座舱压力、温度、湿度、氧气分压、基本和应急氧气供应压力以及二氧化碳分压等方面的信息。在该面板的旁边是一个警灯面板，可在系统发生故障时提供听觉和视觉警示。故障警示内容包括压力损失、氧气耗尽、氧气分压降低到 3 psi（约 20.7 kPa）以下、加压服中二氧化碳分压升高到 3%以上以及加压服中冷却水过多等[1-2]。在控制台的左侧，有用于进行座舱内减压和复压的控制按钮。

4.2.5 系统操作方法

在发射过程中，航天员在面罩被放下的情况下与加压服控制系统相连。氟利昂被引向热交换器进行冷却。在飞行过程中，用发射补给品对座舱进行了净化，并将座舱的压力标准化为 5 psi（约 34.5 kPa）。如果氧气分压足够，航天员则可以打开面罩。在准备返回大气层时，通过打开热交换器的水控制阀而对座舱进行预冷[1-2]。进入大气层后，一旦外部大气条件达到可以呼吸的标准，则利用呼吸管为航天员的呼吸提供周围的空气。

4.2.6 医学保障措施

医疗保障分为三个责任领域：航天员的医疗维护、航天员飞行前和飞行中健康的评估以及航天员对太空飞行反应的飞行后评估。太空飞行期间对生理数据的预测值来自离心机运行、飞行模拟和高性能飞机飞行的数据[7]。在太空飞行过程中，需要持续监测航天员的生理数据，这是通过一套无创生物医学传感器实现的（见图 4.5）。除最近一次任务外，在之前所有任务中都用传感器直接测量体温；在最近一次任务中，航天员戈登·库珀（Gordon Cooper）使用了一只热敏电阻[8]。

在"水星"计划的前四次飞行任务中,在轨血压数据的测量在技术上还不可行,但在MA-8和MA-9飞行期间进行了在轨血压测量,而且这两次飞行还配备了测量呼吸率的阻抗呼吸描记系统(impedance pneumograph system)[9-11]。由于专门为"水星"计划航天员设计了心电图电极,因此也获得了心电图数据。本次任务中的航天员在飞行前和飞行后进行了体重测量,并且在测量时保持膀胱排空[8]。

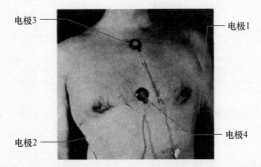

图4.5　"水星"计划期间航天员身体上的电极安装位置
(来源:NASA)

除了提供飞行期间数据外,航天员在飞行后还接受了大量的测试,包括尿液检测、血液化学分析、生命体征(心率、呼吸率和血压)、体重、体液量测量等。

4.2.6.1　飞行前和飞行后的生理测量

"水星"计划的生物医学评估要求是,航天员在太空中的飞行时间可以超过1天。首先,针对飞行前和飞行后航天员的具体生理测量数据如表4.1和表4.2所示。

表4.1　航天员飞行前和飞行后的温度和心率动态变化情况

飞行编号	温度/℉			心率/(次·min^{-1})		
	飞行前	飞行后	变化范围	飞行前	飞行后	变化范围
MR-3	99.0	100.2	1.2	68	76	8
MR-4	97.8	100.4	2.6	68	90	22
MA-6	98.2	99.2	1.0	68	76	8
MA-7	97.8	97.6	0.4	60	78	18
MA-8	97.6	99.4	1.8	72	92	20
MA-9	97.4	99.4	2.0	76	86	10

表 4.2　航天员飞行前和飞行后的体重减轻动态变化情况

飞行编号	重量/kg			减重率/%
	飞行前	飞行后	变化量	
MR-3	76.79	75.70	-1.09	1.42
MR-4	68.27	66.80	-1.47	2.15
MA-6	77.79	75.30	-2.49	3.20
MA-7	69.85	67.10	-2.75	3.94
MA-8	80.19	78.20	-1.99	2.48
MA-9	66.68	63.20	-3.48	5.22

4.2.6.2　飞行中的生理测量

一般来说，心率的变化比离心实验中报告的要高，并且在起飞时的呼吸率比在模拟过程中的要高。血压的变化与在飞行前模拟过程中观察到的相似，而且血压的变化趋势与报告中的体重减轻的变化趋势相一致。一般观察结果是收缩压降低，这与心率增加相一致。太空飞行最明显的心血管反应是在戈登·库珀飞行后观察到的。在飞船离开后，航天员站着时出现了晕厥前的反应。库珀的情况是他的脉压变窄及平均动脉压下降，这是立位不耐受（orthostatic intolerance，OI）的症状。立位不耐受是航天员处于失重状态时，由于重力降低而导致液体从下肢转移到上肢的量会高达 2 L。当航天员返回地球时，所有的液体都会从上肢流回到下肢，这会导致航天员感到头晕和立位不耐受。所有"水星"计划的航天员在飞行期间都减重了（见表 4.2～表 4.3），而且减重量（1.1～3.5 kg 或体重的 1.4%～5.2%）与飞行时间成正比。在 MR-4、MA-6、MA-7 和 MA-9 中测量尿量的结果显示，MA-9 航天员的排泄率为 30 mL/h，而 MA-7 航天员的排泄率为 155 mL/h，这些尿量与液体的摄入量一致[9-12]。当 6 名"水星"计划航天员冒险进入未知而危险的太空环境时，并没有确定的航天员生理值，也没有经过验证的确定阈值容差方法。但是，"水星"计划表明，人类可以在太空中执行任务而不会引发生理功能的显著恶化。"水星"任务虽然很短，但为随后参加"双子座"计划（Project Gemini）的飞行外科医生和生命保障工程师提供了大量数据。

表 4.3 "水星"计划总体飞行情况

飞行编号	飞行日期	飞行持续时间/ （h:min:s）	失重时间/ （h:min:s）	地球轨道	航天员
MR-3	1961年05月05日	15:28:00	05:04:00	0	Shepard A. B.
MR-4	1961年07月21日	15:37:00	05:00:00	0	Grissom V. I.
MA-6	1962年02月20日	04:55:23	04:38:00	3	Glenn J. H.
MA-7	1962年05月24日	04:56:05	04:39:00	3	Carpenter M. S.
MA-8	1962年10月03日	09:13:11	08:56:22	6	Schirra W. M.
MA-9	1963年05月15日	34:19:49	34:03:30	22	Cooper L. G.

4.3 "双子座"计划

4.3.1 生命保障系统

"双子座"飞船的 LSS 为两名航天员提供生命保障，该 LSS 被分为 5 个子系统：供氧子系统、水管理子系统（water management subsystem，WMS）、温度控制子系统、加压服回路子系统和低温液体储存子系统。LSS 为加压服和座舱增压提供氧气，能够去除加压服和座舱中的二氧化碳和水分，并进行水的储存和处理[13]。

4.3.1.1 供氧子系统

供氧子系统为加压服和座舱储存并提供氧气。座舱内的氧气压力由一个座舱减压阀来维持。航天员为期 2 天的飞行任务的吸氧量为 15.3 lb（约 6.94 kg）。第一种供氧子系统是氧气被低温储存在球形容器中，并通过热交换器而被加热成气体。二氧化碳用一个滤筒来吸附，滤筒可以去除异味和多达 11 lb（约 5.0 kg）的二氧化碳。在泄压的情况下，当加压服内的压力达到 4 psi（约 27.6 kPa）且保持在这个压力水平时，氧气供应会自动关闭[13]。第二种供氧子系统由两个氧气罐组成，为每位航天员提供 0.08 lb/min 的氧气流量。当第一种供氧子系统中的压力降至 75 psi（约 517 kPa）以下时，第二种供氧子系统会被触发。第三种供氧子系统是出口氧气子系统（egress oxygen subsystem），其在座椅发生弹射时为航天员的呼吸提供氧气（"双子座"飞船是仅有的两种配备弹射座椅的航天器之一（见

图 4.6),另一种是"哥伦比亚"号航天飞机(Columbia Space Shuttle)。第三种供氧子系统含有 1/3 lb(约 0.15 kg)的氧气,并可以在座椅发生弹射后由被航天员手动激活。

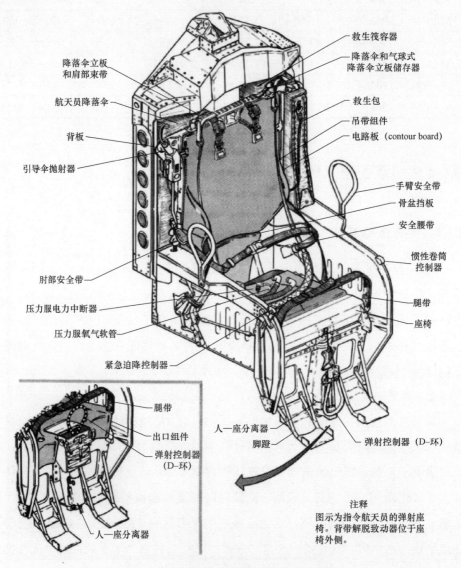

图 4.6 "双子座"飞船中的弹射座椅组件
(来源:NASA)

4.3.1.2 水管理子系统

水管理子系统负责收集并储存饮用水和冷却水,它包括水箱、尿液收集箱、饮水嘴、蓄水器、蒸发器和水压调节器。第一个装有 16 lb（约 7.3 kg）水的水箱位于飞船的设备部分（见图 4.7）；第二个水箱也装有 16 lb（约 7.3 kg）水，位于飞船的返回舱内；另外 7 lb（约 3.2 kg）水被储存在热交换器的储水器中。氧气加压的隔膜驱动水通过水管理子系统。

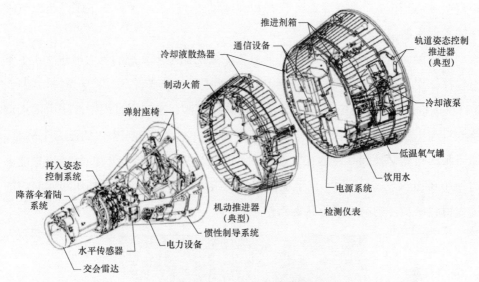

图 4.7 "双子座"飞船内的设备布局
（来源：NASA）

4.3.1.3 温度控制子系统

温度控制子系统负责维护座舱温度、加压服温度和设备温度。"双子座"飞船产生的热量是"水星"号飞船的 3 倍，而且任务持续的时间几乎是"水星"任务的 10 倍。正因为如此，工程师们不得不设计一种更好的散热方式。为了做到这一点，他们开发了一个空间散热器，其中包含了适配器模块的整个外壳。温度控制子系统通过冷却剂管路和再生热交换器从储液罐中泵送冷却剂（一种用于传热的硅酯流体——孟山都 MCS 198），冷却剂回路顺着两条平行路径分布，一条通过加压服，另一条通过座舱。温度敏感阀将冷却剂出口温度保持在 36 ℉（约 2.2 ℃）~42 ℉（约 5.6 ℃）。当温度降至 36 ℉（约 2.2 ℃）以下时，冷却剂会被直接排入再生热交换器；当温度超过 42 ℉（约 5.6 ℃）时，冷却剂会被排入空间散热器。

4.3.1.4 加压服回路子系统

航天员之所以能在充足的大气中呼吸，这要归功于一套密闭的加压服回路子系统，该子系统的功能包含冷却、加压、净化和排水。加压服回路子系统使氧气在加压服中循环（见图 4.8），并利用活性炭和氢氧化锂去除二氧化碳。低压回路具有两种运行模式，即正常循环模式和高速模式，在后一种模式下则是将氧气直接输入低压服。

加压服回路子系统是一种对"水星"任务中加压服系统的重大改进类型，其中包括 2 支加压服压力需求调节阀、4 支止回阀、2 支节流阀、1 支系统切断阀、2 台压缩机、1 台热交换器和 1 台二氧化碳吸收器。在运行过程中，压力需求调节阀将加压服内的压力保持在 3.7 psi（约 25.5 kPa）。当加压服内的压力下降时，加压服回路则切换到高速运行状态，在此状态下供给每位航天员的氧气流量能够达到 0.08 lb（约 36.3 g），直至加压服内的压力得到恢复。一旦加压服回路内的压力得到恢复，则高速运行状态将停止。

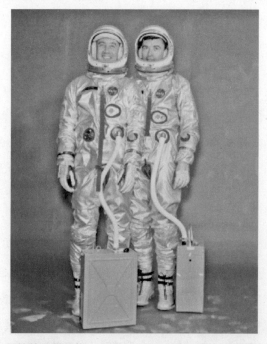

图 4.8 "双子座" 3 号的航天员格斯·格里松（Gus Grissom）和约翰·杨（John Young）穿着的大卫·克拉克（David Clark）G3C 型加压服

（G3C 型加压服是"双子座"项目中使用的三套加压服（见表 4.4）中的第一套。来源：NASA）

表 4.4 "双子座"计划加压服的基本用途和主要技术指标

任务	"双子座" G3C 型加压服	"双子座" G4C 型加压服	"双子座" G5C 型加压服
	"双子座" 3 号、6 号和 8 号	"双子座" 4～6 号，8～12 号	"双子座" 7 号
弹射	√	√	√
舱内活动	√	√	√
舱外活动	×	√	×
自重/kg	10.7	15.4	17.3

4.3.1.5 低温液体储存子系统

氧气在"双子座"航天器上以低温状态被储存，其构成一个子系统，即低温液体储存子系统。该子系统的重量是所储存氧气重量的 1.4 倍。与在"水星"计划中所使用的加压系统相比，该子系统得到了明显改进。

4.3.2 生理指标测量

在"双子座"计划期间，科学家将重点放在了对航天员心血管和肌肉骨骼系统功能的测量上。对这些数据进行的分析表明，在视觉或定向能力方面，航天员没有出现严重的功能问题（见表 4.5）。

表 4.5 "双子座"计划期间航天员对太空飞行反应的预测和实际观察到的情况[14]

预测的情况	实际观察到的情况	预测的情况	实际观察到的情况
心动周期出现机电延迟	无	需要刺激剂	在重返大气层前偶尔需要
运动能力下降	无	患传染病	无
		感到疲劳	很少
血液量减少	适度	昼夜节律打乱	未打乱
血浆量减少	很少		
脱水	很少	皮肤感染和破损	干燥，并出现头皮屑
体重减轻	易变		
骨丢失	很少	失眠	轻微
食欲不振	很少		

续表

预测的情况	实际观察到的情况	预测的情况	实际观察到的情况
恶心	无	视力敏锐度减退	无
肌肉不协调	无	定向障碍和晕动病	无
肌肉萎缩	无		
幻觉	无		
兴奋	无		
心理活动受损	未受损	心律失常	无
		高血压	无
需要镇静剂	无	低血压	无
		飞行后昏厥	无

一个值得注意的观察结果是生理指标随着飞行时间的延长在下降。在飞行第 8 天出现的峰值到第 14 天时会明显降低，这表明航天员正在适应微重力环境。当然，不能排除摄入饮食和液体等变量对测量结果的影响。另外，在此过程中虽然观察到了心血管功能的异常，但考虑到加速度和微重力的影响，可以认为这些变化在正常范围内。

4.3.3 舱外活动（EVA）

在"双子座"计划期间，生物医学科学家最关心的是航天员在 EVA 中的健康状况。从生物医学的角度来看，太空行走能否成功实际上取决于加压服的功能，它为航天员提供氧气、保持加压服的压力、温度和湿度，同时提供足够的灵活度，包括关节活动度、灵活性和灵巧度。"双子座"EVA 加压服（见图 4.9）由多层织物系统组成，包括舒适的衬垫、气囊、结构约束层和外部保护层。

在加压服内部，氧气通过气体分配系统被用于航天员呼吸和热控制。通过舱外 LSS 对加压服 LSS 进行环境控制，该舱外 LSS 包括一只胸袋，以及用于实现进气和排气的软管和接头。总的来说，加压服各项功能表现得很好，尽管使航天员有过热的感觉，以及部分航天员抱怨装备包太重。航天员遇到的另一个问题是疲劳。据报道，航天员在"双子座"9A 号和"双子座"11 号的飞行中进行太空行走，他们感到疲劳的部分原因是缺乏睡眠及适当的训练。另外，大量的飞行前训练也是造成他们疲劳的原因之一[14]。

"双子座"计划的实施证明了生命保障系统的成功运行。在任务实施过程中，任何一个子系统都没有发生重大问题，而且航天员报告说，在饮酒、进食或执行身体功能时也没有发现任何问题。数据显示，污染物或辐射也未达到显著水平。在 NASA 的文件 SP-4213（见第 7 章）中对这些发现进行了总结，从而为 LSS 工程师提供了一个坚实的基础，并被用来发展后续项目，即"阿波罗"计划（Apollo Program）中的 LSS。

图 4.9　在"双子座"4 号任务期间，埃德·怀特（Ed White）于 1965 年 6 月 3 日完成了美国的首次太空行走

（EVA 持续了 23 min。该照片是由"双子座"4 号指令长吉姆·麦克迪维特（Jim McDivitt）拍摄的。来源：NASA）

4.4 "阿波罗"计划

"阿波罗"计划飞船的 LSS 包括两套系统：一套用于指令舱（Command Module，CM），另一套用于登月舱（Lunar Module，LM）。

4.4.1 指令舱 LSS

对指令舱 LSS（见图 4.10）的功能可总结如下：

（1）氧气压力被保持在 5 psia①（约 34.5 kPa）；

---

① 此单位非法定计量单位，表示"磅/平方英寸（绝对压力）"，1 psia=6.890 kPa。

（2）除关键任务阶段外，航天员以衬衫模式工作；

（3）在规定的紧急情况下，将座舱压力保持在 3.5 psia（约 24.1 kPa）；

（4）通过氢氧化锂吸收罐去除二氧化碳，将二氧化碳分压限制在 7.6 mmHg（约 1 kPa）；

（5）座舱温度被保持在 75 ℉±5 ℉（21 ℃～26.7 ℃），相对湿度被限制在 40%～70%；

（6）对电气和电子设备进行热控制。

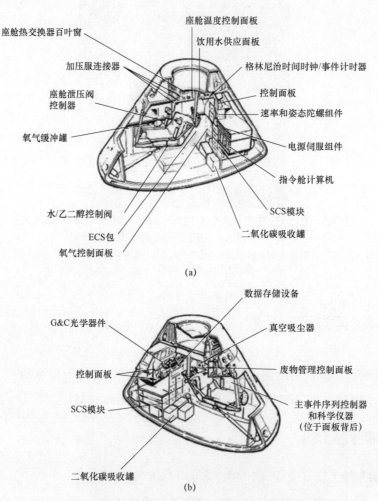

图 4.10 "阿波罗"计划飞船指令舱 LSS 的内部结构示意图
(a) 左侧；(b) 右侧

为了完成这些功能,"阿波罗"计划飞船指令舱的 LSS 由以下 6 个子系统组成:

(1)供氧子系统;

(2)加压服回路子系统;

(3)水管理子系统;

(4)温度控制子系统;

(5)废物管理子系统;

(6)着陆后通风子系统(这里不予专门介绍)。

4.4.1.1 供氧子系统

供氧子系统控制指令舱内的氧气分配,由服务舱(Service Module,SM)的低温罐进行供应[15]。它具有以下功能:

(1)储备备用氧气;

(2)调节指令舱座舱内的氧气压力;

(3)控制指令舱座舱内的压力;

(4)紧急模式下控制指令舱座舱内的压力;

(5)清洗加压服回路。

在为期 14 天的任务中,供氧子系统的氧气容量为 78 kg(每位航天员每天消耗 820 g 氧气,舱内泄漏 2.18 kg 氧气,并额外考虑了 EVA 所需要的氧气),而实际使用量较低是因为舱内的气体泄漏率低于预期所致(见表 4.6 和表 4.7)。供氧子系统在所有"阿波罗"任务的飞船中均表现良好,即无须紧急调节座舱压力,因为所有的泄压和复压操作都能够按计划成功完成[15]。

表 4.6 "阿波罗"计划 15 号飞行任务飞船指令舱的耗氧量情况[16]

用氧项目	规定量(14 天)		实际使用量(12.3 天)	
	耗氧量/kg	耗氧量/lb	耗氧量/kg	耗氧量/lb
航天员消耗	34.29	75.6	22.09	48.7
座舱泄漏	30.48	67.2	2.68	5.9
座舱复压	5.31	11.7	4.08	9.0
一次指令舱扎孔泄漏	1.63	3.6	—	—
登月舱保障	6.58	14.5	5.94	13.1

续表

用氧项目	规定量（14 天）		实际使用量（12.3 天）	
	耗氧量/kg	耗氧量/lb	耗氧量/kg	耗氧量/lb
储罐渗漏	—	—	4.45	9.8
座舱和管理子系统清洗	—	—	3.49	7.7
EVA 损耗	—	—	6.67	14.7
合计	78.29	172.6	49.40	108.9

表 4.7 "阿波罗"计划所有飞行任务中 LSS 的实际耗氧量[16]

"阿波罗"任务编号	持续的时间/天:h	耗氧量/kg
7	10:20	46.26
8	06:03	23.13
9	10:01	44.91
10	08:00	32.21
11	08:03	37.19
12	10:05	44.91
13	05:23	13.61
14	09:00	42.64*
15	12:07	49.44#
16	11:02	48.08#
17	12:14	49.90#

*其中 4.5 kg 用于低温系统的高流量验证试验；
#其中 11～13 kg 用于 EVA 损耗和座舱复增压。

4.4.1.2 加压服回路子系统

加压服回路子系统提供以下功能：

（1）为航天员提供受控大气环境；

（2）自动控制航天服内的气体循环；

（3）控制温度；

（4）清除碎片；

（5）去除水分和异味；

（6）去除座舱和加压服内的二氧化碳。

加压服回路子系统在所有任务中都表现良好。压力调节保持在所要求的 3.5～4 psia（24.1～27.6 kPa）范围内。指令舱中的大气为 60%的氧气和 40%的氮气，而加压服回路中的氧气为 100%。压力传感器显示加压服与座舱之间的差值，并使用一个阀门来确保 0.23～0.32 kg/h 氧气的恒定流量。利用氢氧化锂吸收二氧化碳，并以 0.064 kg/h 的速度予以去除，持续 24 h 不间断。以上两个子系统并联运行，将二氧化碳分压保持在 7.6 mmHg（约 1 kPa）以下。当 3 名航天员都生活在飞船中时，则每 24 h 更换一次氢氧化锂吸收单元[15]。

4.4.1.3　水管理子系统

水管理子系统提供以下功能：

（1）接收燃料电池运行后产生的饮用水；

（2）储存水；

（3）冷却并加热水；

（4）使用废水存储部件来收集和储存从航天服热交换器中提取的水；

（5）清除系统需求之外的剩余水。

水管理子系统共管理 180～225 kg 的水。燃料电池的水生产速率为 0.68～0.91 kg/h，远远超过航天员的需求，因此导致大部分水被倾倒至舱外。"阿波罗" 15 号飞行任务的水量平衡情况如表 4.8 所示。

航天员比较满意的是对热水的一处改进，尽管这一特殊功能也引起了他们的一些负面评论，因为该系统存在向水中引入气体的问题。其原因之一是，燃料电池运行时，会导致其中所产生的水被氢气饱和（在"阿波罗" 12 号及后面的飞行任务中，是利用氢分离器将这种气体从水中排走）。另一个原因是在储水囊中存在氧气。该储水囊必须在加压状态下才能排出水，但氧气会渗透过储水囊壁而导致在该囊中出现气泡。在"阿波罗" 11 号飞行任务时已及时解决了这个问题，即安装了一台气体分离器。另外，还利用盛装于特氟龙安瓿（Teflon ampoule）中的氯溶液进行水消毒[15]。

表 4.8 "阿波罗" 15 号飞行任务中 LSS 中的水量平衡情况[16]

初始飞船载水及用水类别	质量/kg
饮用水	13.15
废水	12.25
小计	**25.40**
燃料电池产水	235.57
氢氧化锂反应产水	12.25
代谢氧化产水	11.79
小计	**259.91**
饮用水箱储水	14.06
废水箱储水	23.13
人体废水	43.09
蒸发器运行用水	3.63
废水箱储水	191.42
饮用水箱储水	7.26
尿液冲洗与采样用水	2.72
小计	**248.12**

4.4.1.4 温度控制子系统

温度控制子系统提供以下功能：

（1）由水/乙二醇（ethylene glycol）组成冷却剂；

（2）为加压服回路提供制冷；

（3）为饮用水提供制冷；

（4）将座舱大气加热和制冷；

（5）通过一级和二级制冷回路提供散热功能。

温度控制子系统在所有飞行任务中都实现了充分的热控制。这种控制的一部分是通过使指令舱进行缓慢而受控的飞行滚动（又称为烧烤动作）来实现的，以确保散热器的出口温度低于 10 ℃。要使最冷的冷却剂通过加压服换热器，以确保气体得到冷却并去除冷凝水。一般情况下，需要排散的热负荷在 1 170～1 470 W 之间。

4.4.1.5 废物管理子系统

废物管理子系统提供以下功能：

（1）向飞船外倾倒尿液；

（2）储存和排放固体废物。

废物管理一直是载人航天中最令人头疼的挑战之一。在"阿波罗"12号飞行任务之前，航天员使用了尿液输送系统（urine transfer system，UTS），该系统包括一个被连接到柔性收集袋的橡胶封套（cuff）。在"阿波罗"12号飞行任务之后，开始使用尿液收集与容器组件（urine collection and receptacle assembly，UCTA），如图4.11所示。除了对各项生理指标进行采样外，飞行外科医生还对尿量进行了采样（见表4.9）。

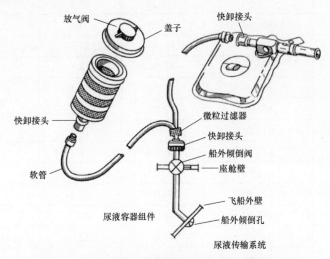

图 4.11 尿液收集与容器组件结构基本构成示意图
（来源：NASA）

表 4.9 "阿波罗"17号飞行任务中尿液取样数据[16]

航天员	采样时间（地面掠过时间（ground elapsed time，GET））			
	飞行前预测时间/（h:min）	实际时间/（h:min）	样品体积/mL	计算的储备容量/mL
指令舱航天员	18:30	18:50	110.7	1 154
	35:00	34:36	85.5	811
	58:45	58:22	91.0	1 875
	83:30	83:22	89.9	1 034

续表

航天员	采样时间（地面掠过时间（ground elapsed time，GET））			
	飞行前预测时间/（h:min）	实际时间/（h:min）	样品体积/mL	计算的储备容量/mL
指令舱航天员	107:00	110:00	83.2	1 500
	133:00	133:00	86.3	769
	156:10	156:10	74.8	1 667
	180:45	180:40	104.9	2 000
	208:00	208:30	70.4	1 500
	230:25	230:28	84.0	1 200
	252:50	252:45	93.7	1 304
	276:50	276:30	89.8	938
	300:30	299:50	116.1	1 667
登月舱航天员	18:30	18:30	84.8	750
	35:00	34:40	78.8	448
	58:45	58:20	118.0	789
	83:30	83:20	74.8	789
	107:00	110:00	78.8	1 250
	230:25	230:30	71.9	714
	252:50	252:15	80.9	1 111
	276:50	276:25	87.1	1 304
	300:30	300:15	104.7	1 579
指令长	18:30	18:46	82.0	395
	35:00	34:40	38.7	337
	58:45	58:10	94.0	750
	83:30	83:15	60.1	652
	107:00	110:00	71.1	938
	230:25	230:28	90.2	1 000
	252:50	252:50	98.7	1 429
	276:50	276:30	108.6	1 154
	300:30	299:52	137.3	2 500

当航天员穿着加压服开展 EVA 期间，会将尿液收集与容器组件（见图 4.12）戴在液体冷却服（liquid cooling garment，LCG，简称液冷服）之上。当需要大便

时，航天员依靠一个被粘在下体的塑料袋（采用 Stomaseal 胶带）来收集废物。完成排泄后，航天员密封并揉捏袋子，以将杀菌剂与排泄物混合。在表面作业期间，袋式粪便收集系统并不可行，因此会使用航天员尿布来完成收集[15]。

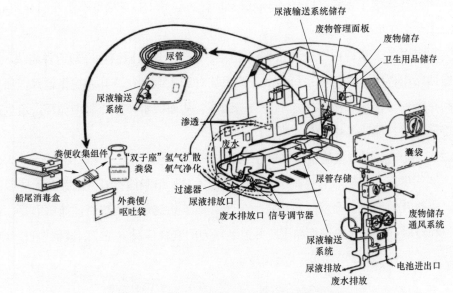

图 4.12 尿液收集与容器组件结构分解示意图
（来源：NASA）

从工程学的角度来看，"阿波罗"计划飞船的废物管理系统运行得相当好，但航天员并没有给该系统很多好评。其主要原因是，一个反复出现的问题是操作该系统所需要的高操作负荷，另一个问题是操作不便而导致尿液频繁溢出。航天员在使用粪便袋时会遇到更多麻烦，甚至需要掌握特殊技能才可以防止袋中的废物出现泄漏。另一个关于粪便袋操作的问题是完成这个过程所需要的时间——每天需要 45 min[15]。在听取了"阿波罗"号航天员的几次问题反馈之后，科研人员试图升级"阿波罗"16 号航天员的废物管理子系统，但该任务的航天员认为这些尝试也失败了。

4.4.2 登月舱 LSS

登月舱（LM）的 LSS 由以下 4 个子系统组成：

（1）大气再生子系统（atmosphere revitalization subsystem，ARS）；

（2）氧气供应与座舱压力控制子系统（oxygen supply and cabin pressure control subsystem，OSCPCS）；

（3）水管理子系统（water management subsystem，WMS）；

（4）热输送子系统（heat transport subsystem，HTS）（这里不予专门介绍）。

4.4.2.1 大气再生子系统

大气再生子系统由一个加压服回路组件和一个加压服液体冷却组件组成。加压服回路组件由一个闭环系统组成，该系统对加压服进行冷却并提供通风。加压服回路组件与加压服液体冷却组件协同工作，从而使水在液冷服中循环，这也有助于清除登月舱座舱中的灰尘[17]。

4.4.2.2 氧气供应与座舱压力控制子系统

氧气供应与座舱压力控制子系统（见图4.13）用于储存氧气，并向加压服回路、座舱及便携式生命保障系统提供氧气。该子系统还负责维持座舱压力[17]，在换位和对接后对登月舱进行加压，并监测压力的衰减情况。在"阿波罗"11号和

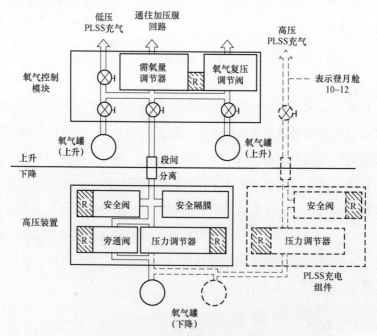

图4.13 氧气供应与座舱压力控制子系统的工作原理图

（来源：NASA）

说明：R表示冗余组件

17 号飞行任务之间，泄漏率为 0.03~0.05 lb/h（约 13.6~22.7 g/h）（最大允许泄漏率为 0.2 lb/h（约 90.7 g/h））。在"阿波罗"17 号飞行任务期间，消耗的氧气量为 46.2 lb（约 21.0 kg）（飞行预测值为 45.5 lb（约 20.7 kg））。

4.4.2.3 水管理子系统

水管理子系统为航天员提供饮用水，并加注 PLSS 水箱。该子系统的另一个功能是冷却加压服组件、座舱和电子设备。在升华器内，由水和乙二醇组成的冷却剂会通过冷却剂回路，利用热传输段升华器（sublimator）来实现冷却功能。一次飞行任务的耗水量约为 400 lb（约 181.4 kg），其中 2.3 lb（约 1.0 kg）被用于填充升华器，10 lb（约 4.5 kg）被用于重新填充 PLSS，8 lb（3.6 kg）被用于代谢废物[17]。在登月舱内处理废物的过程与在指令舱上的不同，航天员会依靠加压服内的尿液容器和尿液转移软管将尿液排放到废液容器中。目前，人类尚未在月球表面上倾倒过废物（如果这类事件发生，则一定会受到媒体的严厉批评！）。

4.4.3 LSS 问题分析

"阿波罗"13 号飞行任务或许比任何其他飞行任务都更能凸显出"阿波罗"计划飞船 LSS 的局限性和多功能性。"阿波罗"13 号飞船在其发射 56 h 后就被中止，原因是当时服务舱中的氧气供应被中断，从而导致指令舱的 LSS 不再有氧气、水或电力供应。为了保存航天员仅有的少量生命保障消耗品，航天员对复压包装箱进行了隔离，对水箱进行了减压，并关闭了指令舱电源。航天员进入登月舱，在任务剩余的 83 h 内（是登月舱预定极限时间的 2 倍），登月舱充当起救生艇的功能。当转移到登月舱后，就立即开始出现问题，因此必须降低功率以限制热负荷，而且必须限制水消耗率以减少热负荷。由于在登月舱中没有足够的氢氧化锂罐，因此航天员们不得不拼凑设计了一套系统（见图 4.14），即利用被绑在增压室（使用强力胶布）上的加压服回流软管来清除二氧化碳。该系统被使用了近 2 天，直到指令舱被重新激活后登月舱才被丢弃。

另外，月尘（lunar dust）（见图 4.15）是整个"阿波罗"计划月面操作任务中遇到的一个主要的生命保障问题（表 4.10 列出了其他问题）。尽管登月舱的航天员尽了最大努力，但是指令舱在每次月面停留后都会受到污染。为了快速去除月尘,技术人员开发了若干种过滤器,使用了手持式真空吸尘器,并尝试了使舱内气体进行连续循环,但都无济于事。

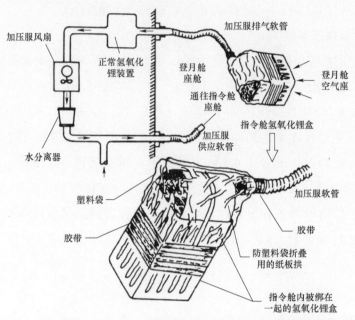

图 4.14 "阿波罗"13 号航天员临时解决二氧化碳去除问题的方法流程图
(实际上,是地面任务评估室的工程师解决了问题,然后将解决方案发送给航天员。
来源:NASA)

图 4.15 在月球上被月尘覆盖的最后一个人——最后一位在月球上行走的航天员吉恩·塞尔南(Gene Cernan)
(来源:NASA)

表 4.10 "阿波罗"计划飞船执行任务期间所遇到的问题总结[16]

问题描述	"阿波罗"计划飞船编号	原因	任务影响	纠正措施	对未来系统设计的建议
供氧子系统					
氧气流量高（程序错误）	大部分	手动舱外排气阀保持打开状态	氧气用量增加	无	使手动排气阀具有定时关闭功能（time-to-close feature）
氧气罐复压缓慢	9号	阀门指示器错位—阀门部分关闭	无	飞行前检查	包括更醒目的止动器或整体位置标识
风扇控制子系统					
噪声大	全部	缺乏噪声抑制	停止使用大多数风扇	无	增加声学设计要求
操作失败	9号	在扇区内有异物	无	检查	用滤网保护风扇进出口
CM/LM 仪表读数不一致	15号	阀门位置指示箭头脱落	在完整性检查中出现混淆	用金属箭头取代	在手动装置中增加指示器设计
加压服回路子系统					
返回滤网部分堵塞	全部	来自操作过程中产生的座舱碎片	每天要求航天员进行清洁	纳入航天员操作程序	设计便于清洁或更换的过滤器
在加压服软管中出现游离水	7号，15号	加压服换热器冷凝水流量在发射前减少	无（出现轻微水滴）	改进维修技术	尽量减少使用烧结板或采取就地恢复到原始状态的设计
氢氧化锂盒在储罐内粘在一起	16号	不利操作条件：温度控制故障和流量阀错位	无	加强飞行前匹配检查要求，修订乘组操作程序	针对应急情况进行设计，使用自动阀以尽量减少航天员操作
温度控制子系统					
蒸发器干燥	7号，8号，9号	毛细材料传感器的所在位置不能反映毛细材料的湿度	需要手动维护	去除传感器附近的局部海绵	充分开发六轴测试液体系统，以验证微重力下的操作
蒸发器干燥	10号	微动开关失调	需要手动维护	增加飞行前检查	在安装后应对限位开关进行单独验证

续表

问题描述	"阿波罗"计划飞船编号	原因	任务影响	纠正措施	对未来系统设计的建议
冷却剂管路上发生冷凝	全部	管路未被完全隔热	无	增加管路隔热	为在露点以下运行的管路提供充分隔热。尽可能将最冷的管路放置在远离电子设备的位置
主累加器（primary accumulator）数量减少	11号	由于旋钮间隙（knob play）过大，阀门未被完全关闭	无	无	提供更大的制动器，消除旋钮和阀门之间的所有间隙
乙二醇温度超过控制公差	11号	控制阀驱动结构中的轴承发生故障	无（恢复良好）	无	在控制阀上使用限位开关，以防止阀门处于端部停止位置时发出连续的驱动信号
散热器出口温度高于预期	15号	月球姿态保持不变（lunar attitude holds），且发射期间可能出现散热器涂层脱落	座舱冷凝增加而导致温度漂移过大	无（"阿波罗"15号特有的发射程序）	尽可能保护热涂层免受任务污染。配置为最小姿态保持冲击（configure for minimum attitude hold impact）
乙二醇温度控制器在自动模式下出现故障	16号	可控硅整流器（silicon controlled rectifiers，SCR）在没有栅极驱动信号的情况下开启	需要手动控制，以增加冷凝并使氢氧化锂成分膨胀	筛选控制器以确定SCR的状况	在电子设计阶段，包括适当的部件降级（derating）和部件应用
水管理子系统					
饮用水中出现气体	全部	燃料电池载气和气囊渗透气体	航天员不适	添加氢气分离器和气体分离器组件	去除气体囊式和毯式储罐，提供足够的气体分离器
热水阀门泄漏	12号，14号	热水的参数测量值范围增加（tolerance buildup）	无	增加了热水排出试验	在所有操作模式下进行系统检查
饮用水箱无法加注	15号	止回阀座上出现污染	无	无	验证系统的清洁度，并过滤所有进入飞船的液体
氯气和缓冲安瓿在注射时泄漏	15号，16号，17号	由于舱壁和端板之间的挤压问题而导致内袋破裂	需要占用航天员更多的时间，并需要清理	增加了检验要求并修订了乘组操作程序	提供自动或半自动系统，以减少乘组操作程序

续表

问题描述	"阿波罗"计划飞船编号	原因	任务影响	纠正措施	对未来系统设计的建议
废物管理子系统					
尿液过滤器部分堵塞	12号	因为通宵存放而导致尿液分解	需要更换备件	修订了乘组操作程序；为需要存储的任务增加了更大的过滤器	在初始设计期间预测应急需求
排尿管路部分冷冻	14号	未能确定	尿液备份发生临时堵塞	修订了乘组操作程序，以尽量减少冲洗并要求用气体清洗	尽量减少排尿管路的长度，提供足够功率的加热器和孔口尺寸
其他子系统					
真空吸尘器无法工作	16号	涡轮叶轮和壳体之间出现灰尘积聚	清理时间延长	修订了乘组操作程序	用过滤器充分保护所有风扇
仪表校准偏移，操作不稳定且发生故障	大部分	污染或内部和外部产生的腐蚀及电子故障	使用了备用仪器，并修改了飞行程序	添加了内部环氧涂层，提供入口过滤器，通过循环消除腐蚀并修改设计	使用过滤器保护压力传感器（包括静态感测线），因为在微重力条件下可能发生污染物迁移

4.4.4 舱外机动装置

"阿波罗"计划的舱外机动装置（Extravehicular Mobility Unit，EMU）是为一系列特殊任务设计的，其中之一就是探索月球表面。舱外机动装置（见图4.16）由一套加压服组件和一套 PLSS 组成，能够在月球表面进行长达 7 h 的作业。以下对在"阿波罗"11 号飞行任务中使用的舱外机动装置予以简要介绍。

4.4.4.1 加压服组件

为舱内活动（intravehicular activity，IVA）而设计的将加压服组件（见表4.11），由指令舱内的航天员穿着；而用于 EVA 的加压服组件，由指令长和登月舱内的航天员穿着[15]。这两种类型的加压服都包括一套躯干—肢体服装组件（torso-limb suit assembly，TLSA）、一层耐磨层（over layer）、一件头盔、两只手套、若干控制器以及一套仪器和通信设备（见图4.17）。

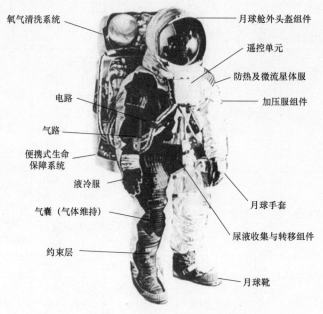

图4.16 "阿波罗"计划航天员舱外机动装置外部结构

（来源：NASA）

表4.11 加压服组件的基本性能指标

项目类别	技术指标
重量/kg	19.69
工作温度范围/K①	±394
最大泄漏率/（scc*·min^{-1}） （压力为25 511 N/m（3.7 psi）最大值时）	180
工作压力/（N·m^{-2}）	25 855±1 724
结构压力/（N·m^{-2}）	41 369
耐受压力/（N·m^{-2}）	55 158
破裂压力/（N·m^{-2}）	68 948

4.4.4.2 躯干—肢体服装组件

躯干—肢体服装组件由加压服组件中覆盖身体的部分组件（见图4.18）组成，

---

* 译者注：scc 代表标准立方厘米（standard cubic centimeter）。
① 此单位非法定计量单位，K = −273.15 ℃。

即除头部和手部外的组件。躯干—肢体服装组件的压力囊，是一种覆盖有尼龙约

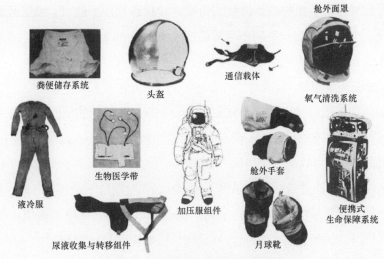

图 4.17 加压服组件的基本结构构成
（来源：NASA）

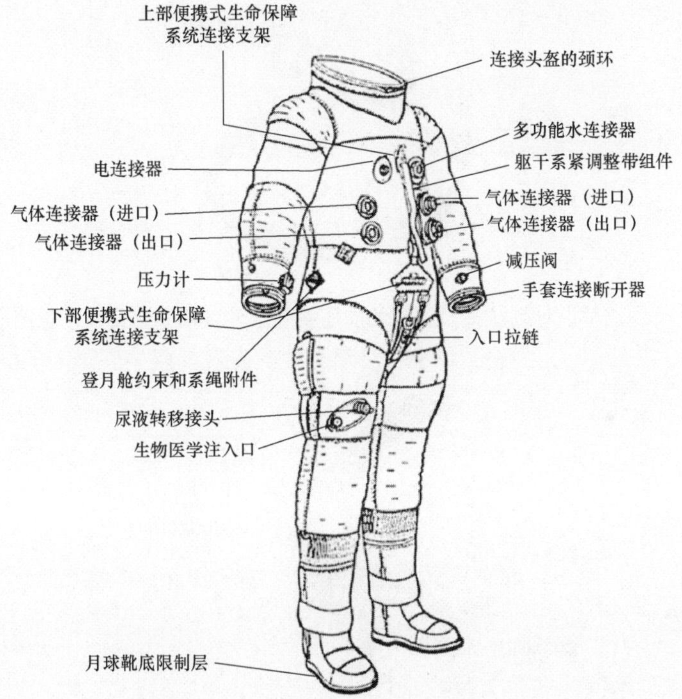

图 4.18 躯干—肢体服装组件的舱外结构构型
（来源：NASA）

束层并带有氯丁橡胶涂层的尼龙织物。在右大腿的位置内置了一个生物医学注入口,航天员可以在不影响气体滞留的情况下自行进行皮下注射。加压服组件的内层是尼龙,上面连接着一系列不可折叠的管道,旨在改善通风系统。通风系统将气流导入头盔,以帮助航天员进行呼吸,并提供除雾功能[16]。

4.4.4.3 加压头盔组件

在加压头盔组件(pressure helmet assembly,PHA)的上面,配备了一块由高光学性能的聚碳酸酯(polycarbonate)塑料制成的面罩(visor)(见图 4.19)。PHA 内有一个进料口,可以插入水和食物的探针,在组件的背面有一个用作头枕的泡沫通气垫。月球面罩组件包括三块眼罩(eyeshade)(分别位于中间和两侧)和内外两层面罩。其外面罩是由高温聚砜(polysulfone)塑料制成的遮阳面罩,与内侧防护面罩(图 4.20)一起保护航天员免受红外线和微流星体的伤害。

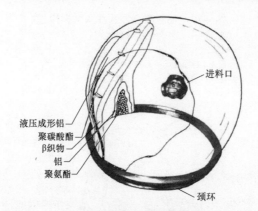

图 4.19 "阿波罗"计划航天员佩戴的加压头盔组件背面外部结构示意图
(来源:NASA)

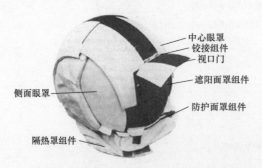

图 4.20 "阿波罗"计划航天员佩戴的加压头盔组件前面和侧面外部结构示意图
(来源:NASA)

4.4.4.4 加压手套

加压手套是一种多层组件,其通过一个快卸接头被连接到躯干—肢体服装组件上。由镍铬合金-R(Chromel-R)层提供耐磨保护,拇指和其他手指的指尖由带有橡胶涂层的高强度尼龙制成。

外壳组件通过紧固带、固定带和氯丁橡胶黏合剂安装到加压手套上。为了增加舒适感和有助于吸收汗液,航天员在加压手套下面会佩戴尼龙针织手套[16]。

4.4.4.5 综合防热及微流星体服

综合防热及微流星体服(integrated thermal and micrometeoroid garment,ITMG),包括覆盖躯干—肢体服装组件的多层组件。由于综合防热及微流星体服(见图 4.21 和见图 4.22)具有聚四氟乙烯(Teflon)层和镍铬合金-R 层,因此其具备防磨损保护的功能。

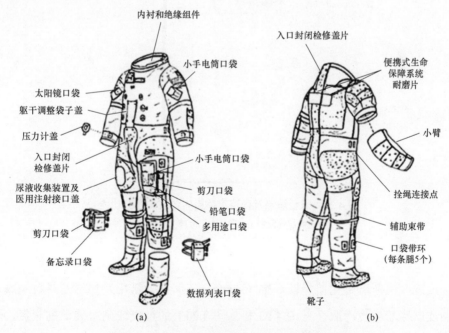

图 4.21 综合防热及微流星体服结构构成示意图

(a)正面视图;(b)背面视图

(来源:NASA)

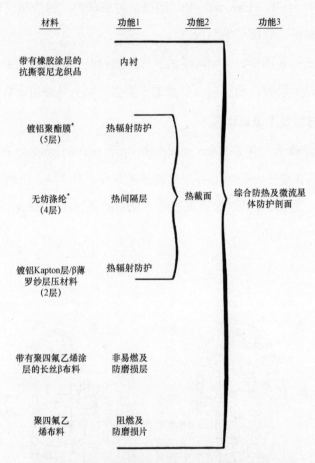

图 4.22 综合防热及微流星体服内各结构层的功能

(*绝缘层与间隔层交替排列,来源:NASA)

4.4.4.6 液冷服

液冷服由斯潘德克斯弹性纤维(spandex,简称为氨纶)和尼龙材料制成,紧贴皮肤穿着。液冷服(见图 4.23 和见图 4.24)通过集成到服装中的聚氯乙烯(polyvinglchloride,PVC)管网提供稳定的温控水(由登月舱或便携式生命保障系统供应)(见表 4.12)。

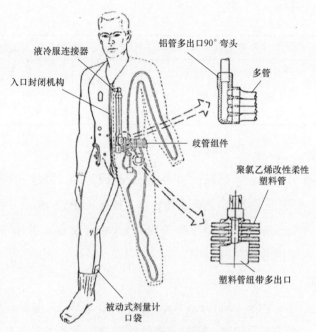

图 4.23 液冷服基本结构示意图
（来源：NASA）

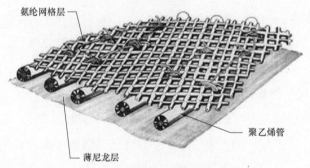

图 4.24 液冷服的结构材料
（来源：NASA）

表 4.12 液冷服的基本物理特性[16]

参数类别	主要性能指标
重量/kg	2.09
工作压力/（N·m^{-2}）	28 958～158 579
结构压力/（N·m^{-2}）	217 185±3 447
耐受压力/（N·m^{-2}）	217 185±3 447

续表

参数类别	主要性能指标
爆裂压力/(N·m^{-2})	327 501
泄漏率/(cm^3·h^{-1}) (条件：温度为 7 ℃，压力为 131 000 N/m^2 (19 psi))	0.58

4.4.4.7 月球靴

月球靴由两层组成。除鞋底（由 Nomex*制成）外，外层由被镍铬合金–R（Chromel–R）和聚四氟乙烯浸渍过的 β 布（beta cloth）制成，而内层由两层聚酰亚胺薄膜（Kapton）和 5 层聚酯薄膜（Mylar）制成，并由涤纶（Dacron）和盖有聚四氟乙烯的 β 布隔开。[16]

4.4.4.8 常穿服

由棉布制成的常穿服（constant wear garment，CWG）紧贴皮肤穿着，它为航天员提供了一种舒适的环境，同时具有吸汗功能。另外，它具有一个裤门襟和一个后接口，以便于航天员完成相关身体功能。

4.4.4.9 通信载体

通信载体（communications carrier）的特点是，将麦克风和耳机嵌入盔型帽（skull cap）内，以便航天员能够相互通话和实施任务控制。

4.4.4.10 便携式生命保障系统

便携式生命保障系统（PLSS）包括一个背包（见图 4.25），该背包为航天员提供呼吸用氧、防护服压力控制，清除二氧化碳、微量污染物和气味，控制温度并提供故障警告（见表 4.13）等功能。PLSS 还向加压服组件提供氧气，并向液冷服提供水。这些子系统包括通风回路、供氧、液体输送回路、给水回路和电源等结构部件。通风回路子系统（见图 4.26）实施污染物控制、调节温度并确保湿度保持在标称范围内；供氧子系统负责提供给防护服加压和航天员呼吸所需要的氧气；液体输送回路子系统负责温度控制，来自液冷服的水通过水连接器进入回路，然后通过升华器被运送，从而将热量传递出去；给水回路子系统向升华器提供多余的水以进行冷却；电源子系统为风机和泵电机组件、通信系统及仪器等提供动

---

* 译者注：Nomex 被译为诺梅克斯，是一种间位芳纶。

力，而这些设备被安装在胸部的远程控制装置中（见图4.27）[16]。

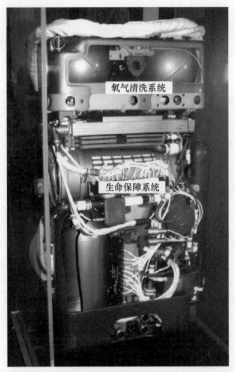

图4.25 "阿波罗"计划航天员便携式生命保障系统基本结构外观图
（来源：NASA）

表4.13 便携式生命保障系统的基本规格[16]

项目类别	规格设计要求	
	"阿波罗" 11～14号	"阿波罗" 15～17号
平均代谢负荷/(J·h⁻¹)	6 894	6 694
代谢峰值负荷/(J·h⁻¹)	8 368	8 368
最大热向内泄漏率/(J·h⁻¹)	1 046	1 255
最大热向外泄漏率/(J·h⁻¹)	1 046	1 464
最大二氧化碳分压/mmHg	15（约2 kPa）	15（约2 kPa）
加压服组件压力/psia	3.85（约26.5 kPa）	3.85（约26.5 kPa）
通风流量/(m³·min⁻¹)	0.155 7	0.155 7
持续时间/h	4	7
充氧压力/psia（在约294 K（约21 ℃）条件下）	1 020（约7.0 MPa）	1 410（约9.7 MPa）

续表

项目类别	设计要求	
	"阿波罗"11～14号	"阿波罗"15～17号
电池容量/W-h	279	431
应急用氧		
最短持续时间/min	30	30
最大流量/(kg·h^{-1})	3.63	3.63
加压服组件压力/psia	3.7（约25.5 kPa）	3.7（约25.5 kPa）

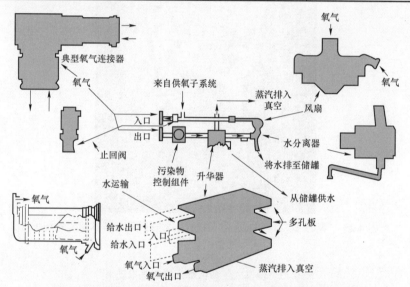

图4.26 便携式生命保障系统的通风回路子系统结构示意图
（来源：NASA）

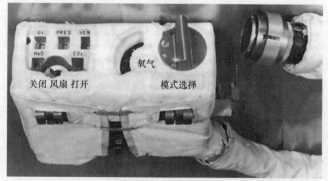

图4.27 便携式生命保障系统的远程控制装置
（如果任何一个加压服子系统出现故障，则该装置就会向航天员发出信号。这些故障包括低通风流量、低加压服组件压力、高氧气流量和高二氧化碳含量。来源：NASA）

在"阿波罗"时代的所有生命保障技术中,舱外机动装置(见图 4.28)是最卓越的技术之一。尽管航天员报告了一些问题,比如手套不够灵巧,面罩容易刮伤,但舱外机动装置从未出现过哪怕是轻微的故障。舱外机动装置在出入月球时的性能完美无瑕,它具有航天员执行登月任务所需要的机动性和平衡性,而且非常舒适,甚至一些航天员报告说,他们几乎忘记了自己穿的是加压服。这套加压服的一个突出特点是它的耐用性,已由"阿波罗"17 号任务的 7 h 37 min 的出舱活动证明了这一点,这是"阿波罗"计划中时间最长的出舱活动。"阿波罗"计划航天员的生命保障系统的性能和该项目的生物医学结果已被发表在 NASA 出版物 SP—368(第六节:生命保障系统)中。继"阿波罗"计划之后,生命保障系统技术在"天空实验室"和"阿波罗-联盟"实验项目任务期间继续得到发展,但该技术的下一次突破是由"航天飞机"项目带动的,这是下一节所要介绍的重点。

图 4.28 "阿波罗"17 号航天员哈里森·施密特(Harrison Schmitt)在陶拉斯–利特罗(Taurus-Littrow)着陆点的首次太空行走期间收集样本

(来源:NASA)

4.5 航天飞机

在 20 世纪 80 年代问世的航天飞机(图 4.29)中,其生命保障系统被分为以下 8 个子系统:

(1)大气再生子系统(air revitalization subsystem,ARS);

(2)水冷却剂回路子系统(water coolant loop subsystem,WCLS);

（3）大气再生压力控制子系统（atmosphere revitalization pressure control subsystem，ARPCS）；

（4）主动热控制子系统（active thermal control subsystem，ATCS）；

（5）供水和废水储存子系统（supply and wastewater subsystem，SWWS）；

（6）废物收集子系统（waste collection subsystem，WCS）；

（7）气闸保障子系统（airlock support subsystem，ASS）；

（8）舱外活动机动装置和高级航天员逃生服子系统（extravehicular activity mobility unit，and advanced crew escape suit subsystem）。

图 4.29　2006 年 7 月 6 日"发现"号航天飞机抵近国际空间站

（在有效载重舱内，可以看到"列奥纳多"多用途物流舱（Leonardo Multipurpose Logistics Module）。

来源：NASA）

4.5.1　大气再生子系统

大气再生子系统将相对湿度控制在 30%～75% 之间，将二氧化碳保持在可呼吸的浓度，将温度控制在舒适的水平，保持足够的通风并对飞行甲板和中间甲板上的航空电子设备进行冷却。该子系统包括一系列水冷却回路、座舱大气回路和压力控制装置等[18]。座舱大气被导入位于航天员居住舱内的热交换器，在那里通过水冷却剂回路被冷却。水冷却液从航天员居住舱的热交换器中收集热量，并将这些热量转移到主动热控制子系统的热交换器中。

主动热控制子系统会通过氟利昂-21 冷却剂回路、冷板网络和散热器系统来对热量进行调控；另一种散热方式是通过安装在有效载荷舱门内的散热器板来散热。该系统的工作原理是通过有效载荷舱门排出大部分热量,但在返回大气层前必须关闭该舱门时,则由闪蒸器(flash evaporator)进行接管。当航天飞机返回到 100 000 ft(30 480 m)的高度[18]时,由于大气压力而导致闪蒸器无法运行,此时氨热水器则开始发挥散热作用。

大气再生子系统的核心是 5 个大气回路,其中 1 个用于座舱,3 个用于航空电子设备舱,1 个用于惯性测量单元(inertial measurement unit,IMU)。大气在座舱内循环时,会收集热量、气味和二氧化碳。然后,大气通过过滤器被吸入座舱回路,并被引入到氢氧化锂罐中,在那里二氧化碳被清除。这些罐体每 12 h(七人乘组时为 11 h)被更换一次。最后,座舱大气被引导通过座舱热交换器,并通过水冷却回路进行冷却。航天员居住舱的容积为 2 300 ft^3(约 65 m^3),这意味着在流速为 330 ft^3/min 的情况下,航天员居住舱内的大气每 7 min 被更换一次[18]。

4.5.2 水冷却剂回路子系统

水冷却剂回路子系统在座舱的大气水冷却剂回路热交换器处收集热量,热量被传递到水冷却剂回路,然后水冷却剂回路在水和氟利昂-21 冷却剂回路交换器处传递热量,这一系列热交换为航天员舱提供了热调节功能。同时,水冷却剂回路系统也为航空电子设备舱提供热调节功能,其中航空电子设备运行产生的热量在传输到水冷却剂回路系统之前,会被传输到冷板[18]。

4.5.3 大气再生压力控制子系统

大气再生压力控制子系统将座舱压力保持在 14.7 psia(约 101.4 kPa,其中含有 80%氮气和 20%氧气),其中氧分压被保持在 2.95~3.45 psia(20.3~23.8 kPa)之间。氧气由位于机身中部的两个低温存储系统提供,而氮气则由同样位于机身中部的两个氮气罐提供。氮气还被用于给中甲板下方的饮用水加压。这些水由三组燃料电池发电产生,用于航天员消耗,也用于闪蒸器系统[18]。

大气再生压力控制子系统由氮气及氧气控制,由监测正压和负压的分压传感器进行监测,并利用安全阀进行调节。每名航天员平均每天消耗 1.76 lb(约 0.8 kg)

氧气。氮气罐由凯芙拉纤维（芳纶纤维）制成，被加压至 3 300 psia（约 22.8 MPa）。氮气浓度由供应阀控制，并通过分阶段降低压力的方法来调节座舱的氮气供应。该操作是通过航天员居住舱内的氮气控制器完成的。这些控制器通常被设置为"常态"或"自动"模式。在"自动"模式下，系统的工作原理如下：当氧气分压传感器检测到需要氧气时，氮气供应阀则立即自动关闭，然后，氧气流经止回阀，以补充所需要的氧气分压[18]。为了确保航天员能够收到全部偏离标称参数的警告，在 F7 面板上装有一个红色的座舱大气警告灯。当超过以下参数范围时，红色警告灯点亮：

（1）检测到座舱压力低于 14 psia（约 96.5 kPa）或超过 15.4 psia（约 106.2 kPa）；

（2）检测到氧气分压低于 2.8 psia（约 19.3 kPa）或高于 3.6 psia（约 24.8 kPa）；

（3）检测到氧气流速超过 5 lb/h（约 2.27 kg/h）；

（4）检测到氮气流速超过 5 lb/h（约 2.27 kg/h）。

在缓慢或快速减压的情况下，喇叭就会响起，如果压力下降速度超过 0.05 psi/min（约 345 Pa/min），则主报警指示灯会亮起。为了防止航天员承受过度增压，在航天员舱内安装了安全阀。为了缓解过度增压，航天员只需将安全阀切换到"启用"状态，即可以高达 150 lb/h（约 68 kg/h）的速度释放气体[18]。同样，如果检测到低于正常压力，则启动负压安全阀，系统会以高达 654 lb/h（约 297 kg/h）的速度向座舱提供气体。

4.5.4　主动热控制子系统

主动热控制子系统在水冷却剂回路/氟利昂-21 冷却剂回路的交换器处排出 ARS 的热量。该子系统还为低温氧气及氧气供应管路提供热量。该子系统包括两个氟利昂-21 冷却剂回路（见图 4.30），这两个回路均包括一组冷板网络、一台液体热交换器、一套散热器系统、一台闪蒸器和一台氨热水器[18]。

在轨道运行期间，一旦有效载荷舱门被打开，暴露在太空的（氟利昂）散热器板（见图 4.31）就会进行散热。但是，在地面运行及从 $T+125$ s（从升空到 $T+125$ s，通过热滞后实现散热）到进入轨道期间，散热是通过图 4.30 中所示的氟利昂-21 冷却剂回路实现的。在返回大气层时，闪蒸器子系统一直运行，直至达到 100 000 ft（约 30 480 m）的高度，此时氨热水器提供散热功能[18]。

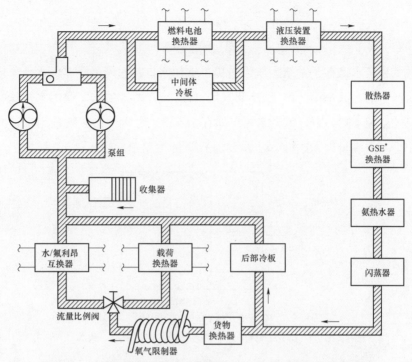

图 4.30　主动热控制子系统中氟利昂–21 冷却剂回路工作原理图
（*GSE 代表地面支持设备（ground sufport equipment）。每个冷却剂回路由一套泵组组成，泵包括两台液体泵和一台收集器。来源：NASA）

（约）

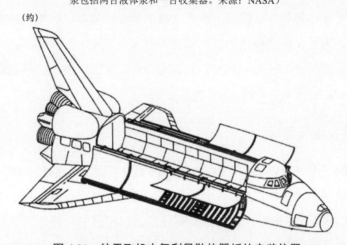

图 4.31　航天飞机中氟利昂散热器板的安装位置

（散热器位于轨道器（Orbiter）有效载荷舱门的下方。到达轨道后，舱门被打开，散热板则开始散热。散热系统由三块面板（由铝蜂窝面板构成）组成，其散热速度高达 21 500 Btu[①]/h。散热器流量控制阀组件位于机身后部，可自动或手动操作。主动热控制子系统的另一个组成部分是氨热水器，当轨道器在 100 000 ft（约 30 480 m）以下（在再入过程中）时，它开始冷却氟利昂–21 冷却剂回路。来源：NASA）

---

① 此单位为非法定计量单位，1 Btu = 1.055 056 kJ。

4.5.5 供水和废水储存子系统

供水和废水储存子系统为航天员提供饮用水,并为闪蒸器提供水。水是由燃料电池产生的,其每小时产生 25 lb(约 11.3 kg)的饮用水。饮用水被储存在 4 个水箱(见图 4.32)中,每个水箱可储存 165 lb(约 74.8 kg)的饮用水。废水被储存在另一个容量为 165 lb(约 74.8 kg)[18]的水箱中。

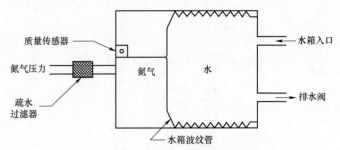

图 4.32 水箱结构示意图
(水箱用氮气加压,疏水过滤器用于防止任何泄漏的水进入水箱。来源:NASA)

燃料电池产生的水富含氢气,这就是为什么水首先被引导到氢气分离器(基本上是一种钯管矩阵(matrix of palladium tube))中,氢氧分离器去除掉85%的氢,然后将氢气排到舱外。最后,水通过微生物过滤器,这时微生物过滤器会向水中添加碘。为了饮用,冷水的温度被控制在 43 ℉~55 ℉(6.1 ℃~12.8 ℃),热水的温度被控制在 155 ℉~165 ℉(68.3 ℃~73.9 ℃)。另外,环境温度被控制在 65 ℉~95 ℉(18.3 ℃~35 ℃)[18]。

4.5.6 废物收集子系统

废物收集子系统(WCS)(见图 4.33)位于中甲板上。它被用来收集、储存、干燥和处理航天员产生的废物。WCS 装有一扇门,在飞行前,当航天员必须进入 WCS 上方的飞行甲板时,该门则具有作为入口平台的功能。

废物收集子系统包括 1 只马桶、1 只小便器、若干台风扇分离器、若干台气味过滤器、1 台真空通风口断开装置和若干台控制装置。如图 4.33 所示,疏水袋内衬被用于储存固体废物。在使用过程中,马桶被加压,通过气体的流动来确保废物朝着正确的方向移动。小便器基本上是一个被连接在软管上的漏斗,而在软管上安装了一台风扇分离器来确保液体流到应该流到的地方。另外，提供了脚部约束装置（foot restraint），而且维可牢（Velcro）尼龙搭扣带有助于在使用 WCS 时固定航天员的脚。定位是通过把手和被巧妙定位的摄像机实现的[18]。

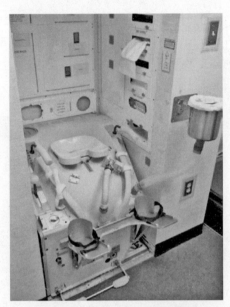

图 4.33 废物收集系统外观图

（航天员迈克·穆兰（Mike Mullane）介绍说，"在微重力下进行排便需要一些微妙的操作：NASA 在马桶训练器输送管道的底部安装了 1 只摄像头。在该训练器内有一盏灯可照亮身体的一部分，而这部分通常得不到很多阳光。将一台监视器直接放置在该训练器的前面，该监视器带有一个有用的"十"字线标记，以用于指示输送管道中心的确切位置。航天员在训练时，会把自己夹在这个马桶上，扭动身体，直至看到一个完美的靶心（bull's-eye）。当航天员做到这一点时，将要求他们记住大腿和臀部相对于夹具和其他座椅标志的位置"。来源：NASA）

4.5.7 气闸舱保障子系统

气闸舱（见图 4.34 和图 4.35）位于中间甲板上，它使航天员能够在穿着加压服的同时从中甲板转移到有效载荷舱，而无须对轨道器进行减压。气闸舱的直径为 63 in① （约 1.6 m），长度为 83 in（约 2.1 m），体积为 150 ft³（约 4.2 m³），足够容纳两名航天员。在气闸舱内可进行减压和复压、EVA 设备充电、液冷服的冷却和穿戴以及通信。为了便于航天员进行太空行走前后的操作，在气闸舱内配备了扶手、脚部约束装置和泛光灯[18]。

---

① 此单位为非法定计量单位，1 in≈25.4 mm。

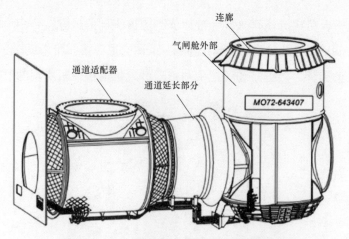

图 4.34 气闸舱保障子系统外部结构示意图
（来源：NASA）

图 4.35 "亚特兰蒂斯"号航天飞机气闸舱保障子系统外观图
（这是打开有效载荷舱门后可看到的气闸舱外形。来源：NASA）

4.5.8 舱外活动机动装置和高级航天员逃生服子系统

舱外活动机动装置为航天员提供了所有的生命保障需求，包括氧气供应、二氧化碳清除、加压环境、温度和湿度控制及微流星体/轨道碎片（MMOD）保护。在第 6 章，将专门介绍舱外活动机动装置和预呼吸程序。另外，在完成对航天飞机生命保障系统的概述之前，有必要提及航天员高度保护系统（crew altitude protection system，CAPS），该系统后来被改进成为高级航天员逃生服（advanced crew escape suit，ACES）（见图 4.36）。这套逃生服由大卫·克拉克公司（David Clark Company）制造，是航天员在发射和返回大气层时穿的加压服。高级航天员逃生服是一种全压防护服，除了表 4.14 中列出的功能外，还具有液体冷却、紧急呼吸功能以及提供紧急情况下的生存硬件条件。

图 4.36　航天飞机航天员穿着高级航天员逃生服练习紧急逃生程序
（来源：NASA）

表 4.14　高级航天员逃生服具备的特点和能力

序号	特点和能力
1	全压服（发射和返回）、手套、靴子、头盔
2	提供 3.46 psi（约 23.86 kPa）的标称工作压力
3	在低海拔救援和地面逃离情况下提供保护
4	能够根据开环或闭环需求运行呼吸系统
5	配有紧急呼吸系统
6	配有液体冷却系统
7	配有耳机通信系统
8	配有搜救识别和应急通信硬件
9	配有高空自动充气降落伞
10	配有自动充气救生圈
11	配有饮用水包

参考文献

[1] Daues, K. A history of spacecraft environmental control and life support systems [OA]. https://ntrs. nasa. gov/search. jsp? R = 20080031131, 2006.

[2] McDonnell, A., & Corp C. Project Mercury Familiarization Manual Manned[M]. 1962.

[3] Grinter, K. Project Mercury overview[ ]. http://www-pao.ksc.nasa.gov/history/mercury/mercury-overview. htm, 1962. 2000.

[4] Swenson, L. S., Grimwood, J. M., & Alexander, C. C. This New Ocean, A History of Project Mercury[M]. Houston:Scientific and Technical Information Division, Office of Technology Utilization, National Aeronautics and Space Administration. in Time Vol. LXXIII(1959), 1966.

[5] Link, M. M.. Space medicine in project mercury[R]. NASA SP-4003, 1965.

[6] Manned Spacecraft Center(U.S.). Results of the Third U.S. Manned Orbital Space Flight, October 3[M]. Washington:National Aeronautics Space Administration, Manned Spacecraft Center, Project Mercury; for sale by the Superintendent of Documents, U.S. Govt. Print. Offiec, 1962.

[7] Voas, R. B. Project Mercury astronaut training program[C]. Symposium on Psychophysiological Aspects Of Space Flight. http://docplayer.net/986308-Project-mercury-astronaut-training-program-robert-b-voas-nasa-space-task-group-langley-field-virginia-introduction.htmL, 1960.

[8] Wheelwright, C. D. Physiological sensors for Use in project mercury[M]. houston: Manned Spacecraft Center, National Aeronautics and Space Administration, 1962.

[9] Manned Spacecraft Center (U.S.). Results of the First U.S. Manned Suborbital Space Flight, June 6, 1961[R]. Washington, DC: National Aeronautics and Space Administration, 1961.

[10] Manned Spacecraft Center(U.S.). Results of the Second U.S. Manned Suborbital Space Flight, July 21, 1961[R]. Washington: U.S. Govt. Print. Off, 1961.

[11] Manned Spacecraft Center(U.S.). Results of the First U.S. Manned Orbital Space Flight, February 20, 1962[R]. Washington: U.S. Govt. Print. Off., 1962.

[12] Manned Spacecraft Center(U.S.). Results of the Second U.S. Manned Orbital Space Flight, May 24, 1962. Houston: National Aeronautics and Space Administration, Manned Spacecraft Center, 1962.

[13] McDonnell Aircraft Corporation. NASA Project Gemini familiarization manual [手册类], 1966.

[14] Berry, & Catterson, A. D. Pre-Gemini medical predictions versus Gemini flight results[C]. In NASA Manned Spacecraft Center, Gemini Summary Conference, NASA SP–138 pp.201–215, 1967. Washington; Berry and others, Man's Response to Long-Duration Flight in the Gemini Spacecraft, in NASA Manned Spacecraft Center, Gemini Mid-Program Conference, NASA SP–121, Washington, Feb. 1966, pp. 235–44, 1967.

[15] Hughes, D. F., Owens, W. L., & Young, R. W. Apollo Command and Service Module environmental control system-mission performance and experience[C]. New York: ASME Paper No.73–ENA29, American Society of Mechanical Engineers, 1973.

[16] Johnston, RS., Dietlein, L.F., & Berry, C.A. Biomedical Results of Apollo. NASA SP–368, 1975[M]. National Aeronautics and Space Admistration, Scientificand Technical Information office, Washinton D.C., 1975.

[17] Brady, J. C., Browne, D. M., Schneider, H. J., & Sheehan, J. F. Apollo Lunar Module environmental control system-mission performance and experience[C]. New York: ASME Paper No.73–ENA28, American Society of Mechanical Engineers, 1973.

[18] Shuttle Crew Operations Manual[手册类]. Rev. A. CPN–1, 2008.

延伸阅读文献

Daues, K. A history of spacecraft environmental control and life support systems

[OA]. https://ntrs. nasa. gov/search. jsp? R=20080031131, 2006.

Diamant, B. L., & Humphries, W. R. Past and present environmental control and life support systems on manned spacecraft[J]. SAE Transactions, Vol. 99, Section 1., Journal of Aerospace, Part 1, 376−408, 1990.

Sivolella, D. The Space Shuttle Program: Technologies and Accomplishments [M]. Springer-Praxis, 2017.

第 5 章

国际空间站生命保障系统

📄 学习提要

① 美国轨道段（USOS）和俄罗斯轨道段（ROS）LSS 中各个子系统的名称；

② USOS 和 ROS LSS 中各个子系统的功能；

③ 二氧化碳去除组件（CDRA）和二氧化碳还原组件（CRA）如何工作；

④ 萨巴蒂尔（Sabatier）反应器如何工作；

⑤ 微量污染物控制组件（TCCS）的功能；

⑥ 如何在温湿度控制子系统（THCS）中使用带有亲水深层的低温热交换器（CHX）；

⑦ 氮气管路关闭阀（NLSOV）、废气排放装置（VEDD）、水处理组件（WPA）、废水管路关闭阀（WLSOV）、排气手动回流阀（VEMRV）和真空倾倒装置（VADD）的功能；

⑧ ROS 空气净化子系统的关键特性及各个组件如何实现其功能；

⑨ 生命保障系统背景下"积微成著"（aggregation of marginal gain）的含义；

⑩ "渴墙"（thirsty wall）如何工作。

▍5.1 引言

本章主要介绍国际空间站（International Space Station，ISS）的生命保障系统。目前，国际空间站已经持续载人二十多年，这意味着它的生命保障系统得到了彻底和广泛的测试。该轨道前哨生命保障系统由无数个子系统和组件构成,多年来,生命保障工程师收集了大量关于这些子系统和组件的数据。有些子系统(如制氧组件)工作可靠,而另一些子系统(如二氧化碳去除组件)则需要大量而密集的维护。除了为生命保障工程师提供有价值的数据,ISS 还是一个重要的测试平台,被用于开发闭环生命保障系统所需要的新技术。如果航天员有机会冒险前往火星,则有必要闭合该系统。

5.2 美国轨道段生命保障系统(USOS LSS)

国际空间站的环境控制与生命保障系统(environmental control and life support system,ECLSS)包括部分再生子系统和部分非再生子系统。由于新技术的开发目标是闭合 ECLSS 中的回路,因此主要方式始终是提高子系统的再生能力。在国际空间站环绕地球运行的二十多年中,子系统的闭合能力得到稳步提升,在美国轨道段(United States Orbital Segment,USOS)[1]中,这些子系统的情况如下。

(1) 大气控制子系统(atmosphere control subsystem,ACS)。

组成:手动增压均衡阀(manual pressurization equalization valve,MPEV)。

(2) 大气再生子系统(air revitalization subsystem,ARS)。

组成:二氧化碳去除组件(carbon dioxide removal assembly,CDRA)、二氧化碳还原组件(carbondioxide reduction assembly,CRA)、制氧组件(oxygen generating assembly,OGA)、微量污染物控制组件(trace contaminant control assembly,TCCS)、氧气补充压缩机组件(oxygen recharge compressor assembly,ORCA)。

(3) 温度和湿度控制子系统(temperature and humidity control subsystem,THCS)。

组成:座舱间通风与通用座舱空气组件(inter-module ventilation,common

---

[1] USOS 包括加压匹配适配器-1(PMA—1)前部的所有舱段:"团结"舱(Unity)、永久多用途舱(Permanent Multipurpose Module)、"探索"舱(Quest)、"宁静"舱(Tranquility)、"穹顶"舱(Cupola)、"命运"舱(Destiny)、"和谐"舱(Harmony)、"哥伦布"舱(Columbus)和日本实验舱(Japanese Experiment Module,JEM)。

cabin air assembly）。

（4）火灾探测与灭火子系统（fire detection and suppression subsystem，FDSS）。

组成：便携式呼吸装置（portable breathing apparatus，PBA）和便携式灭火器（portable fire extinguisher，PFE）。

（5）水回收管理子系统（water recovery management subsystem，WRMS）。

组成：尿液处理组件（urine processing assembly）。

（6）真空调控子系统（vacuum regulation subsystem，VRS）。

组成：真空泵组件。

5.2.1　质量平衡

通过提高这些子系统的再生能力，工程师们不仅逐渐闭合了 ECLSS 循环，而且减少了所需要的资源和消耗品。然而，同时我们需要注意质量平衡（mass balance）的问题。

正如我们在本章中所看到的，许多子系统在循环利用水和产生氧气方面做得很好，但在整体闭合方面仍然有 7% 的不足，这还未考虑食品的持续供应问题。如果航天员带着目前在国际空间站上使用的生命保障系统前往火星，则所需要的食品量会很庞大[1]。如前所述，每名航天员每天需要约 800 g 的食物，四名航天员每天需要 3.2 kg 的食物，再乘以 1 000 天（即一次火星飞行任务的平均时间长度），则需要 3 200 kg 的食物，这还未考虑过水和氧气的短缺问题。因此，航天员需要再生生命保障系统，并且该系统中的一个结构单元是水回收管理子系统，如图 5.1 所示。国际空间站的再生生命保障系统（见图 5.2）可实现部分水再生。

闭环生命保障系统回路是 NASA 和其他太空机构正在研究的对象。截至 2020 年，国际空间站上的 ECLSS 被归类为部分闭环的生命保障系统，其闭合度达到了 93%。据 NASA 网站宣称，在闭合度接近 98% 或 99% 之前，人类不可能踏上火星之旅。但这不仅是一个闭合回路的问题，工程师还必须考虑如何提高生命保障系统的能力，以及如何延长现有子系统的使用寿命。毕竟，如果每两周发生一次故障，那么开发这样一个制造航天员需用氧气的制氧组件并没有意义。

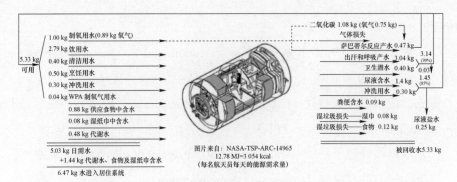

图 5.1 配有再生生命保障系统的航天器中每名航天员每天的水质量平衡情况
(来源：NASA)

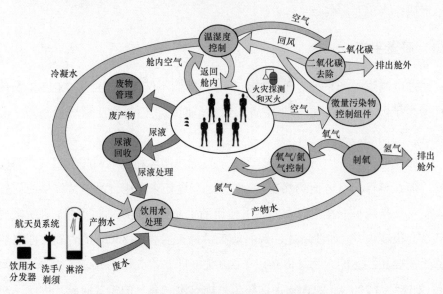

图 5.2 再生生命保障系统工作原理示意图
(来源：NASA)

5.2.2 ECLSS 概述

国际空间站的合作伙伴为其各自的舱体提供了 ECLSS 组件，但并不是每个舱体都配备有一套完整的 LSS 子系统。例如，意大利航天局为其永久多用途舱（Permanent Multipurpose Module，PMM）只提供了通风设备，要依赖于相邻的舱体进行制冷和温度控制。类似的方法也被用在几个俄罗斯轨道段（Russian orbital segment，ROS）舱体中，以发挥 ACS、ARS 和 WRMS 的功能（见图 5.3）。

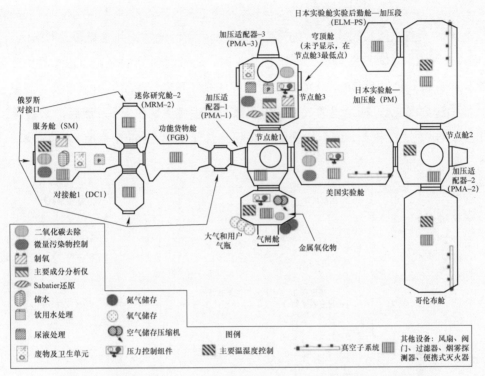

图 5.3 国际空间站上 ECLSS 的不同组成单元在各种舱体中的布局示意图
(来源：EAS/NASA)

5.2.3 大气控制子系统（ACS）

ACS 的主要功能之一是维持压力，它需要多种硬件，如传感器、分配管路和均衡阀（equalization valve）等。例如，节点舱 1 内 ACS 中的压力传感器被用于监测大气压力及氧气和氮气的分配管路，以确保不仅要将足够的氧气和氮气泵入该舱体，还要将足够的氧气和氮气泵入其他舱体，如节点舱 3、"美国实验室"舱和"探索"舱（气闸舱所在地）[2-4]。ACS 的另一个主要硬件是手动压力均衡阀（manual pressure equalization valve，MPEV），MPEV 被固定在节点舱 1 内的每个舱口上，使之能供双向流动，并可以从舱口的任一侧进行手动操作[5-6]。

5.2.4 大气再生子系统

ARS 负责去除二氧化碳、生产氧气和控制微量污染物，并主要通过 CDRA，OGA 和 TCCS 实现这些功能。设计 CDRA 时，还考虑到了 CRA，CDRA 收集二氧化碳并将其输送到 CRA；OGA 将水电解成氧气和氢气，氧气用来呼吸，而氢气被输送到 CRA，在这里氢气和二氧化碳反应生成甲烷和水[7]，然后，水被输送到 OGA。这意味着，这个特殊的子系统增加了 ECLSS 的闭合度（见图 5.4）。

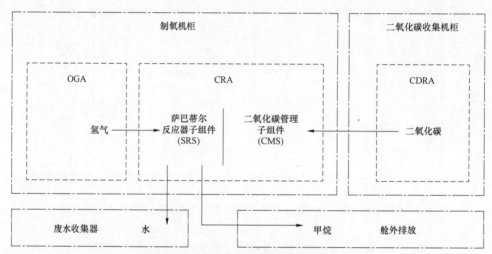

图 5.4　大气再生子系统基本工作原理图
（来源：NASA）

5.2.4.1　二氧化碳去除组件（CDRA）

CDRA 通过压力和温度波动的吸附循环去除二氧化碳。CDRA 通常配置二氧化碳去除床，其中装满了被加热板包裹的分子筛（见图 5.5）。随着越来越多的二氧化碳通过分子筛，二氧化碳的质量逐渐增加，此时吸附剂床开始吸附二氧化碳[8]。这种过程的发生是因为分子筛材料对水蒸气具有很高的亲和力。另外，由于该分子筛材料优先吸附和置换二氧化碳，因此有必要使用两张干燥剂床，一张用于去除水蒸气，另一张用于补充水分。

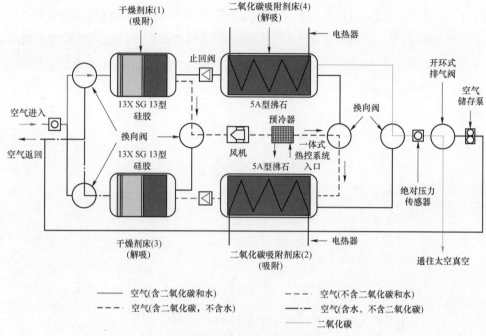

图 5.5 四床分子筛工作原理图
(来源：NASA)

5.2.4.2 二氧化碳还原组件（CRA）

CRA 通过利用废物来帮助闭合国际空间站上的 ECLSS 回路，否则就需要将这些废物排放到舱外。2011 年 6 月，CRA 开始在国际空间站全面运行，并与 OGA 和 CDRA 相连。CDRA 收集的二氧化碳被存在若干个储罐中，而 OGA 通过水电解产生氢气[9]。一旦出现二氧化碳，CRA 就会被激活，并通过可靠的萨巴蒂尔反应产生甲烷和水[10]。

萨巴蒂尔反应：$CO_2 + 4H_2 \rightleftharpoons CH_4 + 2H_2O, \Delta H°_{反应} = -165 \text{ kJ/mol}$。

萨巴蒂尔反应原理如下，水从 OGA 产生的气流中凝结出来，在水处理组件中进行分离和净化（将在水回收管理子系统中详细讨论），净化后，水被回收进 OGA，用来生产氧气供航天员呼吸。同时，生成的甲烷中的水蒸气含量达到饱和，其露点温度接近国际空间站冷凝热交换器冷却回路的温度。如图 5.6 所示，这些甲烷被直接排放到太空中。

5.2.4.3 制氧组件（OGA）

大气控制子系统的另一个关键部件是 OGA，其功能是将 WRMS 中的饮用水转变为氧气和氢气。氧气被用来构成座舱中的可呼吸空气,氢气被用来生成水,或被排放到太空。OGA(见图 5.7)于 2007 年 7 月启动运行,在产生氧气方面非常有效,但需要经常维护,例如,必须定期更换过滤器;对系统必须进行校准;需要对传感器进行维护检查;必须更换回路过滤器;必须对泵进行检查;必须对密封进行检查等。

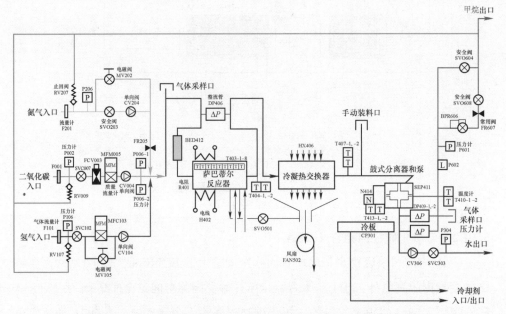

图 5.6　二氧化碳还原组件中萨巴蒂尔反应器基本工作原理示意图
(来源:NASA)

说明:RV207、RV009、RV107 均代表止回阀;FCV003 流量控制阀
SVC007、SVO203、SVC102、SVO501、SVO604、SVO608、SVC303 均代表不同部分的安全阀;
P 代表压力计;T 代表温度计

事实上,由于缺乏足够的地面测试而导致的设计漏洞,使得 OGA 存在一系列问题(见图 5.8、图 5.9 和图 5.10),因此只能通过一次大幅度的设计修改来解决。否则,尽管 OGA 在生产/循环氧气方面做得很好,但由于频繁的维护和维修,航天员显然不能携带这样的制氧组件飞往火星。

5.2.4.4　氧气补充压缩机组件(ORCA)

ORCA 在国际空间站上被用于在轨氧气储存。当氧气耗尽时,这些以 2 400 psi(约 16.5 MPa)加压的储罐将被替换或被复增压。

第 5 章 国际空间站生命保障系统 155

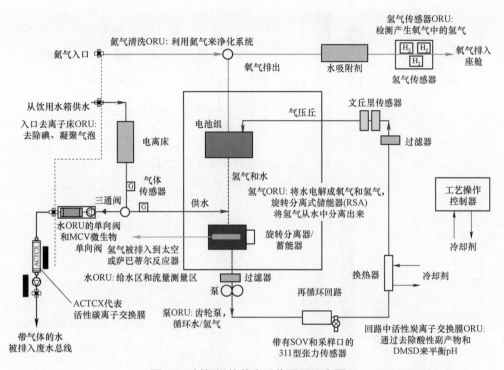

图 5.7 制氧组件基本工作原理示意图
（来源：美国 Tanada）

说明：ORU 代表轨道替换单元（Orbital Replacement Units）

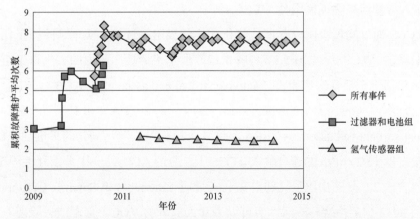

图 5.8 制氧组件中集成式过滤器和电池组及氢气传感器组的累积故障维护率
（来源：NASA/美国 Tanada）

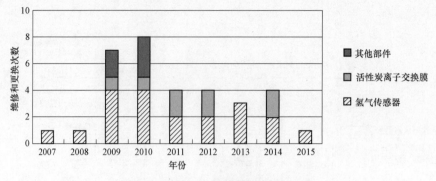

图 5.9 制氧组件的年维修和更换次数
(来源:NASA/美国 Tanada)

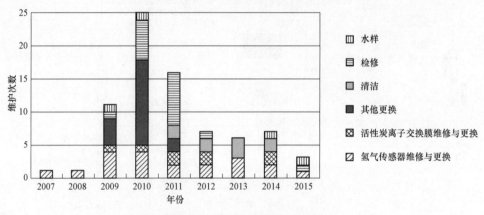

图 5.10 制氧组件的年维护次数
(来源:NASA/美国 Tanada)

5.2.4.5 微量污染物控制组件(TCCS)

TCCS 通过物理吸附、热催化氧化和化学吸附等过程,实现去除微量化学污染物的功能。TCCS(见图 5.11 和图 5.12)位于"命运"舱内的大气再生组件机柜中,包括 1 个活性炭床组件(active charcoal bed assembly,ACBA)、1 个热催化氧化剂组件(thermal catalytic oxidizer assembly,COA)和 1 个后吸附剂床组件(post-sorbent bed assembly,SBA),这 3 个组件是去除污染物的关键功能部件。座舱空气以 15.29 m^3/h 的速度输入 TCCS[11],通过 ACBA——1 个消耗性固定床,其中包含约 22 kg 的由巴尼比与萨克利夫公司(Barnebey & Sutcliffe Corporation)生产的 3032 型活性炭——活性炭可以去除大部分的 VOC,但不能去除所有的甲烷和一氧化碳,因此还需要通过 COA 来共同实现。该组件包括集成热交换器和催化剂微球床，其中催化剂微球床由 0.5 kg 氧化铝颗粒组成。COA 每小时接收 4.59 m³ 的空气，并保持在 400 ℃的温度以确保 VOC 完成氧化过程。空气流出 COA 后，将流经颗粒状氢氧化锂（LiOH）固定床，该固定床会分解剩余的 VOC，最后，SBA 对生成的空气进行后处理。

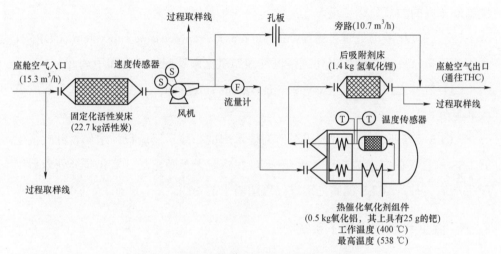

图 5.11　微量污染物控制组件的简化工作流程

（注：THC 代表温湿度控制单元。来源：NASA）

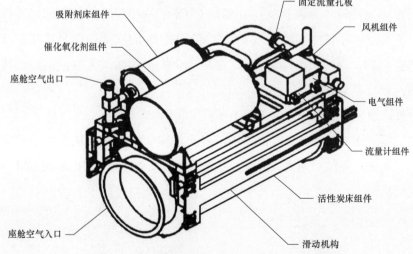

图 5.12　微量污染物控制组件的太空飞行结构图

（来源：NASA）

5.2.4.6 ESA 的大气再生系统技术进展：高级闭环系统

ESA 的高级闭环系统（advanced closed-loop system，ACLS）是一种再生式 LSS 子系统，再生过程包括去除二氧化碳、生产氧气及再处理二氧化碳[7]。ACLS 包括以下子系统。

（1）二氧化碳浓缩子系统（carbon dioxide concentration subsystem，CDCS），控制座舱内的二氧化碳浓度。

（2）二氧化碳再处理子系统（carbon dioxide reprocessing subsystem，CDRS），利用萨巴蒂尔反应，借助催化剂使氢气和二氧化碳反应生成水和甲烷。

（3）氧气生产子系统（oxygen generation subsystem，OGS），将水分解成氧气和氢气。

ACLS（见图 5.13）目前正在作为技术测试和演示器运行，这代表针对再生式 LSS 的相关研究向前迈出了重要一步。在将航天员呼出的二氧化碳经处理后用于生产氧气时，ACLS 能够处理该过程所需水的 40%。

5.2.5 温度和湿度控制子系统

THCS 的主要功能是调节温度和湿度，通过通风风扇、带有亲水涂层的低温冷却热交换器（cooled hydrophilic-coated heat exchanger，CHX）和从气流中去除冷凝水的旋转液体分离器实现。尽管 CHX 的涂层材料有脱落的可能性，但 THCS 在性能和可靠性方面仍然表现良好。THCS 的次要功能是净化空气中的颗粒和微生物，通过 HEPA①实现。这是一个简单的解决方案，但过滤器是消耗性的，必须定期更换。

另外，通风功能可通过以下两个过程来实现。

（1）舱间通风（inter-module ventilation，IMV），即在座舱之间进行空气交换[12-14]。例如，通过对通风部件和管道进行合理布置来确保 ROS 和 USOS 之间的空气交换。

---

① 译者注：HEPA，high efficiency particulate air filter，意为高效空气过滤器。

第 5 章　国际空间站生命保障系统　　159

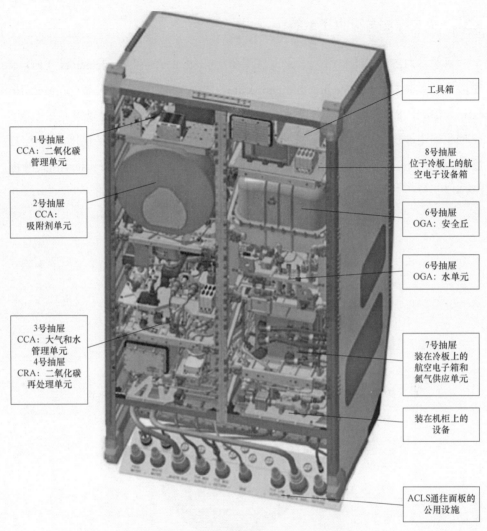

图 5.13　高级闭环系统结构构成示意图
（来源：ESA）

（2）在座舱内实现空气循环。可以通过一个特定的舱体了解这种方式，以"和谐"舱为例，这里是航天员居住区（crew quarter，CQ），为了给每位航天员提供舒适的空气温度和湿度，可以通过两台风扇使空气循环通过每位航天员的居住区。在航天员居住区内部，空气将航天员产生的代谢热带走，并通过航天员居住区的排气管道到达公共载体空气组件（common carrier air assembly，CCAA）。

5.2.6 火灾探测与灭火子系统

目前，FDSS 主要利用光电火灾探测器（photoelectric fire detector，PFD）、便携式呼吸装置（portable breathing apparatus，PBA）和便携式灭火器（portable fire extinguisher，PFE）实现探测并灭火。PFE 是一种标准面罩，可以覆盖住面部，同时面罩还被连接到一个 6 m 长的软管上。PFE 有两种形式：一种使用二氧化碳，质量为 2.7 kg；另一种使用水雾，称为消防水雾便携式灭火器（fire water mist PFE，FWM PFE）（见图 5.14）[15-17]。

图 5.14 消防水雾便携式灭火器结构外观图

（该便携灭火器包括喷嘴组件和储罐组件。喷嘴组件包括手柄、筒式阀、喷头和文丘里管，钛罐含有 6 lb（约 2.7 kg）水和 1.2 lb（约 0.5 kg）加压氮气。操作时，航天员只需取下开口销（pip pin）并挤压手柄，就可以打开两个筒式阀，使氮气流动并和水在文丘里管混合，然后通过喷嘴排出[15-17]。幸运的是，直到 2020 年 6 月，这些便携式灭火器尚未被使用。在所有的 LSS 子系统中，便携式灭火器是维护强度最小的，因为它们有 15 年的保质期。来源：NASA）

5.2.7 水回收管理子系统

WRMS 负责接收废水，如航天员的尿液和冷凝水，并通过水回收单元（water

recovery unit,WRU)将这些废水处理为饮用水标准,分配给航天员[18-19]。WRMS 的基本功能如图 5.15 所示。

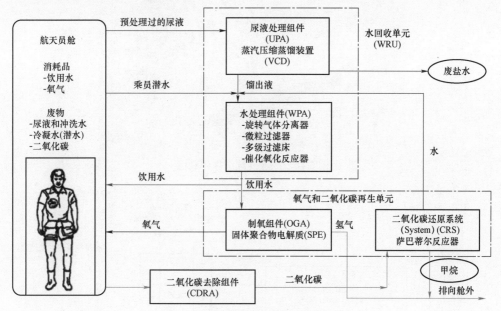

图 5.15 水回收管理子系统的基本功能
(来源：NASA)

WRMS 的工作原理如下：废水储箱（bus）接收来自 CCAA 的湿度冷凝水，属于 THCS 的 CCAA 可以将水蒸气和其他可冷凝的污染物冷凝到这个储箱，并先引导冷凝水通过一个水分离器。

WRMS 除了利用 CCAA，还利用了二氧化碳还原组件（CRA）。CRA 通过萨巴蒂尔反应产生水，其中二氧化碳来自 CDRA，氢气来自 OGA。产生的水被输送至水处理组件（water processing assembly，WPA）废物罐。该废物罐与收集尿液的废物及卫生隔间（waste and hygiene compartment，WHC）的水箱不同，在 WHC 中，尿液需要用化学物质进行预处理，预处理后的尿液再被送入尿液处理组件（urine processing assembly，UPA）（见图 5.16 和图 5.17）。利用蒸汽压缩蒸馏（vapor compression distillation，VCD）技术在蒸馏组件中以低压蒸发尿液的方式来回收尿液中的水。该技术的运行效率约为 74%，尿液再次变成饮用水所需的时间大约为 8 天。处理后的水很纯净，超过了地球上大多数地方规定的净化标准。

图 5.16　尿液处理组件外观图
（来源：NASA）

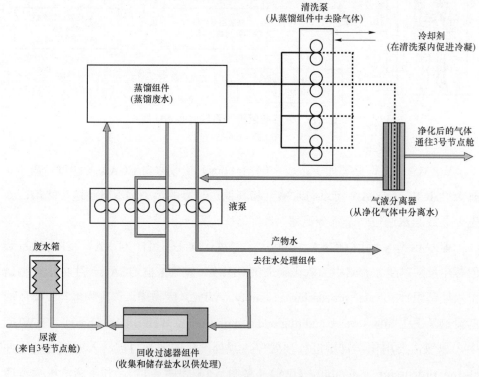

图 5.17　尿液处理组件运行原理图
（来源：NASA）

那么，为什么 UPA 的效率只有 74%？起初，厂家很自信地预测它的运行效率将超过 90%，但在国际空间站运行了几个月后，这个数字明显低于预期，对此展开的调查表明，设计 UPA 时没有考虑到骨流失的影响。如前所述，当航天员在太空时，钙会从骨骼中流出而进入血液，血液中的少部分钙会通过肾脏过滤后进入尿液，当富含钙的尿液途径过滤器时，过滤器就会被堵塞。因此，在太空中，VCD 技术的效率会比在地面时有所下降，这是在设计 UPA 方面获得的宝贵经验。

5.2.8 真空调控子系统

在讨论航天器生命保障系统时，很少提及真空调控子系统。该子系统被安装在"哥伦布"舱、JEM 舱和"命运"舱内，并经常用来进行实验。真空调控子系统的功能是提供真空、排出和分配氮气，这需要大量的阀门和截止阀。氮气管路截止阀（nitrogen line shut-off valves，NLSOV）用于向国际标准有效载荷机柜（International Standard Payload Racks，ISPR）和气泵组件（gas pump assembly，GPA）提供氮气，以进行复压；排气倾倒装置（venting dump device，VEDD）被用于将废气排放到太空中。此操作需要首先打开废水管路截止阀（waste line shut-off valve，WLSOV）来实现；通过打开排气手动回流阀（venting manual return valve，VEMRV），并利用座舱大气对通风管路进行复压。JEM 舱、"哥伦布"舱和"命运"舱内部的许多机柜都配备了真空管路，用来为有效载荷创造真空条件。为实现真空调控子系统的功能，需要打开真空倾倒装置（vacuum dump device，VADD），以便将真空管路内的空气排入太空，并使用与排气管路相同的程序对真空管路进行负压。

以上内容是对 USOS LSS 的概述。从任务控制的角度来看，也可将 LSS 称为环境与热操作系统（Environmental and Thermal Operating System，ETHOS）。如想要更详细地了解该系统是如何运行的，可查阅附录 E 中提供的控制台手册。

5.3 俄罗斯轨道段生命保障系统（ROS LSS）

5.3.1 总体概况

ROS LSS 的组织结构与 USOS LSS 略有不同，但提供了相同的功能。ROS LSS 包括 5 个子系统：大气控制子系统、供水子系统、食品供应子系统、卫生设备子系统、火灾探测与灭火子系统。各种设备所处的位置如表 5.1 所示。

表 5.1 俄罗斯轨道段生命保障系统中各种设备所处的位置

设备名称	所在位置	
	"星辰"号服务舱	"曙光"号功能舱
大气控制子系统		
Elektron 氧气发生器	面板 429，430	
固体燃料氧气发生器	面板 429	
Vozdukh 二氧化碳去除系统	面板 420~424	
二氧化碳吸收罐	面板 432，436	
有害杂质过滤器		面板 411
气体分析系统	面板 439	面板 405
供水子系统		
罗德尼克系统管座（Rodnik valve panel）	面板 233，234	
大气冷凝水再生系统	面板 431	
食品供应子系统		
食品	面板 238，239	
食品电加热器	在餐桌内	
在轨冰箱	面板 230	
卫生设备子系统		
卫生设备	卫生间	
火灾探测与灭火子系统		
Signal 火灾探测系统	面板 329	
手提式灭火器	舱门口 PO-ΠPK 和舱门口 PO-ΠXO	面板 229，404 和适配器中
呼吸式防毒面具	面板 416，216	面板 230，404 和适配器中

ROS LSS 可满足以下参数要求范围：总压 660~860 mmHg（87.78~114.38 kPa）；氧气分压 150~200 mmHg（19.95~26.6 kPa）；二氧化碳分压 6 mmHg（0.798 kPa）；水蒸气分压（10±5）mmHg（0.665~1.995 kPa）；空气温度 20 ℃~25 ℃；空气循环速率 0.1~0.4 m/s。

5.3.2 大气控制子系统

大气控制子系统的设计目的是为航天员提供氧气,清除二氧化碳和微量污染物,同时监测气体分压,并在分压超过阈值或低于预设极限时向航天员发出信号。此外,该系统还必须平衡舱体之间的压力并对气闸舱进行加压。为实现这些功能,大气控制子系统包含 6 个单元:氧气供应单元、空气净化单元、气体分析单元、居住舱压力整体监测单元、接口压力整体监测单元、温度与湿度控制单元。

5.3.2.1 氧气供应单元

氧气供应单元包括三台 Elektron 氧气发生器(见图 5.18)和两台固体燃料氧气发生器(solid fuel oxygen generator)。Elektron 氧气发生器通过电化学反应分解水而产生氧气,是氧气的主要来源。该装置包括一条含有 30%氢氧化钾的液体回路、若干条气体管路和若干个电磁阀,其中液体回路包括一台电解装置、若干个热交换器、一台泵和一个储水罐。泵使电解装置中的电解质进行循环,氧气和氢气则通过在氢氧化钾溶液中电解水而产生,氧气被直接释放到座舱内,氢气被排放到太空中。Elektron 氧气发生器非常有效,每小时可分解 1 kg 来水并产生 25 L 氧气,这足以满足一名航天员每日所需的用氧量。控制 Elektron 氧气发生器的是一台计算机,它监测阀门状态、氧气压力、氢气浓度和氧气浓度。如果监测到有

图 5.18 俄罗斯三名航天员安德烈·博里森科(左)、亚历山大·萨莫库捷耶夫(中)和谢尔盖·沃尔科夫(右)正在展示"星辰"号服务舱内的 Elektron 氧气发生器
(来源:NASA)

超出情况，则向综合控制面板（integrated control panel）发送信号；如果超过阈值，则自动关闭。

另外，两台固体燃料氧气发生器包括一个带有点火器的可更换药筒、一个击发机构、一个过滤器和一台风扇。当氧分压低于 160 mmHg（21.28 kPa）时，该发生器就会被激活，从而使装在药筒中的某种氧化物进行热分解。每个药筒能产生 600 L 氧气，其中的氧化物需要 20 min 才能完全分解。

5.3.2.2 空气净化单元

空气净化单元可以去除大气中的二氧化碳和微量污染物，主要包括以下组件：Vozdukh 二氧化碳去除系统、二氧化碳吸收罐、微量污染物控制装置、有害杂质过滤器。

（1）Vozdukh 二氧化碳去除系统。

Vozdukh 二氧化碳去除系统包括三部分：一台初级净化装置、一台热交换器和一台大气净化装置。该系统通过分子筛床吸附气体来实现去除二氧化碳的功能，分子筛床包含沸石（zeolite）这样一种多孔吸附剂材料。分子筛床利用毛细管作用运行，去除二氧化碳的效率取决于空气的流速、大气中二氧化碳的浓度及吸附/解吸循环的长度。沸石饱和后，可以通过将分子筛床暴露在真空中得到再生。Vozdukh 二氧化碳去除系统可以在自动和手动模式下运行。与所有生命保障系统一样，所预设的阈值可确保二氧化碳分压保持在标称范围内。

（2）二氧化碳吸收罐。

二氧化碳吸收罐是 Vozdukh 二氧化碳去除系统的备份组件。与大多数生命保障系统中的二氧化碳组件一样，该吸收罐利用氢氧化锂去除二氧化碳。

（3）微量污染物控制装置。

微量污染物控制装置包括两个可再生的活性炭桶、一种催化氧化剂、一个过滤器、一台风扇和若干个阀门。该装置有两种简单的模式可供选择，即一次使用一个活性炭桶或同时使用两个活性炭桶。在使用过程中，风扇将空气抽吸，使之通过过滤器和活性炭桶，这样活性炭桶将吸附二氧化碳和污染物。

（4）有害杂质过滤器。

有害杂质过滤器包括一个可更换的桶（其中包含化学吸附剂和活性炭）和一种催化剂（将一氧化碳氧化为二氧化碳），可吸收如氨气（NH_3）、硫化氢（H_2S）和碳氢化合物等气体。

5.3.2.3 气体分析单元

ROS LSS 具有两套气体分析系统(一套在"星辰"号,另一套在"曙光"号),以确保 24 h 监测氧气、二氧化碳的分压和氢气的含量。该系统可在以下范围内运行:氧气分压为 0~350 mmHg(0~46.55 kPa),如果氧气分压降到 120 mmHg(15.96 kPa)以下,系统会发出警报;二氧化碳分压为 0~25 mmHg(3.325 kPa),如果二氧化碳分压超过 20 mmHg(2.66 kPa),系统会发出警报;水蒸气分压为 0~30 mmHg(3.99 kPa);氢气含量为 0~2.5%。

5.3.2.4 居住舱压力整体监测单元

居住舱压力整体监测单元包括与计算机系统相连的各种压力监测装置/传感器,负责处理来自传感器的数据,并确保参数在预设的阈值范围内。如果检测到低压降率,则向警告面板发送警示信号,黄色指示灯开始闪烁;相反,如果检测到高压降率,则红色指示灯开始闪烁,并发出音频警报。

5.3.2.5 接口压力整体监测单元

接口压力整体监测单元由一系列压力均衡阀、若干个通道压力监测阀和一台真空压力计组成。安装在加压舱壁上的压力均衡阀用于给对接节点舱加压,所有阀门的状态信息都会显示在综合控制面板上。通道压力监测阀采用双位手柄控制,并与真空压力计一起连接到待测节点舱内。真空压力计是一种无液装置(aneroid device),可用于测量 ROS 中的总压。

5.3.2.6 温度与湿度控制单元

温度与湿度控制单元主要利用液体—气体热交换器实现对温度和湿度的控制。在该系统中,空气通过两个热控制系统回路被冷却或加热。由于在国际空间站上不会发生自然对流,因此该系统通过通风设备使 ROS 中的空气进行流动。

5.3.3 供水子系统

ROS LSS 供水系统用于储存和供应饮用水、再生冷凝水并为航天员提供卫生用水,这些功能通过货运飞船(如"进步"号)的运输及水再生实现。"进步"号货运飞船到达国际空间站后,所携带的水即被泵入位于"星辰"号服务舱的罗德尼克系统。罗德尼克系统由两个水箱组成,为航天员提供饮用水。每个水箱可盛装 210 L 的水,且水的保质期可达到 365 天。

ROS 供水系统可以产生饮用水。ROS 内部形成的水分在温度与湿度控制系统热交换器的冷表面凝结时会被收集,然后温度与湿度控制系统将冷凝水输送到水再生系统,由水再生系统将其处理成饮用水。处理过程包括通过充满树脂和活性炭的柱子,对水进行净化。在水被认定为可饮用之前,还必须通过一个质量传感器检查其中的污染物。ROS 供水系统 24 h 运行,每天生产 1.2~1.3 L 水。航天员通过分配和加热单元的分配阀接收这些水。

5.3.4 食品供应子系统

食品供应设施位于"星辰"号服务舱,主要帮助航天员储存和准备食物,此外还提供回收和储存食物废物的方法。这些设施每天为航天员提供早餐、小吃、午餐和晚餐,总热量为 3 000 kcal。这些食物的保质期为 240 天,被储存在常温的容器或冰箱中。对于冷冻干燥食品,必须使用冷凝水再生系统中的热水(72 ℃~83 ℃)或冷水(10 ℃~45 ℃)进行复原,而罐头和面包可以被放在电动食品加热器(在"星辰"号服务舱中备有两台)中加热到 65 ℃。假如某位航天员喜欢吃热面包,他(她)首先要把面包外面的塑料袋去掉,再把面包放进食物加热器中,把温度调到 65 ℃,然后等待大约 30 min,加热程序结束后只需关掉加热器取出面包即可。

冰箱将食品储存在 -5 ℃~10 ℃之间。冰箱每两个月需要进行一次维护,要从冰箱中取走所有食品,并将冰箱调到干燥模式保持 6 h。

5.3.5 卫生设备子系统

5.3.5.1 基本结构构成

卫生设备用于收集和保存代谢废物,并收集用于洗手的水。该设备由 1 个大便器、1 个小便器和 1 个洗手台组成。具体来讲,该设备共包括 14 个结构单元:(1)固体/液体废物收集器;(2)固体废物容器;(3)尿液收集器;(4)化学预处理泵;(5)保存剂(硫酸)罐;(6)冲洗水泵;(7)动态气—液分离器;(8)尿液容器;(9)尿液/水储存容器;(10)臭味吸收过滤器;(11)风扇;(12)洗手控制面板;(13)手动操作泵;(14)水储存容器。

5.3.5.2 基本工作原理

卫生设备的工作原理为:打开风扇,固体废物会顺着由风扇产生的气流方向进入固体废物容器内的一个多孔袋中，而尿液则被导向尿液储存容器，该容器会启动态气—液分离器、风扇和化学预处理泵。尿液与硫酸和水结合后，被导入动态气—液分离器，在这里液体和气体得到分离。之后，液体部分被送到尿液容器，气流被导向尿液/水储存容器，并通过一个臭味吸收过滤器收集气流中的水分。一旦从气流中去掉臭味，就将气流送回座舱。就实际操作步骤来看，国际空间站的废物管理系统不像地面同类系统那样简单和直接。

5.3.5.3 基本操作步骤

使用上述卫生设备，需按以下步骤操作：

（1）检查控制面板上的拨动开关是否处于打开状态；

（2）从支架上提起漏斗；

（3）取下漏斗上的盖子；

（4）将手动阀设置到漏斗上的打开位置；

（5）确认分离器和剂量指示灯处于打开的状态；

（6）确认气流；

（7）确保漏斗远离身体；

（8）在完成后的 20～30 s 内关闭漏斗上的手动阀；

（9）确认动态气—液分离器和剂量指示灯已处于关闭状态；

（10）用毛巾擦拭漏斗并将其放入垃圾袋；

（11）给漏斗装上盖子；

（12）将漏斗放在支架上。

如果同时大小便，则必须按如下方式使用尿液容器和固体/液体废物收集器：

（1）取下尿液收集器漏斗上的盖子；

（2）在不从支架上提起漏斗的情况下，打开旋塞阀；

（3）确认分离器指示灯处于打开状态；

（4）确认气流；

（5）准备固体/液体废物收集器并插入收集袋；

（6）从支架上提起漏斗；

（7）使用固体/液体废物收集器；

（8）提起座椅，取下收集袋，放入固体废物容器中；

（9）用毛巾擦拭座椅和漏斗并将毛巾放入垃圾袋中；

（10）将漏斗放在支架上；

（11）关闭固体/液体废物收集器上的盖子；

（12）关闭漏斗上的手动阀；

（13）确认动态气—液分离器指示灯处于关闭状态；

（14）给漏斗装上盖子。

5.3.6 火灾探测与灭火子系统

火灾探测与灭火子系统包括一套"曙光"号功能舱检测系统、一套"星辰"号服务舱检测系统、一套对接舱检测系统、若干个灭火器和一套循环呼吸器式呼吸装置。Signal 火灾探测系统由 10 个探测器组成（航天员每 10 天进行一次检测），用于探测大气中颗粒数是否超过参考值的两倍。如果颗粒数是参考值的 2~4 倍，就会发出二级火灾警报；如果颗粒数是参考值的 4~10 倍，则会发出一级火灾警报。如果出现火灾情况，警报系统将亮起红灯并伴有蜂鸣声，这种状态会被自动连接到莫斯科的任务控制系统。发生火灾时，航天员会戴上循环呼吸器式呼吸装置。该呼吸装置包含一个面罩和一个含有氧化铝的圆筒。将面罩上的操纵杆转动 180°，会刺穿一个酸胶囊而释放其内含物，后者与圆筒内的氧化铝发生反应，则氧气会被释放出来。航天员可以将注意力转向操作手提式灭火器。在每个灭火器内装有 2.5 kg 的灭火泡沫，在操作时该灭火器能够不间断运行 1 min。灭火器有液体喷雾模式和泡沫模式两种，而如果发生明火，需使用液体喷雾模式，而如果仅存在烟雾，则使用泡沫模式。

■ 5.4 生命保障范式：积微成著和渴墙

5.4.1 积微成著

"积微成著"（aggregation of marginal gain），也叫边际增益累积，这一概念其实非常简单，即关注性能各个方面 1%的改进幅度，当所有这些微小改进集合起来时，就有可能实现显著的改进。例如，对于一个专业的自行车车队来说，微小的改进可以是采用非常精确的食物准备程序,也可以是允许骑行者带着自己的床垫和枕头,这样他们就可以在比赛前睡个好觉。简而言之,这个概念并不是关注完美,而是关注进展和复合改进(compounding improvement)。

类似的方法也被应用于航天器生命保障系统。LSS 技术经过多年的发展,目前并没有出现过任何巨大的飞跃。相反,LSS 技术是通过应用边际增益方法发展起来的,如过滤器被改进、通风系统被改进以及水循环变得更有效。虽然这些都是很小的改进,但总的来说,它们在闭合 LSS 循环方面还是获得了显著收益。从 2020 年到 2021 年,LSS 的边际增益方法仍被使用,同时也有一些技术发展有望带来更多的边际增益,其中有一项技术发展可适用于大气再生系统,即如何针对航天器而调整目前在潜艇上使用的大气再生系统。

5.4.2 "渴墙"

当讨论哪些生命保障系统做得好或哪些不好时,其中一套被认为做的不好的系统就是二氧化碳去除组件。当技术人员指出二氧化碳去除组件的运行难度有多大时,有人提出一个问题:为什么 NASA 不直接使用潜艇上的二氧化碳去除系统?潜艇(见图 5.19)搭载了 100 多名工作人员,但他们似乎并没有受到高二氧化碳浓度的影响。

图 5.19 在大西洋作战期间美国海军俄亥俄级制导导弹潜艇 USS "佛罗里达"号(SSGN 728)上监视控制室的技术人员

(生命保障技术的最新发展可能使潜艇上的二氧化碳去除技术用于航天器。
来源:美国海军(United States Navy,USN))

从对航天器生命保障系统的历史回顾中得知,空气的更新是使空气通过管道和去除床实现的,在这些管道和去除床内充满了固体,如活性炭。但是潜艇的 LSS 大气再生系统是如何工作的?这些系统往往是基于液体的捕获系统,因而比航天器同类系统要更紧凑、更节能且更可靠。目前的问题是,这些基于液体的捕获系统需要重力,但这并不是说这样的系统不能在微重力条件下工作,只是需要一种透气技术膜,但透光膜的问题是其动力学缓慢,并且容易中毒。

然而,由于近来在增材制造技术(additive manufacturing,又称添加剂制造技术)和在毛细管流体力学方面的发展,使得在微重力条件下将液体暴露于舱内大气中成为可能,这意味着可以重新设计航天器的大气再生系统。这一概念的名称是"渴墙"(thirsty wall)(见图 5.20)。这种方法可以将传统航天器大气再生系统的旋转部件从 19 个减少到 8 个,同时还可以排除高压和高流量部件。"渴墙"将利用单乙醇胺(monoethanolamine,MEA)来实现这一目标,而单乙醇胺是一种被用在潜艇上捕获二氧化碳的液体[20]。更好的情况是,有一些研究表明,如果用离子液体(ionic liquid,IL)取代单乙醇胺,则大气再生系统在去除二氧化碳方面将比在潜艇上会更为有效。如果上述机制能得以实现,将成为航天器大气再生技术的变革性改进——这是一种量子飞跃,而不是一种边际增益。

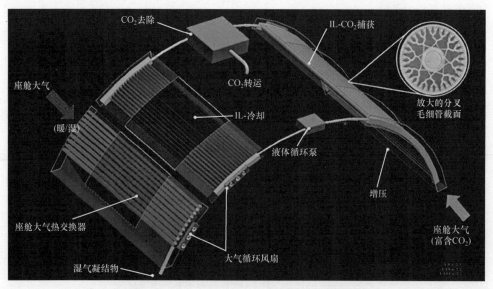

图 5.20　基于"渴墙"去除二氧化碳的一种基本概念
(来源:NASA)

参考文献

[1] Wieland P O. Designing for human presence in space: An introduction to environmental control and life support systems [R]. NASA RP-1324, 1994.

[2] Space Station Program Node Element 1 to Node Element 3 Interface Control Document, Part 1 [R]. SSP 41140, Revision E; August 24, 2005. 2005

[3] Node 1 Element to U.S. Laboratory Element Interface Control Document, Part 1 [R]. SSP 41141, Revision F; December 10, 2004. 2004

[4] Boeing-Huntington Beach. International Space Station Node 1 pressure monitoring and equalization ECLSS verification analysis report [R]. MDC 96H0634B, Feb 13, 1988. 1988.

[5] Boeing-Huntington Beach. International Space Station Node 1 atmosphere control system distribution pressure loss ECLSS verification analysis report [R]. MDC 97H0374C, Jan 30, 1988. 1988.

[6] Williams, D. E. Pressure Equalization of Vestibule with Node 1. Memorandum [R]. 2-6920-ECLS-CHS-98-033, August 11, 1998. CONTACT NASA, Lyndon B. Johnson Space. 1998.

[7] Roy, R. J. Final report for the SPE Oxygen Generation Assembly(OGA) [R]. NASA Contract NAS8-38250-25, July 1995. 1995.

[8] Gentry, G. J., Reysa, P. R., Williams, D. E. International Space Station (ISS) Environmental Control and Life Support (ECLS) system overview of events: February 2004-2005. SAE Technical Paper Series No. 2005-01-2778, 35th International Conference on Environmental Systems, July 12-15, 2005, Rome, Italy. 2005.

[9] Gentry, G. J., Reysa, P. R, Williams, D. E. International Space Station (ISS) Environmental Control and Life Support (ECLS) system overview of events: February 2006-2007 [C]. SAE Technical Paper Series No. 2007-01-3099, 37th International Conference on Environmental Systems, July 9-12, 2007, Chicago, IL,

2007.

[10] Jeng, F. F., Campbell, M., Lu, S-D., Smith, F., Knox, J. Modelling and analyses of an integrated air revitalization system of a 4-bed molecular sieve carbon dioxide removal system (CDRA), mechanical compressor engineering Development Unit (EDU) and Sabatier Engineering Development Unit [C]. SAE Technical Paper Series No. 2003-01-2496. 2003 SAE World Congress, Detroit, Michigan, March 3-6, 2003. 2003

[11] Zapata, J. L., & Chang, H. S. Analysis of air ventilation and crew comfort for the International Space Station Cupola [C]. SAE Technical Paper Series No. 2002-01-2340, 2002.

[12] Chang, H. S. Integrated computational fluid dynamics ventilation model for the International Space Station [C]. SAE Technical Paper Series No. 2005-01-2794, 2005.

[13] Son, C. H., Barker, R. S., & McGraw, E. H. Numerical prediction and evaluation of space station intermodule ventilation and air distribution performance [C]. SAE Technical Paper Series No. 941509, 1994.

[14] Abbud-Madrid, A., Amon, F. K., & McKinnon, J. T. The Mist experiment on STS-107: fighting fire in microgravity [C]. 42nd AIAA Aerospace Sciences Meeting and Exhibit, January 5-8, 2004, Reno Nevada. 2004.

[15] Carriere, T., Butz, J. R., Naha Brewera, S., & Abbud-Madrid, A. Fire suppression tests using a handheld water mist extinguisher designed for spacecraft application [C]. AIAA 2012-3513, 42nd International Conference on Environmental Systems 15~19 July, 2012, San Diego, California, 2012.

[16] Portable Fire Extinguisher (FWM PFE), Revision A, September 2012.

[17] Carter, D.L., Tobias, B., & Orozco, N. Status of the regenerative ECLSS water recovery system [C]. AIAA 1278029, presented at the 42nd International Conference on Environmental Systems, San Diego, California, July, 2012.

[18] Carter, D. L., & Orozco, N. Status of the regenerative ECLSS water recovery system [C]. AIAA 1021863, presented at the 41st International Conference on

Environmental Systems, Portland, Oregon, July, 2011. 2011.

[19] Graf, J., Weislogel, M. Thirsty walls: a new paradigm for air revitalization in life support. Final Technical Report of NIAC Phase 1 Study [R]. March 09, 2016, NASA Grant and Cooperative Agreement Number: NNH－15ZOA001N－15NIAC (Proposal #15－NIAC－15A0134) NIAC Phase I Study Period: June 2015 to March 2016. 2016

第 6 章

舱外活动

学习提要

① 构成舱外服（EMU）的关键结构单元；
② 液冷通风服（LCVG）和下躯干组件（LTA）的功能；
③ 舱外机动装置的穿着程序；
④ "预呼吸"的原理；
⑤ 什么是"排氮作用"；
⑥ 穿着舱外服时的轻度运动（ISLE）程序；
⑦ 减压病（DCS）的四个标志；
⑧ 如何治疗减压病。

6.1 引言

如果没有开展舱外活动（extravehicular activity，EVA）的能力，就不可能建造国际空间站。在此期间，EVA 不仅对轨道前哨的建设至关重要，而且能够使航天员进行必要的维修活动。EVA 设备，即舱外机动装置（extravehicular mobility unit，EMU，以下简称舱外服），是一种生命保障服，包括一套便携式生命保障系统，能够为航天员提供氧气并清除二氧化碳，其作用和国际空间站上的生命保障系统一样。这些舱外服非常复杂，而且非常昂贵（每一套大约要花费 1 000 万美元），它们的设计跨越了无数的工程学科。毫无疑问，EVA 训练是一项耗时且严格的任务，每 1 小时的 EVA 至少需要 6 h 的练习。另外，预呼吸（prebreathing，PB）是一套精心设计的程序，必须在每次 EVA 之前进行。在本章中，将学习预呼吸的原理以及构成 EVA 和舱外服的所有其他因素。

6.2 舱外服

舱外服可为航天员提供加压环境、氧气供应、二氧化碳去除、温湿度控制及微流星体/轨道碎片（micrometeoroid/orbital debris，MMOD）保护。舱外服的部件有不同的尺寸，通常是小、中、大三种，其设计能够满足属于从第 5 百分位至第 95 百分位体型和身高的男性及女性航天员的需要。一套便携式生命保障系统（portable life support system，PLSS，又名背包）为航天员提供生命保障消耗品，包括氧气、饮用水和冷却水、用于去除二氧化碳的氢氧化锂、电池及可供 30 min 使用的储备氧气。

PLSS 提供的消耗品可以确保开展包括以下内容的总计 7 h 的活动：（1）15 min 穿衣；（2）6 h 舱外活动；（3）15 min 脱衣；（4）30 min 备用/应急。

6.2.1 舱外服的组成部分

图 6.1 所示的这套舱外服，质量为 225 lb（约 102 kg），可被加压至 4 psi（约 27.6 kPa），使用寿命为 15 年。该舱外服包括硬质上躯干（hard upper torso，HUT）、下躯干组件（lower torso assembly，LTA）、液冷通风服（liquid cooling and ventilation garment，LCVG）、手套、头盔、通信载体组件（communications carrier assembly，CCA）、尿液收集器（urine collection device，UCD）和生物医学仪器系统（bioinstrumentation system）。

6.2.1.1 硬质上躯干和 PLSS

HUT 为头盔、手臂、LTA、PLSS、显示与控制模块（display and control module，DCM）及电气线束等提供可安装的结构。PLSS 为氧气瓶、储水箱、风扇、分离器和泵电机组件、升华器、污染物控制桶、调节器、阀门、通信载体组件和生物医学仪器系统等提供可安装的结构。被固定在 PLSS 底座上的是一个次级氧气包，其中含有 2.6 lb（约 1.2 kg）并加压至 6 000 psi（约 41.3 MPa）的氧气。PLSS 中的其他消耗品包括储存在 850 psi（约 5.9 MPa）压力下的 1.2 lb 氧气、用于冷却的 10 lb（约 4.5 kg）水及储存在污染物控制桶内的氢氧化锂。

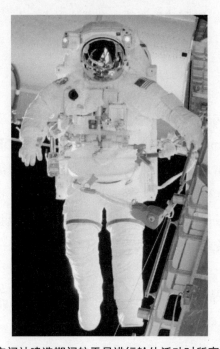

图 6.1　在国际空间站建造期间航天员进行舱外活动时所穿的舱外服外观图
（当时，在 6 h 17 min 的太空行走中，航天员瑞克·马斯特拉奇奥（Rick Mastracchio）和戴夫·威廉姆斯（Dave Williams）连接在空间站的右舷 5 号桁架上，并从空间站的 6 号端口桁架上收回了前方的散热器。来源：NASA）

6.2.1.2　下躯干组件

LTA 由裤子、膝关节和踝关节组成，并通过一条腰带连接到 HUT。LTA 是一套多层系统，包括一个由具有聚氨酯涂层的尼龙制成的压力囊、一层约束涤纶层、一层具有氯丁橡胶涂层的尼龙外层、四层聚酯薄膜（Mylar）层及一层戈尔特斯（Goretex）和诺梅克斯（Nomex）防水隔热外层。手套有 15 种尺寸可供选择，能保护手腕连接处和腕关节，手掌和手指的衬垫还具有绝缘功能。

6.2.1.3　头盔

头盔由聚碳酸酯（polycarbonate）材料制成，具有颈部拆开器（neck disconnect）和通风垫（ventilation pad）。头盔上有几种可滑动的面罩组件，航天员可以调节，以保护面部不受太阳光照射、紫外线辐射和微流星体的伤害。在头盔的两侧各装有一盏 EVA 灯（也可以在头盔上安装一个摄像头）。在头盔的下面是一顶通信装置（又叫史努比帽 Snoopy cap），在其上面带有麦克风和耳机。

6.2.1.4 液冷通风服和二氧化碳去除盒

LCVG 的质量为 6.5 lb（约 2.9 kg），其中集成了输水管，从而能够通过水循环来提供冷却。该输水管的长度为 300 ft（约 91.4 m），每小时可使 240 lb（约 109 kg）的水通过该系统（见图 6.2）。LCVG 的控制器被装在 DCM 之上。UCD 被带在 LCVG 的下方，可以储存大约 1 USqt[①]（约 946 mL）的尿液。舱外服内的饮水袋，可以储存 0.5 USqt（473 mL）的水。从 HUT 伸出的一根管子可以让航天员在穿着舱外服时喝水。另外舱外服利用一个由氢氧化锂、活性炭和过滤器组成的盒子去除二氧化碳，每次舱外活动后都要更换该盒子。此外，整个设备的电源都来自银—锌可充电电池。

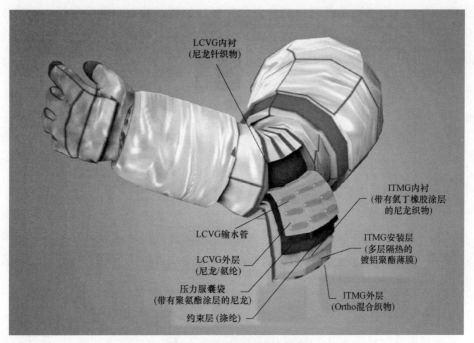

图 6.2 舱外服的肘部剖面图
（液冷通风服（LCVG）如何被集成到舱外服。来源：NASA）

6.2.1.5 通信载体组件

航天员通过 EVA 通信载体组件（CCA）与国际空间站进行通信。EVA 通信

---

① 此单位非法定计量单位，1 USqt（美制夸脱）=0.946 L。

载体组件将航天员的心电图（electrocardiogram，ECG）实时遥送到国际空间站。EVA 收音机重 8.7 lb（约 3.9 kg），包括两个单超高频发射机、三个单通道接收器和一个开关机构。

6.2.1.6　生物医学仪器系统

将舱外服电气线束（EMU electrica harness，EEH）集成到 PLSS 中，以便为通信提供生物医学仪器系统和连接点（connection）。与电气线束相连的是 CCA 和生物医学仪器系统，而与航天员相连的是心电图传感器，这些传感器通过生物医学仪器系统而被连接到通信系统。另一个仪表元件是 DCM，被连接到 HUT 上。该 DCM 具有电气控制元件，并进行舱外服控制的数字显示，以方便航天员在穿上舱外服时读取。DCM 还允许航天员控制 PLSS 和次级氧气包，包括一个舱外服净化阀、一个液冷通风阀和一台氧气控制执行器，可以设置为四挡。其他控制包括语音通信开关、电源模式开关和数字显示亮度控制开关。航天员可以使用 DCM 对系统做滚动检查，这一功能允许航天员检查各种系统的状况，如主氧气罐的状态。

6.2.1.7　氧气

氧气从头盔进入并流向舱外服的下面，而返回的空气直接经过污染物控制盒（contaminant control cartridge，CCC）。利用氢氧化锂和活性炭去除二氧化碳和臭味。经过 CCC 后，氧气流向去除水分的水分离器，然后依次经过风扇和升华器，而升华器将氧气冷却到 85 ℉（约 29.4 ℃）。最后，氧气通过一个通风口和流量检测器，并被送回舱外服。为了防止出现过高压力或氧气耗尽的情况，为舱外服配备了各种传感器和次级氧气包，从而使舱外服的压力保持在 3.45 psi（约 23.8 kPa）。

6.2.1.8　冷却水系统

冷却水系统将温水从 LCVG 中引导出来，并将其分成两条回路。一条回路将水传送到升华器，在那里水被冷却并返回到冷却控制阀；第二条回路将水直接引向冷却控制阀。在这里回路重聚，并将充足的水排回 LCVG。这种设计确保了 LCVG 内具有不间断的冷却水流动。在该过程中，来自 LCVG 的水首先流经气体分离器，则该气体分离器在回路中去除气体。然后，通过一个泵，其流量保持在 260 lb（约 118 kg）/h。一条侧回路以 20 lb（约 9 kg）/h 的速率循环经过 CCC，以冷却氢氧化锂罐。

6.2.1.9 PLSS 传感器

为 PLSS 配备了大量传感器,包括用于检测气压、气流、空气流量、水压、水温和二氧化碳分压的传感器。除了传感器,航天员还有各种可用的阀门,使他们能够净化氧气、改变冷却程度、检查氧气供应和检查压力等。

6.2.2 穿上舱外服的基本程序

在穿上舱外服之前,航天员必须首先开始预呼吸程序。穿上舱外服(在附件Ⅴ中有详细介绍)的 22 个基本步骤如下:

(1) 穿上尿布(maximum absorption garment,MAG。又叫最大吸收服);
(2) 穿上液冷通风服;
(3) 将 EEH 连接到硬质上躯干;
(4) 将显示与控制模块连接到硬质上躯干(将主生命保障子系统(primary life-support subsystem,PLSS)预先连接到硬质上躯干);
(5) 将手臂连接到硬质上躯干;
(6) 用防雾液擦拭头盔;
(7) 将手腕镜和检查表固定在袖子上;
(8) 在硬质上躯干内插入食品棒和装满水的服内饮水袋(in-suit drinkbag,IDB);
(9) 检查 EVA 通信载体组件上的灯和摄像头;
(10) 把 EVA 通信载体组件装在头盔上;
(11) 将通信载体组件连接到 EEH;
(12) 进入下躯干组件,将其拉至腰部以上;
(13) 将维修与冷却脐带(servicing and cooling umbilical,SCU)插入显示与控制模块;
(14) 进入硬质上躯干;
(15) 将液冷通风服的冷却管连接至 PLSS;
(16) 将 EEH 的电气连接件连接至 PLSS;
(17) 把下躯干组件锁在硬质上躯干上;
(18) 戴上通信载体组件;

（19）戴上适感（comfort）手套；

（20）锁上头盔和 EVA 通信载体组件；

（21）锁上手套；

（22）将压力增加到气闸舱压力以上的 0.20 atm[①]（约 20.3 kPa），此时检查舱外服是否出现泄漏。

6.3 舱外活动预呼吸程序

国际空间站内的航天员在 14.7 psi（约 101.4 kPa）的压力下呼吸空气，但舱外服内的压力为 4.3 psi（约 29.6 kPa）。在舱外服内保持较低的压力是必要的，若保持与国际空间站内相同的压力会导致舱外服与外部真空之间出现过大的压差。因此，必须降低舱外服内部的压力。另外，通过降低舱外服内的压力，太空行走的航天员会更容易移动。但在较低的压力下会存在一个问题：当从高压过渡到低压时，会存在航天员的血液中形成氮气泡的风险，而这些氮气泡会导致航天员患减压病（decompression sickness，DCS）。为了预防减压病，制定了各种预呼吸程序，其中一些程序在休息时进行，一些程序利用运动加速排氮（一种被称为排氮作用（denitrogenation）的程序），而另一些程序则采用分阶段进行[1-3]。在预呼吸程序中，有一种是穿着舱外服的轻度运动（in-suit light exercise，ISLE）程序[4-6]。到目前为止，这些程序已经有效避免了减压病的发生。虽然如此，如果航天员得了减压病，还是需要备有适当的应对程序。这里将讨论为避免减压病发生而开发的一些程序和其中的精选部分。

先了解一下血液中形成氮气泡的风险。在正常大气压条件下，氮气会溶解在人体的血液和组织中，而当压力迅速降低时，氮气则会从血液中分离出来形成气泡。如同打开一罐可乐时，其中的溶解的 CO_2 会由于压力的迅速降低而形成气泡。在体内，被释放到血流中的氮气泡会导致一系列症状，如出现麻木、关节疼痛甚至死亡（见表 6.1）。描述由环境压力降低导致组织和血液中气泡形成的术语是静脉气体栓塞（venous gas emboli，VGE）[7-12]，该症状可以通过超声成像技术进行检测。

---

① 此单位非法定计量单位，1 atm = 101.325 kPa。

表 6.1 减压病的常见和罕见症状

常见症状	罕见症状
疼痛,特别是关节附近	肌肉不适
麻木或感觉异常	认知功能受损
头痛、头晕、疲劳	肺部问题（"窒息症"）
不适、恶心、呕吐	协调受损
头晕、眩晕	意识下降
运动无力	淋巴系统出现肿胀等问题
皮肤出现斑点	心血管功能受损

大量的静脉气体栓塞会导致减压病（又称为"bend"）[13-18]。在航天飞机时代，通过实施氧气预呼吸程序，即在开展舱外活动前清除氮气，可降低减压病的风险。但在国际空间站时代，由于氧气是一种有限的资源，因此需要设计一套减少氧气使用量的程序，其中一个就是前面提到的穿着舱外服的轻度运动程序，这将在后面予以讨论。这里，首先简要概述预呼吸程序的发展历史。

6.3.1 预呼吸程序的发展历史

预呼吸程序自 20 世纪 70 年代就已经发展起来。但无论是利用数学建模、模拟还是人体测试[19-23]，存在于程序开发过程中的一个共同点（见表 6.2）都是在设计程序时要考虑到操作问题。在国际空间站时代，对操作的关注并没有改变，但随着更多数据的产生，预呼吸程序开始得到发展。在程序开发的早期阶段，预呼吸程序持续 4 h，将运动作为一个变量[14,24-27]增加进来之后，减少了程序时长。增加运动而减少程序时长的原因是运动加快了排氮速率。除增加可加快排氮速率的运动外，还开发了分阶段减压程序，并最终为国际空间站开发了 2 h 的运动预呼吸程序——穿着舱外服的轻度运动程序（ISLE）。

表 6.2 预呼吸程序

a. 露营预呼吸程序（于 2004 年 8 月 16 日提出）	
1	30 min 氧气预呼吸
2	31 min 氧气减压，即从 14.7 psi（约 101.4 kPa）降到 10.2 psi（约 70.3 kPa）

续表

3	8 h 40 min 保持 10.2 psi（约 70.3 kPa）/26.5%的氧气
4	10 min 复压至 14.7 psi（约 101.4 kPa）并保持氧气预呼吸
5	30 min 休息，同时仍保持氧气预呼吸
6	31 min 氧气减压至 10.2 psi（约 70.3 kPa）
7	60 min 在 10.2 psi（约 70.3 kPa）/26.5%的氧气下穿舱外服
8	17 min 清洁和泄漏检查
9	40 min 穿着舱外服进行氧气预呼吸
10	10 min 穿着舱外服进行额外的氧气预呼吸
11	30 min 减压至 4.3 psi（约 29.6 kPa）
b. 在国际空间站上飞行时的运动预呼吸程序	
1	10 min 双循环（dual-cycle）测力计，并在 75%的氧气下持续 7 min
2	24 min 间歇性运动，从 55 min 进入预呼吸，95 min 时结束
3	30 min 在 100%氧气下，减压至 10.2 psi（约 70.3 kPa）
4	30 min 在 10.2 psi（约 70.3 kPa）下呼吸，73.5%的氮气和 26.5%的氧气
5	17 min 的清洗和泄漏检查
6	5 min 在 100%氧气下，增压至 14.7 psi（约 101.4 kPa）
7	35 min 穿着舱外服进行预呼吸
8	20 min 穿着舱外服进行额外的预呼吸，以补偿未穿航天服时的多普勒效应（no in-suit Doppler）
9	30 min 减压至 4.3 psi（约 29.6 kPa）

6.3.2 精选预呼吸程序

到目前为止，预呼吸程序的应用都非常成功，没有报告出现减压病的病例。能够保持这种安全记录的一个主要原因是地面实验程序的稳健性，即由数百名受试者进行了数百项测试。预呼吸程序的主要变化发生在从航天飞机计划到国际空间站运行的过渡期间。以前，航天员在航天飞机上执行舱外活动任务时必须经历冗长的减压程序，这降低了任务的效率[25,28]。由于国际空间站的建造需要超过 160 次的舱外活动，因此 NASA 不得不设计一种更为有效的减压程序。这里，对其中一些程序进行介绍。

6.3.2.1 穿着舱外服的轻度运动程序

在 1997 年开始测试各种程序之后,NASA 最终将重点放在了一个有前景的程序上,即 V-5 阶段程序(Phase V-5 Protocol)。该程序的测试包含一项多中心试验,其中包括与航天员群体在年龄、性别、体质和体脂百分比等方面都相近的测试参与者。最终的程序包括以下步骤。

(1)开展 60 min 的有氧运动,同时为舱外活动做准备,然后减压至 10.2 psi(约 70.3 kPa),在呼吸浓缩空气的同时进行轻度运动(每千克体重每分钟吸收 5.8 mL 氧气)。

(2)在 10.2 psi(约 70.3 kPa)压力下穿舱外服 30 min。

(3)穿着舱外服进行 50 min 的轻度运动,每千克体重每分钟吸收 6.8 mL 氧气,这相当于用 70 min 走 1 mi(约 1.6 km)的路程,同时呼吸氧气。

(4)休息时进行 50 min 穿着舱外服的预呼吸,期间呼吸氧气。

穿着舱外服的轻度运动程序(见图 6.3)既有优点也有缺点。其中的一个缺点是需要面对进行较长时间穿着舱外服的预呼吸和监测新陈代谢的挑战,但这被诸多优点所抵消。优点之一是与航天飞机时代的预呼吸程序相比,现在在每次舱外活动能够节省 2.5 kg 氧气,这一优点是很重要的,因为在国际空间站上的氧气资源比在航天飞机上的要小得多;第二个优点是减少了航天员戴面罩的时间(见图 6.4);第三个优点是不需要将航天员隔离在气闸舱中。

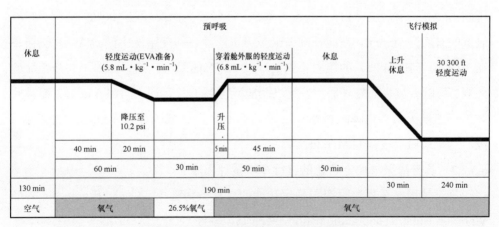

图 6.3 国际空间站预呼吸程序时间线
(来源:NASA)

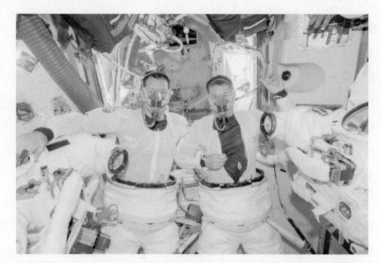

图 6.4　美国航天员谢恩·金布罗（Shane Kimbrough）（右）和托马斯·佩斯奎特（Thomas Pesquet）（左）在国际空间站"探索"号实验舱内进行预呼吸

（实验舱包括气闸舱和设备柜（太空服存放处）。在舱外活动中，航天员安装了新的适配器板，并为新的锂离子电池连接上电线。来源：NASA）

6.3.2.2　露营程序

在国际空间站上用到的第二种程序是露营程序（campout protocol），即在开展舱外活动的前一晚，两名航天员以 10.2 psi（约 70.3 kPa）的压力在气闸舱中"露营"（camp out），他们呼吸氧气浓度为 26.5%。航天员在 10.2 psi（约 70.3 kPa）压力下停留的时间是 8 h 40 min，其中大部分花在睡觉上。醒来后，航天员被复压到 14.7 psi（约 101.4 kPa）的压力水平，同时使用面罩呼吸 100%的氧气。呼吸氧气的时间为 70 min，在此期间航天员可以吃零食和使用洗手间。然后，航天员在 10.2 psi（70.3 kPa）的压力下恢复呼吸 26.5%的氧气，摘下面罩，并开始穿舱外服。待航天员穿上舱外服后，将气闸舱复压到 14.7 psi（约 101.4 kPa），而且此时第三名航天员会进入气闸舱来协助两名航天员在减压进入太空之前进行预呼吸。这一最后阶段持续 50 min。

6.3.2.3　具有隔振与稳定功能的自行车功量计程序

第三种程序是具有隔振与稳定功能的自行车功量计（Cycle Ergometer With Vibration Isolation and Stabilization，CEVIS）程序。

在发射之前，对使用 CEVIS 程序的航天员先利用腿部测力计测试其最大摄氧量。基于该测试结果设计运动程序，将工作量的 12%分配在上半身，并将其余的 88% 分配在下半身。在准备舱外活动时，航天员通过面罩呼吸氧气，并以 75 r/min 的速度进行 3 min 的运动。开始时的运动量为他们最大摄氧量的 37.5%，之后运动强度逐渐增加到最大摄氧量的 50%，然后是最大摄氧量的 62.5%，最后 7 min 是最大摄氧量的 75%。在完成运动后，航天员再呼吸纯氧 50 min，并在 30 min 内将气闸舱减压至 10.2 psi（约 70.3 kPa）。在减压期间，航天员穿上 LCVG 和 LTA。一旦气闸舱的氧浓度稳定在 26.5% 时，航天员就会摘下面罩，并完全穿好舱外服。CEVIS 程序的优点是，在预呼吸阶段的大部分时间里，航天员都在积极地穿舱外服。穿上舱外服后，航天员会进行泄漏检查，然后用 100% 的氧气进行清洗。这一阶段完成后，航天员开始穿着舱外服的预呼吸阶段，即先进行 5 min 的复压到 14.7 psi（约 101.4 kPa），持续 55 min，然后使气闸舱和舱外服减压至 4.3 psi（约 29.6 kPa）。

6.4 气闸舱

在国际空间站上，航天员进行预呼吸的地方是"探索"号舱（见图 6.5）。"探索"号舱分为设备柜和气闸舱，设备柜是航天服的存放处，而气闸舱是航天员进出空间站的地方。

6.5 减压病治疗

虽然在国际空间站上没有出现减压病，但如果航天员患上减压病，也会有相应的治疗程序[29]。轨道上的减压病治疗与地球上的类似，需要根据症状的严重程度进行输液和输高压氧。在减压病治疗的过程中，可以进行有限的神经系统检查。目前，如果有航天员在国际空间站被诊断出患有减压病，则会使他们的座舱压力立即增加到最大，同时让他们呼吸 100% 的氧气。如果症状未能得到解决，将安装减压病治疗适配器（bend treatment adapter，BTA），并施加最大 8 psi（55.1 kPa）的舱外服超压，从而使航天员在 24 psi（165.5 kPa）的压力下呼吸。在这种压力下，气体体积将减少 80% 以上，随后症状预计会消退（注：在航天飞机时代，航天员可以选择返回地球，但在国际空间站上航天员无法使用该选项，而未来的月球或火星航天员也无法使用该选项）。

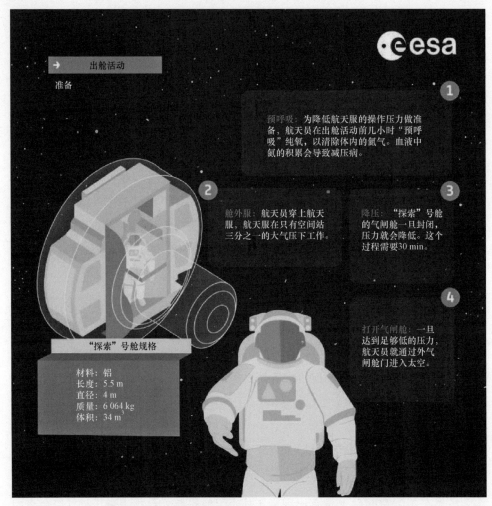

图 6.5　舱外活动预呼吸程序及"探索"号舱的尺寸概况
（来源：ESA）

6.6　体液沸腾

体液沸腾（ebullism）是太空人面临的一种职业危害，是一个描述身体暴露在真空中可导致的后果的术语[30-31]。这样的事件可能发生在严重的舱外活动事故中，从而将导致甚至危及生命的严重生理后果，而这些后果可能无法由航天器上的复压设施来处理。

那么，人体暴露在真空中会发生什么？由于异常压差造成的巨大超压，对肺组织的损害将是灾难性的[32]，这会导致肺组织撕裂、肺泡破裂、出血和肺不张[33]。除了会对肺系统造成损伤，对心血管系统也会造成严重影响，例如心肌（myocardium）会被拉伸，从而导致心脏的收缩力最多只能维持 5~6 min。最初，由于缺氧[30,34]，心脏会试图在 15~20 s 内通过增加心率进行补偿，但心率会在 1 min 内降至基线以下，且 1 min 后动脉压波也会消失。脑血流量严重减少和脑缺氧会对中枢神经系统造成损害。此外，由血泡界面处的血流阻断引起的局部缺血和血栓形成会迅速造成认知功能受损。

这一系列症状表明，体液沸腾可能是一种致命事件，但实际情况却略有不同。例如，在"阿波罗"计划期间曾对灵长类动物进行研究：将研究对象暴露在 12 万 ft（36.6 km）的高空，结果显示存活率为 94%[35-38]。鉴于这种存活率，可以制定治疗方案。虽然目前还没有这样的方案，但研究表明，有一种方法可以拯救暴露在此类事件中的航天员。这种方法的第一步是立即恢复压力，因为这将逆转 VGE 并减少组织肿胀，从而有利于进一步治疗。一旦患者返回航天器居住舱，就可以被施以高压氧治疗。研究表明，可能需要使用高达 6 个大气压的压力，因为 100%的氧气环境由于具有毒性而无法使用。下一步需要在患者气管内进行抽吸和插管，以防止肺气压伤和心脏损害。对于患者可能遭受的内出血，可以通过使用右旋糖酐（dextran）等液体扩张剂来进行治疗。接下来，是使用除颤器（defibrillator）来稳定心脏的收缩力。最后，需要一种能够对抗外周血管功能不全和大脑缺氧并防止钙超载（calcium overloading）的药物治疗措施。

6.7 总结

减压病对那些冒险进入太空的航天员来说是一种职业危害。迄今为止，通过应用专门针对太空飞行而进行过严格测试的预呼吸程序，已经有效减轻了这一任务所面临的风险。但是，在地球轨道以外的任务计划需要进一步开发和验证更有效的预呼吸程序，并研究是否可以使用变压舱外活动服来作为降低减压病风险的一种手段。

参考文献

[1] Conkin, J., Gernhardt, M. L., Powell, M. R., & Pollock, N. A probability model of decompression sickness at 4.3 psia after exercise prebreathe [R]. In NASA Technical Publication NASA/TP-2004-213158. Houston: Johnson Space Center, 2004.

[2] Dixon, G. A., Adams, J. D., Olson, R. M. &, Fitzpatrick, E. L. Validation of additional prebreathing times for air interruptions in the shuttle EVA prebreathing profile [C]. In Proceedings of the 1980 Aerospace Medical Association Annual Scientific Meeting, Anaheim, CA, pp. 16-17, 1980.

[3] Gernhardt, M. L., Conkin, J., Foster, P. P., Pilmanis, A. A., Butler, B. D., Fife, C. E., et al. Design of a 2-hr prebreathe protocol for space walks from the International Space Station [J]. [Abstract # 43]. Aviation, Space, and Environmental Medicine, 71: 49, 2000.

[4] Gernhardt, M. L., Dervay, J. P., Welch, J., Conkin, J., Acock, K., Lee, S., Moore, A., & Foster, P. Implementation of an exercise prebreathe protocol for construction and maintenance of the International Space Station-Results to date [J]. [Abstract # 145]. Aviation, Space, and EnvironmentalMedicine, 74: 397, 2003.

[5] Kumar, K. V., Waligora, J. W., & Gilbert, J. H. 3rd. The influence of prior exercise at anaerobic threshold on decompression sickness [J]. Aviation, Space, and Environmental Medicine, 63: 899-904, 1992.

[6] Webb, J. T., Fischer, M. D., Heaps, C. L., & Pilmanis, A. A. Exercise-enhanced preoxygenation increases protection from decompression sickness [J]. Aviation, Space, and Environmental Medicine, 67: 618-624, 1996.

[7] Webb, J. T., Kannan, N., & Pilmanis, A. A. Gender not a factor for altitude decompression sickness risk [J]. Aviation, Space, and Environmental Medicine, 74: 2-10, 2003.

[8] Blatteau, J. E., Souraud, J. B., Gempp, E., & Boussuges, A. Gas nuclei, their origin, and their role in bubble formation [J]. Aviation, Space, and Environmental Medicine, 77: 1068–1076, 2006.

[9] Boothby, W. M., Luft, U. C., & Benson, O. O., Jr. Gaseous nitrogen elimination. Experiments when breathing oxygen at rest and at work with comments on dysbarism [J]. Journal of viation Medicine, 23: 141–176, 1952.

[10] Foster, P. P., Feiveson, A. H., Glowinski, R., Izygon, M., & Boriek, A. M. A model for influence of exercise on formation and growth of tissue bubbles during altitude decompression [J]. American Journal of Physiology-Regulatory Integrative and Comparative Physiology, 279: R2304–R2316, 2000b.

[11] Cameron, B. A., Olstad, C. S., Clark, J. M., Gelfand, R., Ochroch, E. A., & Eckenhoff, R. G. Risk factors for venous gas emboli after decompression from prolonged hyperbaric exposures [J]. Aviation, Space, and Environmental Medicine, 78: 493–499, 2007.

[12] Kumar, K. V., Powell, M. R., & Waligora, J. M. Evaluation of the risk of circulating microbubbles under simulated extravehicular activity after bed rest [C]. SAE Technical Paper Series No. 932220. 23rd International Conference on Environmental Systems. Colorado Springs, CO, 12-15 July, 1993.

[13] Powell, M. R., Waligora, J. M., Norfleet, W. T., & Kumar, K. V. Project ARGO-Gas phase formation in simulated microgravity [R]. NASA Technical Memorandum 104762. Johnson Space Center: Houston, 1993.

[14] Conkin, J., Powell, M. R., Foster, P. P., & Waligora, J. M. Information about venous gas emboli improves prediction of hypobaric decompression sickness [J]. Aviation, Space, and Environmental Medicine, 69: 8, 1998.

[15] Conkin, J., Waligora, J. M., Horrigan, D. J., Jr., & Hadley, A. T. III. The effect of exercise on venous gas emboli and decompression sickness in human subjects at 4.3 psia [R]. NASA Technical Memorandum 58278. Johnson Space Center, Houston, USA, 1987.

[16] Horrigan, D. J., & Waligora, J. M. The development of effective procedures for

the protection of space shuttle crews against decompression sickness during extravehicular activities [C]. Proceedings of the 1980 Aerospace Medical Association Annual Scientific Meeting, Anaheim, CA, 1980.

[17] Pilmanis, A. A., Petropoulos, L. J., Kannan, N., & Webb, J. T. Decompression sickness risk model: development and validation by 150 prospective hypobaric exposures [J]. Aviation, Space, and Environmental Medicine, 75: 749–759, 2004.

[18] Ryles, M. T., & Pilmanis, A. A. The initial signs and symptoms of altitude decompression sickness [J]. Aviation, Space, and Environmental Medicine, 67: 983–989, 1996.

[19] Dixon, J. P. Death from altitude-induced decompression sickness: major pathophysiologic factors [M]. In A. A. Pilmanis(Ed.), The Proceedings of the 1990 Hypobaric Decompression Sickness Workshop (Report AL-SR–1992–0005) (pp. 97–105). San Antonio: Brooks AFB, 1992.

[20] Dervay, J., & Gernhardt, M. Decompression sickness in spaceflight: Likelihood, prevention and treatment. Version 1.04, 2001.

[21] Hankins, T. C., Webb, J. T., Neddo, G. C., Pilmanis, A. A., & Mehm, W. J. Test and evaluation of exercise enhanced preoxygenation in U–2 operations. Aviation, Space, and Environmental Medicine, 71: 822–826, 2000.

[22] Loftin, K. C., Conkin, J., & Powell, M. R. Modeling the effects of exercise during 100% oxygen prebreathe on the risk of hypobaric decompression sickness [J]. Aviation, Space, and Environmental Medicine, 68: 199–204, 1997.

[23] Conkin, J., Kumar, K. V., Powell, M. R., Foster, P. P., & Waligora, J. M. A probabilistic model of hypobaric decompression sickness based on 66 chamber tests [J]. Aviation, Space, and Environmental Medicine, 67: 176–183, 1996.

[24] Webb, J. T., & Krutz, R. W. An annotated bibliography of hypobaric decompression sickness research conducted at the crew technology division, USAF School of Aerospace Medicine, Brooks AFB, Texas from 1983–1988 [R]. USAFSAM-TP–88–10, Brooks AFB, TX, 1988.

[25] Dujić, Z., Duplancic, D., Marinovic-Terzic, I., Bakovic, D., Ivancev, V., Valic, Z., Eterovic, D., Petri, N. M., Wisløff, U., & Brubakk, A. O. Aerobic exercise before diving reduces venous gas bubble formation in humans [J]. Journal of Physiology, 555: 637 – 642, 2004.

[26] Gernhardt, M. L. Overview of Shuttle and ISS Exercise Prebreathe Protocols and ISS protocol accept/reject limits. Prebreathe protocol for extravehicular activity technical consultation report [R]. NASA/TM – 2008 – 215124. 2008

[27] Krutz, R. W., & Dixon, G. A. The effect of exercise on bubble formation and bends susceptibility at 9, 100 m (30, 000 ft; 4.3 psia) [J]. Aviation, Space, and Environmental Medicine, 58 (9, Suppl): A97 – A99, 1987.

[28] Pollock, N. W., Natoli, M. J., Vann, R. D., Nishi, R. Y., Sullivan, P. J., Gernhardt, M. L., Conkin, J., & Acock, K. E. High altitude DCS risk is greater for low fit individuals completing oxygen prebreathe based on relative intensity exercise prescriptions [J]. [Abstract #50]. Aviation, Space, and Environmental Medicine, 75: B11, 2004.

[29] McIver, R. G., Beard, S. E., Bancroft, R. W., & Allen, T. H. Treatment of decompression sickness in simulated space flight [J]. Aerospace Medicine, 38: 1034 – 1036, 1967.

[30] Pilmanis, A. A., Webb, J. T., Balldin, U. I., Conkin, J., & Fischer, J. R. Air break during preoxygenation and risk of altitude decompression sickness [J]. Aviation, Space, and Environmental Medicine, 81: 944 – 950, 2010.

[31] Rudge, F. W. The role of ground level oxygen in the treatment of altitude chamber decompression sickness [J]. Aviation, Space, and Environmental Medicine, 63: 1102 – 1105, 1992.

[32] Vann, R. D., Gerth, W. A., Leatherman, N. E., & Feezor, M. D. A likelihood analysis of experiments to test altitude decompression protocols for shuttle operations [J]. Aviation, Space, and Environmental Medicine, 58: A106 – A109, 1987.

[33] Conkin, J., Edwards, B., Waligora, J., & Horrigan, D. Empirical Models for use

in designing decompression procedures for space operations. NASA-TM – 100456, 1987.

[34] Hall, W. M., & Cory, E. L. Anoxia in explosive decompression injury [J]. American Journal of Physiology, 160: 361 – 365, 1950.

[35] Dunn, J. E., Bancroft, R. W., Haymaker, W., & Foft, D. W. Experimental animal decompressions to less than 2 mmHg Abs. (Pathological Effects) [J]. Aerospace Medicine, 36: 725 – 732, 1965.

[36] Burch, B. H., Kemp, J. P., Vail, E. G., Frye, S. A., & Hitchcock, F. A. Some effects of explosive decompression and subsequent exposure to 30 mmHg upon the hearts of dogs [J]. Journal of Aviation Medicine, 23, 159 – 167, 1952.

[37] Cooke, J. P., & Bancroft, R. W. Some cardiovascular responses in anesthetized dogs during repeated decompressions to a near-vacuum [J]. Aerospace Medicine, 37: 1148 – 1152, 1966.

[38] Koestler, A. G. Replication and extension of rapid decompression of chimpanzees to a near vacuum [R]. ARL-TR – 67 – 2, Aeromedical Research Lab, Holloman Air Force Base, 1967.

延伸阅读文献

Conkin, J., Gernhardt, M. L., Powell, M. R., & Pollock N. A probability model of decompression sickness at 4.3 psia after exercise prebreathe [R]. NASA Technical Publication NASA/TP – 2004 – 213158, Houston: Johnson Space Center, 2004.

Jenkins, D. R (Ed.). Dressing for altitude: U.S. aviation pressure suits, Wiley Post to space shuttle [M]. NASA SP – 2011 – 595. ISBN 978 – 0 – 16 – 090110 – 2, NAS. Also available as a free online book at: https: //www.nasa. gov/pdf/ 683215main_ DressingAltitude-ebook. pdf, 2012.

Thomas, K. S., & McMann, H. J. US Spacesuits. Springer-Verlag, 2005.

第 7 章

太空不利环境因素的对抗措施

> 📖 **学习提要**

① 太空中运动对策的历史；

② 美国轨道段对策计划（USOS countermeasure program）的特点；

③ 长期太空飞行时运动能力会发生什么变化；

④ 辐射暴露背景下，术语"允许暴露限值"（permissible exposure limit）的含义；

⑤ "尽可能低"的原则（ALARA Principle）的含义；

⑥ "相对安全尽可能高"的原则（AHARS Principle）的含义；

⑦ 如何在国际空间站上使用主动和被动剂量计；

⑧ 目前国际空间站上使用的四种探测器及其工作原理；

⑨ "套娃"（Matroshka）辐射实验如何帮助评价辐射暴露；

⑩ 水作为辐射屏蔽层的用途；

⑪ 线能量转移（LET）和相对生物学效应（RBE）的含义；

⑫ 辐射损伤与修复的机制；

⑬ 三种潜在的药理学辐射防护对策及其工作原理；

⑭ 太空飞行中免疫系统是如何被抑制的；

⑮ 补品如何增强免疫系统的功能。

7.1 引言

在太空中驻留一段时间会导致许多生理变化，可能会对航天员的健康产生深远的负面影响。这些生理变化包括最大摄氧量减少、肌肉和力量减少以及骨矿物质密度（Bone Mineral Density，BMD）减少。减少负面影响的一种方法是严格采取对策，如运动。在国际空间站时代，航天员有了各种运动设备，包括高级阻力运动装置（Advanced Resistive Exercise Device，ARED）、CEVIS、飞轮运动装置（Flywheel Exercise Device，FWED）及被创造性命名的联合运行负重抗阻跑步机（Combined Operational Load Bearing Resistance Treadmill，COLBERT）。

然而，随着空间机构将注意力转向地球轨道以外的任务，任务的绝对长度使这些对策变得越来越重要。据悉，航天员在轨道上每个月的 BMD 会损失 1.0%～1.2%。尽管该损失很大，但在一定程度上是可控的，因为航天员只在低地球轨道停留 6 个月后就会回到各自工作单位的舒适环境中并得到康复专家的照料。

那么，执行火星任务或面向更远的飞行任务会发生什么呢？首先是为期 6 个月的星际旅行，在此期间航天员将失去大约 7%的 BMD；之后，是进行表面驻留。第一次任务可能只需要在火星表面驻留 1 个月。由于火星的重力降低，因此航天员不会损失太多的 BMD，预计损失量约为 0.5%。另外，在返回地球的旅途中，每名航天员可能会再失去 7%或更多的 BMD，这使得 BMD 损失总量会达到 15%左右以上。这种情况可能是灾难性的，因此，有必要采取对策。不过，与宽敞的国际空间站相比，NASA 的"猎户座"号多功能载人航天飞船（"Orion" Multi-Purpose Crew Vehicle）（见图 7.1）很小，这意味着可用于采取对策的空间将非常宝贵。

在讨论飞往火星的对策之前，先回顾太空运动的应用历史会很有启发。

7.2 太空运动的应用简史

如果对这一主题感兴趣，可以关注 Moore[1]和 Hackney[2]，因为 Moore 对运动对策的发展进行了全面描述，而 Hackney 对每个项目中使用的运动设备进行了简要总结。在美国的太空计划中，运动的第一次应用是在"水星"计划，当时航

第 7 章　太空不利环境因素的对抗措施　　197

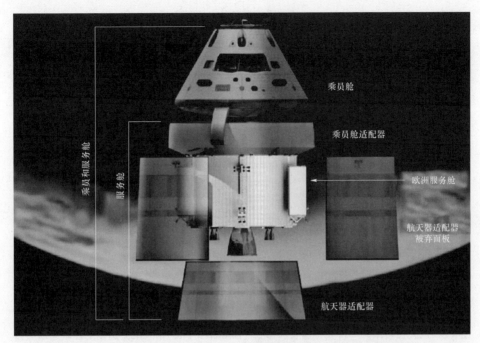

图 7.1　NASA 的"猎户座"号多功能载人航天飞船结构示意图
(来源：NASA)

天员候选人要接受各种运动测试，以作为选拔的一部分。在苏联，运动也是当时航天员选拔的一项考核内容，如图 7.2 所示。

尽管"水星"计划很短，但仍有一些航天员飞行后的报告显示，在着陆后出现体位性低血压（postural hypotension），这使 NASA 的医学操作办公室（Medical Operations Office）注意到，"如果着陆后不久需要紧急逃生，则可能需要一项规定的在轨运动计划来排除症状"[3]。此后，在"双子座"计划中进行了更广泛的生理测试，而且，由于这些任务时间更长，所以生理效应也更明显。例如，在"双子座"7 号飞行之后，研究人员发现，在太空中

图 7.2　苏联航天员尤里·加加林正在进行运动测试
(来源：俄罗斯航天局（RSA）)

度过14天运动能力就会明显降低。基于"双子座"计划的生物医学结果,"阿波罗"计划期间便将进行在轨运动作为一种对策,这种做法是明智的。由此,航天员得以使用一种现有改进型的在轨运动装置(见图7.3)。尽管"阿波罗"计划期间的航天员首次利用运动作为对策,但运动的生理好处尚不明朗,虽然航天员反馈运动有助于他们放松。

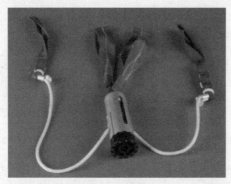

图7.3　航天员使用的一种允许等长和等张(isometric and isotonic)运动的在轨运动装置
(该装置被用于改善长时间空间停留所导致的肌肉萎缩和骨量减少等现象。来源:NASA)

下一个项目是在"天空实验室"(Skylab)。"天空实验室"接待了3名航天员,而且任务时间较长(SL-2,28天;SL-3,56天;SL-4,84天),这样研究人员才能够收集到名副其实的生物医学数据。例如,在SL-2任务期间,航天员每天使用自行车功量计运动30 min(见图7.4);在SL-3任务期间,该运动时间增加到了每天60 min;在SL-4任务期间,该运动时间增加到了每天90 min。

图7.4　SL-2任务期间航天员查尔斯·康拉德(Charles Conrad)在自行车功量计上进行运动
(利用自行车功量计进行MO93心电向量图测试实验,以评估航天员心血管系统的变化。来源:NASA)

在"天空实验室"收集的生理数据非常广泛,可在以下在线文档中找到:https://ntrs.nasa.gov/archive/nasa/casi.ntrs.nasa.gov/19770026836.pdf。下面就这些发现进行简要介绍。在 SL-2 飞行任务期间,航天员的腿部伸肌力量减少了约 25%(日平均减少率为 0.9%);而在 SL-4 飞行任务期间航天员的腿部伸肌力量减少了约 10%(日平均减少率为 0.1%),而且着陆后航天员能够毫无困难地站立和行走。尽管自行车功量计的能力有限,但在整个三次飞行任务期间,航天员的运动能力似乎下降很少或根本没有下降。在 SL-4 飞行任务期间,也许是由于运动时间的增加,该名航天员的心血管参数比前两名航天员恢复得更快。

来自"天空实验室"的数据使得航天飞机时代从一开始就明确了运动对策使用的必要性。该时代跨越了 30 年,共飞行 135 次,任务时长为 2~17 天不等。尽管在计划执行过程中也评估了跑步机和划船功量计(rowing ergometer),但主要的运动装置仍是自行车功量计(见图 7.5)。在航天飞机时代,其飞行规则要求指挥官、飞行员和飞行工程师每隔一天进行一次运动,任务专家每三天进行一次运动,尽管并未规定运动的强度和持续时间[4]。事实证明,运动对策是有效的,在长达两周的飞行中,航天员最大摄氧量保持不变[4]。在航天飞机计划的后期,在"延长持续时间轨道飞行器医疗项目"(extended duration orbiter medical project)的支持下,研究人员比较了运动和不运动对航天员的影响。研究结果表明,进行最大强度运动的航天员和最频繁运动(每周超过三次)的航天员的最大摄氧量减少最小[4-5]。

当国际空间站开始运行后,由于飞行任务的时间显著延长,因此更加注重对策措施。国际空间站分为 ROS 和 USOS,其中包括 ESA 舱("哥伦布"舱)和 JAXA 舱(日本实验舱)。之后,将首先讨论 USOS 的对策能力,然后讨论 ROS 的对策能力。USOS 中的主要运动对策装置包括 ARED、FWED、CEVIS 和 COLBERT(见表 7.1)。有关 USOS 对策项目的详细说明可参考 Hackney 等[6]和 Loehr 等[7]。

目前,很难评价这些运动的效果,因为在国际空间站上,所有长时间执行任务的航天员都必须遵守飞行规则,而该规则明确规定,所有航天员都必须进行运动,所以,不可能比较飞行中运动和不运动的效果。尽管如此,目前仍有一些来自长期执行任务的航天员的丰富数据。例如,已经知道国际空间站航天员的骨矿物质密度流失率(腰椎为 3%,髋部为 6%)低于"和平"号航天员在第 117~438 天飞行任务期间的骨矿物质密度流失率[10]。同样,在航天员之间也存在显著差异,

图 7.5 多年来航天员在各种航天器上使用过的运动对策硬件

(第一排从左至右:航天员亚历山大·格斯特(Alexander Gerst)在国际空间站上使用高级阻力运动装置(ARED)进行运动(来源:ESA/NASA)。航天员弗兰克·德·维尼(Frank de Winne)在国际空间站上使用 T2 跑步机进行运动。航天员卢卡·帕米塔诺(Luca Parmitano)在国际空间站上使用具有隔振和稳定系统的自行车功量计(CEVIS)(来源:ESA/NASA)。中间排从左到右:航天员丹·塔尼(Dan Tani),"远征"16 号飞行工程师,在国际空间站上使用临时阻力运动装置(Interim Resistive Exercise Device,IRED)进行运动。航天员乔·塔纳(Joe Tanner),STS-97 任务专家,在"奋进"号航天飞机上使用自行车功量计。航天员桑德拉·马格纳斯(Sandra Magnus),"远征"18 号飞行工程师,使用具有隔振和稳定系统的跑步机(TVIS)。第三排从左到右:"阿波罗"11 号航天员使用的"阿波罗"运动器(来源:史密斯尼国家航空航天博物馆(NASM2009-4775))。在"天空实验室"SL-4 中使用的带有聚四氟乙烯涂层的跑步机式设备.(说明:以上图片未说明来源的均来自 NASA))

表 7.1　国际空间站美国轨道段对策项目的特点[8-9]

序号	项目内容
1	包括有氧运动和阻力运动
2	高频项目，每天做两次（第一次 30～45 min 的有氧运动，第二次 45 min 的阻力运动；每周做 6 天）
3	多模式，利用一台阻力装置（如 ARED）和两台有氧装置（如 COLBERT 和 CEVIS），如图 7.6 所示
4	有氧运动和阻力运动在同一天完成，通常间隔时间很短，以便能够节省卸载/装载运动器材的时间
5	T2 跑步机允许运行速度高达 20.4 km/h，垂直负载相当于 54.4～68.0 kg
6	CEVIS 提供了在 120 r/min 下高达 350 W 的工作负载
7	有氧运动包括稳态型和间隔型两种方案，目标强度分别为最大摄氧量的 75%～80%和 60%～90%
8	ARED 适用于所有主要肌肉群，负荷可达 272 kg
9	阻力方案对于下半身和上半身是多组和多重复的，初始载荷按照 10 次重复的最大载荷（加上 75%的体重以补偿没有体重的情况）进行计算，然后根据性能进行调整

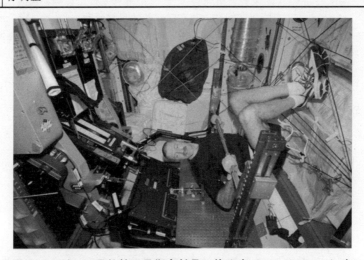

图 7.6　远征 30 号的航天员指令长丹·伯班克（Dan Burbank）在国际空间站的宁静号座舱中使用 ARED 进行运动

（来源：NASA）

一些航天员在完成 6 个月的飞行任务后流失了高达 15%的骨矿物质密度，这相当于每个月的流失率竟然高达 2.5%[10]。最近，航天员的骨矿物质密度流失率在逐渐降低，原因之一是对策设备出现了变化。在国际空间站的早期，首选的运动设备是 IRED。该装置（见图 7.7）由 SpiraFlex 公司设计，可为航天员提供高达 300 lb 的线性阻力，从而能够使航天员进行深蹲以支撑他们的腿和脊椎，这在微重力条件下是最难完成的。

图 7.7　JAXA 航天员若田光一（"远征" 20 号飞行工程师）当时在国际空间站上正在完成他的日常运动

（当时该 IRED 位于 ESA 的 "和谐" 号舱内。IRED 于 2000 年被安装在国际空间站上，是第一个专门为太空设计的阻力运动装置。该装置一直被使用到 2009 年。来源：NASA）

用 ARED 替代 IRED，则骨矿物质密度的流失率会明显减少。在使用 IRED 期间，航天员可能会在所有骨骼部位流失 3.7%～6.6%的骨矿物质密度，而在使用 ARED 期间，航天员可能会流失 2.6%～4.1%的骨矿物质密度。另一个好处是对肌肉萎缩的影响，目前使用 ARED，航天员所有部位的肌肉流失率降低了 8%～17%[11]。

7.3　运动能力

应对骨矿物质密度的流失和肌肉萎缩只是国际空间站上运动设备的一部分作用，因为航天员同时还必须保持他们的运动能力。测量有氧能力的一个指标是最大摄氧量，即测量运动时每千克体重每分钟需要的氧气量。航天员在飞行前、飞行中（见图 7.8）和飞行后都会进行最大摄氧量测量，其结果证明，与所有的身体健康指标一样，航天员利用氧气的能力也出现了明显下降。究其原因，首先是由肌肉萎缩所引起的。想象一下一个人失去了 20%～25%的呼吸肌（肋间肌和肋内肌)后的情形,显然,这会使呼吸更加困难。当然,还存在工作肌(骨骼肌和心肌)的流失问题,即如果一个人的肌肉和心脏变小了,那么其运动起来必然会更加困难。实际测量结果表明,与飞行前数据相比,航天员的最大摄氧量下降了15%~25%[1,12]。

图7.8 美国航天员丹·伯班克(Dan Burbank)在具有振动隔离和稳定功能的CEVIS上进行运动时的最大摄氧量测试

(来源:NASA)

一般来说,将运动对策系统的演变与运动训练规则的操作(连续与间隔,高强度与低强度)相结合,可以使心血管和心肺适应达到中等水平。同时,与骨矿物质密度流失一样,航天员在上述方面也存在着较大的个体差异。所以对运动对策仍然需要优化以便能够尽量减少这种差异。

随着人类计划去更远的地方冒险,如何优化运动对策也将面临着重大挑战。这是因为航天局的航天员(与某些可能乘坐"星舰"(Starship)冒险前往红色星球的极其富有的商业航天员相反)前往火星的交通工具是NASA的"猎户座"飞船,它的可居住容积不到9 m^3(国际空间站的可居住容积超过900 m^3)——这连转身都很困难,更不用说开展各种运动对策。因此,在地球轨道以外的探测任务中复制国际空间站运动对策几乎是不可能的。为此,研究人员共同努力开展了运动变量的研究,以试图制定出更加有效的运动对策,从而使这些对策可以在"猎户座"飞船的范围内得到应用(见图 7.9)。经过调整的变量包括模式、频率、持续时间、工作量、恢复程度、紧张状态下的时间和强度。在表 7.2 中列出了近年来进行的一些研究的概况。

图 7.9 "猎户座"飞船的内部局部构造
(来源:NASA)

表 7.2 运动对策的项目研究概况

序号	项目内容
1	个体差异:真实差异与受试者内部随机差异比较[13]
2	高强度间歇训练:有效性和安全性[14,16]
3	强度的发展与保持:不同训练变量对阻力训练有效性的贡献[15]
4	并行训练:为使训练效果最大化而安排的有氧和阻力运动[17]
5	增强式/冲击运动:对肌肉骨骼和心血管系统的影响[11]
6	营养在促进对运动训练适应中的作用[18]
7	互补策略:可以增强运动效果或减少对运动依赖的对策[19]

7.4 辐射防护对策

任何航天器的 LSS,除了帮助航天员保持健康外,它的另一个关键功能是保护航天员免受辐射的侵害。

辐射到底是如何损害人体生理结构的？人体内有丰富的水分子，其中的关键成分是氧。氧的存在是很重要的，因为氧分子是活性自由基形成的关键。这意味着在氧气浓度高的地区，辐射的影响会增加；相反，在氧气浓度低的区域，组织和细胞由于缺氧而受到保护。在所有自由基中，羟基自由基是最具破坏性的自由基之一，这种自由基可以损伤的结构之一是脱氧核糖核酸（deoxyribonurcleic acid，DNA），它是细胞存活的关键结构[20]。羟基自由基和其他氧化自由基一起，造成 DNA 的双链断裂（double-strand breaks，DSB）和碱基损伤（base lesion）。这时，虽然身体会开始尝试努力修复，但这个过程并不总是成功的，因为如果相对链上的两个受损碱基离得太近，就可能导致双链断裂。

这种机制被称为 DNA 损伤反应（DNA damage response，DDR），它受到辐射剂量、辐射类型和暴露于该辐射中的组织数量等因素的影响。在关键蛋白（MRE_{11}、RAD_{50} 和 NBS_1）的帮助下（其首先确定损伤情况，然后将断裂的 DNA 链结合在一起），受损的 DNA 可得到修复。修复过程有两种途径，一种途径是同源定向修复（homology-directed repair，HDR），这是一个不会导致错误的过程；另一种途径是非同源端连接（non-homologous end joining，NHEJ），这是一个会导致序列缺失的过程。如果细胞不能成功修复，就会导致基因组不稳定，进而导致突变和癌变。突变的程度和致癌风险的程度取决于组织类型、辐射剂量和暴露于辐射的组织数量[20]。目前，这些突变是如何发生的还不完全清楚，但它可能是祖细胞或血管损伤和持续氧化应激的结果。还有一种风险是反复暴露在辐射中，这是深空航天员肯定要遇到的情形。在这种情况下，航天员会反复感染炎症，导致纤维化和 DNA 损伤增加，进而造成永久性组织损伤，甚至可能死亡。

7.4.1 为航天员设定可接受的风险水平

NASA 为其航天员设定的允许暴露剂量限值（permissible exposure limit，PEL），是为了防范飞行风险，并从伦理、道德和资金的角度将风险限制在可接受的水平。20 世纪六十七年代，PEL 是根据美国国家科学院（National Academy of Sciences，NAS）的建议制定的。20 世纪 80 年代，在积累了更多关于辐射暴露的数据后，NASA 要求国家辐射防护委员会（National Council on Radiation Protection，NCRP）重新评估在近地轨道上工作的航天员的辐射剂量限值。待重新评估后，NCRP 在 1989 年发表了第 98 号报告，其中对年龄和性别的职业剂量限值提出建议，并将癌症死亡率增加 3%作为风险限值。

继第 98 号报告后，NCRP 在 1997 年和 2000 年发布的报告中，对低地球轨道辐射风险的可接受水平进行了修订[21]。航天员一生中患癌概率增加 3%①的风险水平与核设施工作人员所承受的风险水平相似。其不同之处在于，与低地球轨道的接触限值相比，核设施工作人员接触的辐射剂量相当于在相对较低的辐射剂量下所接触的量。例如，在核反应堆中工作人员很少会接触每年 2 mSv 的平均暴露剂量，这明显低于航天员在国际空间站上停留 6 个月所接触的 80 mSv 的有效剂量。重要的是，地面工作人员长期暴露在低水平辐射中（与低地球轨道的辐射水平相比），而航天员同时暴露在慢性和急性辐射中。

7.4.2 允许暴露剂量限值

NASA 在制定 PEL 时，考虑了许多因素，包括年龄、性别、潜伏效应、组织类型差异及性别的寿命差异[22]。当考虑到所有这些因素时，就可以进行风险预测，并可以预测暴露所引起的致命癌症的死亡风险（risk of exposure induced death，REID）（见表 7.3）。

表 7.3 基于 3% REID 的 1 年飞行任务理论剂量限值*

暴露时的年龄	达到 3% REID 时的辐射暴露剂量限值/mSv（平均生命损失时间/年）	
	男性	女性
30	620（15.7）	470（15.7）
35	720（15.4）	550（15.3）
40	800（15.0）	620（14.7）
45	950（14.2）	750（14.0）
50	1 150（12.5）	920（13.2）
55	1 470（11.5）	1 120（12.2）

*修改自：Cucinotta, F. Radiation risk acceptability and limitations. (https://three.jsc.nasa.gov/articles/AstronautRadLimitsFC.pdf). 12－21－2010.

---

① 有许多方法可以设定可接受的风险水平。一种是设定一个无限的风险水平，但这不会受到航天员或他们家人的欢迎；另一种方法是将辐射诱发癌症造成的生命损失与普通人群中的癌症死亡风险相比较；目前的方法将地面核设施工作人员作为参考点。

NASA 应用的另一种限值是针对非癌症效应的。例如，辐射暴露也可能导致前驱效应（prodromal effect），如恶心和疲劳，还可能导致心脏病、痴呆和中枢神经系统损伤。对于非癌症效应的剂量限值，NASA 计算了对身体主要器官的相对生物学效应因子，如表 7.4 和表 7.5 所示。

表 7.4 短期和职业生涯非癌症影响的剂量限值[*]

器官	30 天限值/mGy–Eq[#]	1 年限值/mGy–Eq	职业生涯限值/mGy–Eq
晶状体	1 000	2 000	4 000
皮肤	1 500	3 000	6 000
造血器官	250	500	N/A
心脏	250	500	1 000
中枢神经系统	500	1 000	1 500

[*]修改自：2015 年 4 月 7 日向 NAC HEOMD/SMD 联合委员会发布的辐射健康风险预测简报（Radiation Health Risk Projections Briefing to NAC HEOMD/SMD Joint Committee）。
[#]Milli-Gray 当量（equivalent），Gray（Gy）是国际标准（SI）的吸收剂量单位。1 Gy 表示 1 kg 物质吸收 1 J 的辐射能量。
说明：Gy 不同于 Sievert（Sv），后者是代表辐射生物效应的 SI 单位。

表 7.5 通过估算组织对癌症的贡献而计算出的组织加权因子

器官	组织加权因子	器官	组织加权因子
性腺	0.20	肝脏	0.05
骨髓（红色）	0.12	食道	0.05
结肠	0.12	甲状腺	0.05
肺	0.12	皮肤	0.01
胃	0.12	骨骼表面	0.01
膀胱	0.05	其余脏器	0.05
胸部	0.05		

注：其余脏器包括肾上腺、脑、肠、肾脏、肌肉、脾脏

欧洲航天局（ESA）和俄罗斯航天局（RSA）等其他空间机构，则主要根据国际辐射防护委员会（International Commission on Radiological Protection，ICRP）

公布的数据估算剂量限值[23]。这些剂量限值适用于低地球轨道上的航天员，尽管已经评估了航天员前往月球（见图 7.10）或火星时将面临的风险（见表 7.6），但目前还没有深空剂量限值。

图 7.10　NASA 的"阿尔忒弥斯"计划（Artemis Program）
原准备将于 2024 年将航天员送上月球
（来源：NASA）

表 7.6　在太阳辐射最低限度及被 5 g/cm² 铝屏蔽层屏蔽的条件下在
月球或火星飞行任务中引起致命癌症的有效剂量（E）和 REID*

任务类型	$E^{\#}$/Sv	REID/%	$E^{\#}$/Sv	REID/%
	男性（40 岁）		女性（40 岁）	
月球驻留（180 天）	0.17	0.68	0.17	0.82
火星短期驻留（600 天）	1.03	4.0	1.03	4.9
火星长期驻留（1 000 天）	1.07	4.2	1.07	5.1

*修改自：Cucinotta and Durante（2006）。
#有效剂量 E 是指易患癌症的组织的有效剂量平均值。

对于希望将航天员送往月球进行长期驻留或将航天员送往火星（见图 7.11）的航天机构来说，表 7.6 给出的数字很不乐观。在月球上驻留 180 天会接受到 170 mSv 的辐射剂量，是在国际空间站驻留 180 天的两倍多；往返火星会接受到超过 1 000 mSv 的辐射剂量，这超过了 NASA 指导方针中的限值（见表 7.7 和表 7.8）。该指导方针规定航天员一生中接受的辐射剂量不得超过这一限值，否则

第 7 章 太空不利环境因素的对抗措施 209

图 7.11 NASA 的火星之旅概念图
（来源：NASA）

表 7.7 NASA 航天员的职业暴露限值 [a]

年龄	25	35	45	55
男性航天员暴露限值/Sv	1.50	2.50	3.25	4.00
女性航天员暴露限值/Sv	1.00	1.75	2.50	3.00

[a] 航天员的器官和职业暴露限值取决于年龄和性别。一个地球上的普通人员接受的平均剂量是 0.003 6 Sv，而一个在核电站的工作人员每年可能会接触到高达 0.05 Sv 的辐射剂量，但未超过国际标准（SI）。可以看出，对航天员的暴露限值要高得多。

表 7.8 航天员和普通大众的辐射穿透深度和暴露限值

	暴露时间间隔	造血器官（5 cm 深）暴露限值/Sv	眼睛（0.3 cm 深）暴露限值/Sv	皮肤（0.01 cm 深）暴露限值/Sv
航天员	30 天	0.25	1.0	1.5
	一年	0.50	2.0	3.0
	职业生涯	1~4	4.0	6.0
普通大众	一年	0.001	0.015	0.05

患致命癌症的风险将增加 5%甚至更高。对于开始这样一次旅行的航天员来说，累积辐射剂量相当于每 5 天进行一次全身 CT 扫描[24-25]。此外，暴露于超过

1 000 mSv 的辐射剂量还不是终身的"被测剂量",航天员在不到 3 年的时间内就会获得这个剂量。在如此短的时间内暴露于如此大剂量的辐射中,会导致航天员的身体在细胞水平上发生变化,并可能导致出现轻度急性辐射综合征(acute radiation syndrome,ARS)症状。

7.4.3　ALARA 原则

NASA 可能会通过额外的屏蔽来减少辐射暴露剂量,可供选择的一种方式是应用不同的风险策略[26]。通常,NASA 在将航天员暴露于辐射中时,采用了"尽可能低"(as low as reasonably achievable,ALARA)的原则,而另一种方式可能是将这一原则改为"相对安全尽可能高"(as high as relatively safe,AHARS)。航天员由于暴露在如此强的辐射中而被归类为辐射工作人员,但是,也正因为航天员被暴露在如此强的辐射中,他们所接受的辐射剂量超过了所有地面上的限值,因此职业安全与健康管理局(Occupational Safety and Health Administration,OSHA)给了 NASA 一项豁免权,即允许制定自己的指导方针。随着加快推进新型航天器的可操作化,如高速可变比脉冲磁等离子体火箭(variable specific impulse magnetoplasma rocket,VASIMR)(见图 7.12),辐射风险可能会被降低,或者也可以通过更好的屏蔽来降低。但这两种技术在得到应用之前,如何应对辐射风险仍是一个棘手的问题。

图 7.12　高速可变比脉冲磁等离子体火箭概念图

(该航天器的时速预计会接近 2.3×10^5 km,可以在 6 周内到达火星。来源:Ad Astro 公司)

7.4.4 辐射剂量测定与检测

在国际空间站上进行的辐射监测是为了收集、分析和描述辐射环境，以便更好地确保航天员的健康状况[26-27]。考虑到航天员暴露在大约为地面辐射剂量 80 倍的环境中，因此辐射暴露对航天员的职业生涯具有一定的影响，这就是为什么尽可能准确地监测辐射暴露很重要。为了保护国际空间站的航天员免受辐射的影响，空间机构受到国际空间站《医疗行动要求文件》（Medical Operations Requirement Document，MORD）的指导。MORD 确定的辐射暴露监测要求如下：

（1）人体组织吸收的辐射剂量；
（2）国际空间站内部的带电粒子和中子辐射；
（3）舱外活动期间国际空间站外的带电粒子。

为了量化空间站内部和外部的辐射，NASA①安装了各种主动和被动辐射仪器，以测量并记录每名航天员所接受的辐射暴露剂量。除了主动和被动辐射仪器外，还为每位航天员配备了一台用作记录的剂量计[26-27]。将每位航天员剂量计的数据与国际空间站内部和外部剂量计的数据相结合，就能够对辐射环境进行准确表征，所获得的这些数据也可被应用于暴露限值的确定。如果适用于空间环境，则陆地暴露限值将过于严格。因此，太空机构采纳了 NCRP 的建议，将职业 REID 限值设定为 3%。

以上这个数字与普通人群中的癌症发病率相比如何？在地球上，罹患和死于癌症的风险约为 20%，这意味着 100 人中有 20 人可能死于癌症。如果是一名航天员，这种风险就会增加 3%，这意味着 100 名航天员中有 23 名可能死于癌症[26]。当然，这个指标是有偏差的，因为航天员可能是地球上和地球外最健康的人。

7.4.5 被动辐射剂量测定

测量和记录辐射的另一种方法是使用被动辐射剂量计（passive radiation dosimeter，PRD）。它们被安放在各个加压舱内的固定位置，为地面研究人员提供有关舱内辐射暴露率高的地点的位置信息，而这些信息可被用来重新评估每位

---

① 航天员的职业辐射暴露情况由 NASA 的一名辐射专家跟踪，并在航天员年度辐射暴露报告（Astronaut Annual Radiation Exposure Report）中记录每位航天员的辐射暴露情况。

航天员在每个座舱内可以停留的时间。

PRD 也称为辐射区域监测器（radiation area monitor，RAM）。每台 RAM 包括一组由热塑聚碳酸酯（Lexan）包围的热致发光探测器（thermoluminescent detector，TLD），并通过对构成 TLD 材料的激发而对辐射作出反应。TLD 由嵌入在固体晶体结构中的氟化锂或氟化钙构成。当 TLD 暴露于辐射时，辐射与晶体相互作用，则晶体中的一些原子吸收能量并被电离，这会产生自由电子并加热晶体，从而导致材料振动并释放电子。当电子恢复到最初的预电离状态时，它们会以光的形式释放出储存的能量。对这种光采用专用光电倍增管（special photomultiplier tube）进行测量，其释放的光量——"辉光曲线"——与撞击晶体的辐射剂量成比例[26]。为每位航天员提供的被动剂量计（crew passive dosimeter，CPD），除了使用不同的标签，其余都和 RAM 完全相同，航天员在执行包括出舱活动在内的所有任务时都会佩戴。

主动辐射监测器（active radiation monitor，ARM）向地面研究人员提供数据，研究人员将该数据与 CPD 提供的数据一起用于在空间站内评估高剂量率和低剂量率区域[26]。这些测量值也有助于减少地面研究人员在进行航天员风险评估时的不确定性，这是通过评估以下指标完成的：

（1）ISS 内部的线能量转移谱；

（2）质量分布；

（3）太空天气条件；

（4）太阳周期的阶段；

（5）CPD 数据；

（6）RAM 数据。

组织等效比例计数器（tissue equivalent proportional counter，TEPC）可利用气体测量辐射剂量，其功能是追踪航天员在国际空间站停留期间的暴露历史，利用对辐射在通过探测器时的能量损失进行光谱测量来收集数据。TEPC 内部是一个被封装在组织等效塑料中的全向探测器，类似于本章稍后讨论的 Matroshka 人体模型[28-29]中使用的全向探测器。在 TEPC 内部还有丙烷气体，后者与塑料结合后可提供类似于人体组织的能量沉积效果，这种能量沉积效果是丙烷气体被保持在非常低的压力下实现的，这意味着穿过探测器气体的辐射有与穿过人类细胞的辐射相似的线性能量损失。TEPC 收集的信息被存储在具有 512 个通道的光谱仪内，该光谱仪通过电子显示器将总剂量、总剂量当量和增量剂量显示给航天员。TEPC 还将信息下载到地面以供分析。TEPC 于 2000 年投入运行，截至 2020 年仍在运行（国际空间站上有一个在用单元和一个备用单元）。

另外，带电粒子定向光谱仪（Charged Particle Directional Spectrometer，CPDS）使用切伦科夫探测器（Cherenkov detector）监测国际空间站的内部辐射环境。切伦科夫探测器的工作原理是测量切伦科夫光，颗粒以比光穿过材料的速度更快的速度穿过材料时（在这种情况下包含了 12 个电子元件的硅堆叠），颗粒会发光——飞机在空中移动时产生的音爆比声波在空中移动的速度更快——在切伦科夫探测器中，如果已知光的角度和方向，就可以计算出辐射剂量。

7.4.6 舱内 TEPC 装置

舱内 TEPC（intravehicular TEPC，IV-TEPC）装置几乎可以实时测量辐射[26]。如果辐射水平超过预定阈值，设备就会发出警报，在这种情况下航天员可能会转移到屏蔽性能更好的舱段。IV-TEPC 装置是便携式的，包括几个由材料和气体组成的组织等效辐射探测器，它们对辐射的反应方式与人体组织类似。IV-TEPC 有以下功能[26]：

（1）信号调节；

（2）数据处理；

（3）储存；

（4）实时遥测；

（5）扩展数据下载。

2001 年 3 月，IV-TEPC 在国际空间站上开始运行，2006 年出现故障，但后来也一直未被替换。

7.4.6.1 欧洲航天员个人主动剂量计

欧洲航天员个人主动剂量计（European Crew Personal Active Dosimeter）是一种评估欧洲航天员辐射暴露剂量的设备。该设备包括三个主要结构单元。

（1）移动设备。

① 硅探测器模块；

② 被吸收的剂量探测器。

(2) 个人存储设备。

① TEPC；

② 内部移动设备；

③ 移动设备的存储和充电能力；

④ 本地数据分析；

⑤ 辐射数据显示。

(3) 地面站分析软件。

根据光谱数据计算剂量当量。

移动设备是由电池驱动的，并与 ESA 的"哥伦布"舱有一个电源和数据接口，航天员在舱内可以查看辐射数据，并且与地面研究人员一起此对欧洲航天员的主动剂量测量活动（european crew active dosimetry activity）进行监测。

7.4.6.2 空间生命科学实验被动剂量计

利用空间生命科学实验被动剂量计（Passive Dosimeter for Life Science Experiments in Space，PADLES）可以监测日本实验舱（Kibo）内的辐射。生物-PADLES（Bio PADLES）用于测量辐射的生物学效应，面积-PADLES（Area PADLES）用于评估每名航天员的个人暴露情况，自由空间-PADLES（Free Space PADLES）用于测量 Kibo 外的辐射环境。探测器内部的关键辐射敏感材料是 CR-39 型塑料，由剂量计测量的辐射结果发布在 JAXA 的 PADLES 数据库中[①]。自由空间-PADLES 以"天鹅座"飞船或"龙"飞船上的加压货物的方式，被装在一个乘员转移袋（crew transfer bag）中进行发射并返回。在国际空间站上，自由空间-PADLES 被安装在 JEM 内的多用途实验平台上，通过 JEM 气闸舱被移动到 JEM 外，并被日本实验舱遥控操纵系统（JEM RMS）的机器人臂安装在该座舱的外部。

7.4.6.3 探测器

国际空间站的飞行高度约为 400 km。在这个高度上，航天员得到了一种安全的空间平台，从而可以免受大多数电离辐射的有害影响。经过国际空间站的多年操作，已经证明最好的主动剂量计是那些提供 LET 数据和组织等效比例数据

---

① http://idb.exst.jaxa.jp/db_data/padles/NI005.html.

的剂量计（如 TEPC）[30]。为剂量计提供支撑数据的是一套探测器，剂量计和探测器一起用来提供一组非常准确的基线数据，从而使科学家能够对在低地球轨道上的长期飞行进行风险评估（见表 7.9）。当然，对低地球轨道以外的情况则需另当别论。

表 7.9 国际空间站所用探测器种类及其应用情况

探测器名称	应用情况
柳麟（Liulin）	Liulin 系统利用硅探测器测量沉积的辐射能量[31-32]。基本上，将撞击设备的带电粒子数量转化为剂量率。2001 年 4 月第一个版本（liulin–E094）首次用于国际空间站，紧随其后的是一系列被搭载于国际空间站内的升级系统（Liulin ISS，2005 年 9 月至 2014 年 6 月；Liulin–5，2007 年 5 月应用至今），以及搭载于国际空间站外的一系列升级系统（R3DE，2008 年 2 月至 2009 年 9 月；R3DR，2009 年 3 月至 2010 年 8 月）
埃尔忒奴（Alteino）	该探测器又称为 SilEye3，首次出现在"和平"号空间站上。鞋盒大小的系统由 8 个尺寸为 80 mm × 80 mm × 0.38 mm 的硅条纹传感器和 2 个塑料闪烁体组成[33-34]。堆栈的方向配置为提供粒子撞击的 3 个坐标集。此配置允许跟踪粒子的方向
阿尔提亚（ALTEA）	该探测器是一套由 6 个硅望远镜组成的系统，除了闪烁体之外，与埃尔忒奴望远镜类似。这些探测器已在美国实验室（US Lab）内的 3 个轴上定位，也在"哥伦布"舱内定位[34-35]。系统通过实时遥测下载数据
道斯泰尔（DosTel）	该探测器系统也是硅探测器的升级版。它们部署在"哥伦布"舱内[27]
特瑞泰尔（TRITEL）	该系统由 3 个硅望远镜组成，3 个硅望远镜以三维排列。自 2012 年以来，该系统安装在"哥伦布"舱内（在欧洲生理学模块机柜 TRITEL–SURE 中）

7.4.6.4 Matroshka 人体模型

Matroshka 是由 RSA、ESA 和 JAXA 赞助的一个实验项目，包括一具人体模型，用于测量航天员暴露在国际空间站内外的辐射水平[28,36]。该模型采用人体组织等效材料设计，充满水，并配备有一系列被动辐射探测器（见图 7.13）。

2004 年至 2009 年，Matroshka 曾三次受到辐射——两次在 ROS 内，一次在国际空间站外。德国航天局（DLR）和维也纳技术大学的科学家对这些数据进行分析后发现，与在 Matroshka 内部测量的实际剂量相比，在国际空间站内的航天员佩戴的个人剂量计所预估的辐射暴露剂量要高出 15%，而在太空中的预估值要比实际剂量高出 200%。

需要注意的是,在 Matroshka 实验中所开展的测量是在低地球轨道上进行的。在低地球轨道上，地球的磁层显著降低了宇宙辐射中带电粒子的数量，但在行星际空间（interplanetary space）里没有这样的屏蔽。一名负责 Matroshka 实验的科学家比尔斯基博士（Dr. Bilski）表示，尽管在国际空间站上测得的辐射水平低于预期，但载人火星任务仍然是一个危险的使命。

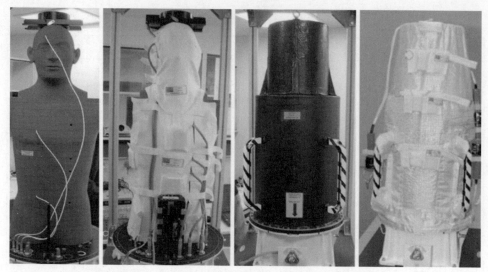

图 7.13　Matroshka 人体模型

（该模型基本上是一个躯干，由 33 片 2.5 cm 厚的切片组成。在每片上都装有放在塑料管中的热致发光氟化锂探测器（直径约 4.5 mm）。由于 TLD 在模型内的定位，科学家可以准确测量辐射的空间分布，从而计算有效剂量。辐射测量方法的关键在于 TLD 内部。在每个探测器内部都有一个晶格，用来捕捉辐射产生的自由电子。辐射剂量越大，被捕获电子的数量就越多[36]。当暴露在高温下时，被捕获的电子释放出来并发出光，正是这种光为辐射暴露提供了量度（index），即光越强，比例辐射剂量就越高。来源：ESA）

7.5　屏蔽措施

"太空辐射环境将是航天员日常生活中的一个重要考虑因素，无论是在地球和火星之间的旅程中还是在火星表面上，航天员都会不断受到辐射的轰炸。"

——NASA 戈达德航天飞行控制中心建筑师、工程师

鲁桑·刘易斯（Ruthan Lewis）

"在火星上有很多好的科学研究要做，但去行星际太空旅行比在近地轨道上工作有更多的辐射风险。"

——NASA 戈达德航天飞行控制中心空间辐射工程师

乔纳森·佩利什（Jonathan Pellish）

1972年8月7日，太阳发出巨大的耀斑爆发，并喷出大量高能粒子。当时，若有一名"月球漫步者"，他遭遇该辐射风暴应该会被暴露在 400 rem（4 Sv）的环境中。这不一定是致命的，但足以导致任务中止并提前返回地球。幸运的是，1972 年 8 月，在月球表面没有航天员，"阿波罗"16 号飞船已于 7 月返回地球，而"阿波罗"17 号飞船的航天员正在为定于当年 12 月执行的任务做准备。当然，当辐射风暴来临时航天员不会在月球上徘徊，因为他们将被安置在基地或航天器内。另外，如果这样的事件发生在"阿波罗"任务期间，则"阿波罗"指令舱的外壳[①]会将 400 rem（4 Sv）的剂量减少到大约 35～40 rem（0.35～0.4 Sv），这仍然足以引起头痛和恶心，但不至于需要骨髓移植。

在科幻电影中，对航天员最大的威胁通常是某种形式的外星生命。但在派遣航天员执行深空行星际任务的现实世界中（见图 7.14），危险大多是看不见的。在太空中，快速飞行并撕裂 DNA 的重基本粒子应引起所有航天员的足够关注。这些宇宙射线带来了不可避免的风险，与好莱坞所能想象到的任何一种威胁同样致命。那么，如何保护航天员免受这种风险的损害？

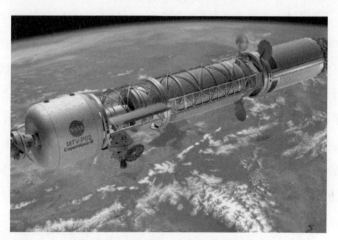

图 7.14　未来载人行星际飞行概念图
（未来载人行星际飞行的最大危险之一将是辐射暴露。来源：NASA）

在地球上，体积巨大的大气层很好地保护了人类免受最严重的弹片状宇宙射线所造成的伤害。地球上方的若干英里处，射入的质子被空气原子的原子核吸收。

---

① 阿波罗指令舱的舱体可提供 8 g·cm^{-2} 的辐射防护，航天飞机可提供 11 g·cm^{-2}，国际空间站屏蔽最好的区域可提供高达 15 g·cm^{-2} 的辐射防护，相比之下，宇航服的辐射防护仅有 0.25 g·cm^{-2}。

粒子和亚粒子以一系列的湮灭周期分散，直到只剩下一些介子，其中一些介子会穿过人体，但在那个阶段，由于大气的重量使得它们剩下的能量很少——它们所能做的就是产生一些离子。

在大气层之上和低地球轨道之外，情况则非常不同。在深空中，除了航天器和里面的航天员外，没有什么可以分散那些宇宙射线。一旦这些重原子核穿过航天器的舱壁并穿过人体，那么其造成的损伤将是毁灭性的，包括化学键破裂、遗传物质撕裂和组织永久性受损。人体具有非凡的自我修复能力，所以在经受一周或一个月的深空辐射后仍然可以存活，但是，经受两年或更久就不太可能存活了。这一点可以从对暴露在强烈辐射中的不幸人类所遭受的严重生物学后果的相关研究中了解到。

有人宣扬这样一个事实，一些航天员已经在太空停留了 6 个月，那么到火星旅行应该是一件轻而易举的事。然而，需要明白的是国际空间站上的航天员仍然受到地球磁场的保护。那么，屏蔽能否作为应对辐射风险的解决方案呢？那些在探索任务中负责保护航天员的工程师建议使用一个水球作为防护罩。这种方法唯一的缺点是，这样的一套系统至少会重达 400 t！做一块超导磁铁呢？这样的系统会使用磁场来抵御宇宙射线，但问题是磁场本身也会带来某些健康风险。

那么还有其他屏蔽解决方案吗？在讨论这些之前，要有一个明确的参考，以便来了解工程师到底面临着什么问题。核电站工作人员的合法暴露限值是每年 2 mSv，相比之下，火星航天员每年将会暴露在 1 000 mSv 的环境中，这种暴露的后果将使占总数十分之一的行星际男性航天员死于癌症，并且会有更多的航天员将遭受由辐射引起的白内障和脑损伤[22]。这还只是最好的情况，因为能给航天员造成损害的不仅是宇宙射线。每隔一段时间，太阳就会释放出大量的重核（heavy nuclei），而后者会以接近光的速度传播。这些每小时可发射超过 100 mSv 的重核爆发，对任何深空无屏蔽的航天员来说都无疑是死刑。

7.5.1 水屏蔽

在考虑使用水（航天员需要水，所以使用它是有意义的）作为屏蔽材料之前，需要进行一些基本的计算。首先，需要知道保护航天员需要多少防护材料。如果想为星际航天员提供与地球上相同的屏蔽，那么每平方厘米的面积需要 1 kg 水。

但是，既然航天员愿意接受风险，则可以考虑更少及更实惠的保护措施，即每平方厘米的面积只有 0.5 kg 水，该屏蔽能力相当于一个人生活在海拔 5 500 m 的地方。为了简单起见，假定将航天器做成一个球体，为了用水保护航天员，则该航天器的舱体壁厚需要有 5 m，重约 500 t。航天飞机曾经将大约 30 t 的质量运送到低地球轨道，而太空发射系统（Space Launch System）的最大升力配置为 130 t。所以说，500 t 太重了。如果工程师们减少了水的质量并增加航天器舱壁中的氢含量，会是什么样呢？可以通过使用聚乙烯来做到这一点，而且还有可能将航天器的质量降低到 400 t。但是，这在经济上是不可行的，所以也许可以考虑另一种选择——磁屏蔽。

7.5.2 磁屏蔽

磁屏蔽是被提出的另一种奇特的保护方式，但并没有得以实施，因为这种屏蔽方法还仅处在理论开发阶段。

磁屏蔽的基本原理是，地球被一个磁场包围着，该磁场可以很好地偏转传入的带电粒子，所以似乎有理由假设——除非碰巧有一位粒子物理学家——一艘航天器可以携带一根磁铁来达到同样的效果。但问题是那些宇宙射线具有巨大的动能，要想让它们在仅仅几米直径的空间内静止，这需要的能量在影片《星际迷航》中是可以满足的，但在现实世界中却是不可能实现的。磁屏蔽需要一个 20 T（tesla，特斯拉）的磁场来阻止宇宙射线，而 20 T 大约是地球磁场强度的 60 万倍。人类将如何忍受生活在 20 T 的磁场中？它的长期影响会是什么？

然而，也有一种观点坚持认为，可以使用第二根磁铁来抵消第一根磁铁的场效应。它的支持者认为,这样的系统可以利用等离子体来消除第一个系统的磁场。但等离子体存在的问题是，其非常不稳定，即便可被控制，它在磁场中行为的细微差别也可能造成磁场减弱，而不是增强。

7.5.3 电屏蔽

综上所述，用水成本太高，磁场太棘手且非常危险，那么，利用电场会怎么样？在此应用中，航天器将被充电而使其电压达到 2×10^9 V！理论上，这样所产生的电荷会排斥宇宙射线的质子，但问题是星际空间即使是深空也不是空无一物，即也会有离子和电子在周围飞行，而这些带负电荷的电子会被带正电荷的航天器吸引。切记，该航天器的电场将会延伸到距离飞行器数万千米的地方。如此巨大的电场会从星际空间中吸引电子，而当这些电子撞击到航天器的舱壁时，它们的作用就像设计屏蔽层用来排斥宇宙射线一样！电子一撞到飞行器就会产生伽马射线，这种撞击的强度如此之大，以至于宇宙射线都会相形见绌。那 2×10^9 V 如何产生呢？可以设想一下什么样的系统能产生这样的电流。2×10^9 V 就是 2 000 MW，和发电厂的平均发电能力差不多。如何在航天器上安装这样的系统？目前，关于这些问题的答案很少。

7.5.4 线性能量转移与相对生物学效应

了解利用哪些材料能够制造出最好屏蔽层的一个关键过程是，研究辐射如何与航天器及其内部的航天员相互作用。这是因为辐射不会简单地通过航天器的舱壁，就像它不会简单地通过航天员的身体一样。可以说，辐射是相互作用的，在这种相互作用中，所有电离辐射的能量都被破坏，而且粒子的尺寸减小[37-39]。问题是，这种破坏导致重带电粒子——初级辐射（primary radiation）——分解成较小的粒子，即次级辐射（secondary radiation），而正是这些较小的粒子会对航天员造成生物学损伤。

但是，研究并不是模拟这个互动过程，相反，几乎所有模拟 GCR 效应的研究都是通过将动物暴露在重离子加速器中，从而简单复制航天员在行星际任务中可能接触到的辐射剂量。这种方法并不能提供深空的真实模型，因为很难复制被破坏的 GCR 的能量，甚至更难以测量这些能量在多大程度上会抑制细胞的再生和组织的修复。此外，不同的动物对辐射的反应也有所不同，有些更容易受到辐射伤害，有些则不太敏感。而且，目前的重离子加速器技术在精确复制 GCR 光谱中的离子方面仍存在局限性。

还可以应用哪些其他指标来模拟 GCR 的效果呢？研究人员模拟辐射影响的一种方法是应用 LET 度量。LET 用于测量辐射引起的组织损伤量，是一种用于确定辐射防护和风险评估的指标。这一指标通常与 RBE 一起使用，RBE 是一种适用于不同类型辐射影响的指标。特定类型辐射的 RBE 越高，辐射被人体组织吸收时单位能量的破坏性就越大。多年来，通过使用 TEPC 和被放置在国际空间站不同位置的塑料核轨道探测器测量LET光谱,已经进行了几项利用LET和RBE的研究。NASA的探索飞行试验(EFT-1)也进行了类似的研究,该试验在轨道飞行期间测试了"猎户座"多用途载人飞行器。虽然4 h的EFT-1飞行比国际空间站6个月的飞行要短得多,但第二轨道的高远地点(5 800 km)包括穿过辐射密集的范·艾伦带,以及短暂的行星际环境旅程。发射后不久,辐射探测器被激活,以用于收集飞行期间的辐射数据。

散裂:当高电荷粒子穿透屏蔽层或航天员身体时,一开始是一条直线。但在穿透物质不久,且与屏蔽层或航天员体内的原子发生碰撞后,这些重离子开始分散。当重离子的路径被破坏时能量耗散,但与此同时,在散裂(spallation)的过程中产生了较小的原子核。能量耗散的程度大体上取决于重粒子所通过材料的特性。一般来说,能量损失随着元素的原子序数的减少而增加,这就是为什么氢是一种如此有效的屏蔽材料。研究人员可以通过粒子传播的单位路径长度所损失的能量来计算出某种材料的阻止能力(stopping power)。该计算结果就是LET,是量化重离子通过物质时损失多少能量的一项指标。然而,但阻止能力并不代表一切。一种好的屏蔽材料不仅能尽可能多地阻止高能粒子,也能尽可能多地限制碎片的数量,同时还能尽可能多地阻止低能粒子。聚合物往往是很好的候选屏蔽材料,因为它们的氢含量很高,而且比其他大多数材料能更多地阻止低能粒子。材料的选择只是一个考虑因素,而另一个考虑因素是材料的厚度。这很重要,因为最重原子核的LET具有很大的穿透能量,以至于在能量损失可被测量到之前,它们已经穿入材料的深处。因此,对屏蔽材料进行特殊设计是非常重要的,以便能够使散裂受到限制并使能量损失达到最大化。不过,这样做会非常困难,因为关于深空粒子能量密度(fluence,也叫注量或积分通量)的数据是有限的(用于计算这一变量的一种应用工具是蒙特·卡罗(Monte Carlo)粒子运输模拟软件PHITS)。但是,即使有了像PHITS这样先进的模拟软件,要可靠而准确地预测屏蔽层的功能也非常困难,因为缺乏来自深空的数据,而且难以预测中子如何在生物组织中传播(其会高度散发)。

7.5.5 聚乙烯等聚合物屏蔽材料

用于辐射屏蔽的一种候选材料是聚乙烯,它是一种用来制造水瓶的塑料。除了氢含量高[40]而且非常便宜,聚乙烯在保护航天员免受辐射损伤方面还具有其他优势。例如,聚乙烯等塑料类材料比铝等传统材料所引起的二次辐射要少得多。不过聚乙烯并不是建造航天器最通用的材料,它已经被一种更强且更轻的材料所替代,即 RXF1。由拉杰·考尔(Raj Kaul)发明的 RXF1 由聚乙烯材料制成,但由于它是一种纺织布料,因此可以根据需要将其做成任何形状。虽然聚乙烯已被证明在分散重离子、阻止质子和减缓中子(形成二次辐射)方面有效,但它不是一种结构材料,尽管 RXF1 在这方面具有一定的应用潜力。另外,还有另一种氢基材料可以同时具备这两种功能。它是氢化型氮化硼纳米管(boron nitride nanotube,BNNT)(见图 7.15)[40–41],由碳、硼、氮和氢构成的纳米管组成。除了能够吸收次级中子和阻止质子外,这种氢化型的 BNNT 材料非常柔韧,因此还可以用于制作航天服。

"该产品将能够使人类实现深空探索。我们的突破在于创造了多个屏蔽层的结构,以准确覆盖多个最重要的器官。"

——以色列 StemRad 公司首席执行官
奥伦·米尔斯坦(Oren Milstein)

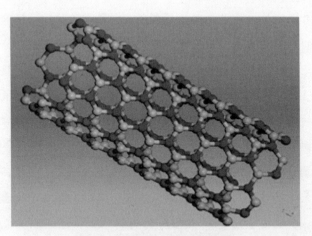

图 7.15 BNNT 的外形结构图
(BNNT 可能会成为一种有效的辐射防护材料。来源:NASA)

7.5.6 AstroRad 辐射防护罩

另一种能够有效保护航天员的被动方式,是一款被称为 AstroRad 辐射防护罩（AstroRad Radiation Shield）的背心，由总部位于以色列特拉维夫的 StemRad 公司生产。该背心（见图7.16）将为每位航天员量身定制，旨在保护重要器官。为了测试这一概念，该背心将由一个用于测量辐射吸收的躯干模型"穿着"，而对另一个躯干模型将在没有保护的情况下进行飞行测试。

7.5.7 药理学对抗措施与辐射防护剂

7.5.7.1 概况

太空机构进行辐射研究是因为航天员会暴露在慢性辐射剂量中。但在低地球轨道以外的长期飞行任务中，航天员还可能会因急性辐射剂量的暴露而导致患上

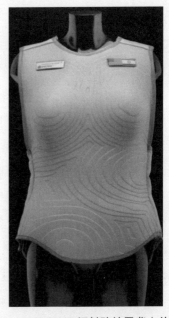

图 7.16 AstroRad 辐射防护罩背心外观图
（穿上 AstroRad 辐射防护罩背心也许是保护航天员免受辐射损伤的较为优雅的方法之一。
来源：以色列 StemRad 公司/NASA）

急性辐射综合征（acute radiation syndrome，ARS）。为了给这类长期飞行任务做好准备，太空机构必须准备好随时预测辐射的发生，并能够处理其后果。这样做的一种方式是实施辐射医疗对策计划，该计划将涵盖发生辐射紧急情况后所使用的产品。

辐射防护剂（radioprotector）是一种化合物，被认为是一种先发制人的医疗对策，只有在任何辐射暴露之前使用，才能防止辐射损伤和电离辐射的影响。这与缓解剂（mitigator）不同，缓解剂是在暴露于辐射之后使用以减少辐射损伤。在开展辐射防护剂和缓解剂的研究时，通常会探索急性全身照射（total body irradiation，TBI）对老鼠的影响。虽然 TBI 会影响多个器官系统，但在照射后前30天内死亡的，无论是老鼠还是人类，通常是由以下两种原因造成的。

1. 胃肠道综合征

暴露于 8～20 Gy 辐射环境后 10～12 天内死亡，通常是由于体液和电解质失衡或败血症所致。若得了胃肠道综合征（gastrointestinal syndrome），其体液和电解质的不平衡就是由肠道干细胞的损耗引起的，这些干细胞被辐射杀死而导致出

现细胞凋亡综合征。

2. 造血综合征

暴露于 3~8 Gy 辐射环境后 30 天内死亡，通常是由于血液中的中性粒细胞和血小板的减少所致。患有这种综合征的，其血液中的中性粒细胞和血小板的减少是由白细胞中放射敏感型造血祖细胞的损耗引起的。

为了提高可能暴露在极高辐射水平下的航天员的存活率，有必要开发一种能够预防或治疗这些综合征的辐射防护剂或缓解剂。在理想情况下，这种化合物应该具有便捷式的递送方式和低毒性。不幸的是，目前还没有辐射防护剂或缓解剂被批准用于人类，以预防或治疗急性辐射暴露的损伤。一种用于降低放射治疗毒性的药物氨磷汀（amifostine，商品名称为 Ethyol®），其前称为 WR-2721[42-44]，由美国陆军抗辐射药物开发项目开发。氨磷汀中起作用的成分是一种硫醇化合物，可通过清除自由基来降低氧化自由基的水平。对老鼠的实验结果表明，氨磷汀具有一定的辐射防护作用，但也存在以下局限性。

（1）服用时间窗口短。为达到辐射防护效果，必须在辐射暴露前 15~30 min 内服用。

（2）目前只进行了静脉注射测试，尽管其他途径也有可能。

（3）有副作用，包括呕吐、恶心和低血压[42-44]。这对航天员来说并不理想，尽管这比遭受 ARS 的损伤要好。

另外，超氧化物歧化酶（superoxide dismutase，SOD）一直被用于研究保护转基因组织免受辐射损伤。在小鼠模型中，SOD 对转基因组织确实可以提供一些预防溃疡的保护，而且喂食富含抗氧化剂并增添 SOD 饮食的小鼠，其寿命增加了。染料木素（genistein）是一种大豆异黄酮（soy isoflavone），已被用作抗癌剂，通过保护骨髓祖细胞和减少组织炎症来发挥作用[45,46]。

最初，开发巯甲丙脯氨酸（Captopril，又称卡托普利）的目的在于利用其治疗高血压，但后来在研究中把它作为对肺和造血系统潜在辐射的治疗药物[47]。对巯甲丙脯氨酸的作用原理尚不完全清楚，但研究表明，它可以阻止辐射诱发的造血综合征，并减少炎症。

2015 年，Gábor Tigyi 发表在《化学与生物学》杂志上的一项研究结果首次强调了 DBIBB（2-[[[4-(1,3-dioxo-1H-benz[de]isoquinolin-2(3H)-yl)butyl]amino] sulfonyl] – benzoic acid,溶血磷脂酸（LPA$_2$）的 2 型 G 蛋白偶联受体的特异性非脂质激动剂）。在 Tigyi 的研究中，DBIBB 可以增加暴露于辐射的老鼠的存活率，即使在暴露 3 天后才给予治疗。在之前的研究中，Tigyi 博士和他的同事们发现，在血液凝固过程中产生的一种分子（溶血磷脂酸或 LPA）会激活一种受体（LPA$_2$），从而防止辐射导致的细胞死亡。在这项研究中，研究人员还发现了一种类似 LPA 的化合物，可以保护老鼠免受辐射损伤。然而，这种化合物存在的问题是，它不是针对 LPA$_2$ 受体，而且其效力还不足以使之成为一种治疗药物。鉴于此，研究人员改进了研究，设计了一种更有效的 LPA$_2$ 受体，将其命名为如前所述的 DBIBB，并在一项老鼠研究中测试了这种化合物。结果发现，DBIBB 提高了辐射暴露细胞的存活率，并保护了 DNA。在这项研究中，未接受该化合物治疗的老鼠存活率为 20%，而接受了该化合物治疗的老鼠存活率达到 93%。之后，在受到辐射的人类造血祖细胞上测试了该化合物，结果表明 DBIBB 显著提高了细胞的存活率。这项研究是独一无二的，其结果表明该化合物可能会成为第一种放射缓解剂。

7.5.7.2 膳食抗氧化剂补充

太空辐射会诱发细胞内的氧化应激，所以研究人员认为航天员可以通过服用抗氧化剂来对抗这种应激的影响。当促氧化剂（prooxidant，辐射是一种促氧化剂）的含量高于抗氧化剂的含量时，就会产生氧化应激，据推测抗氧化剂的使用可能会抵消这种不平衡[48]。支持这一假设的研究人员认为，考虑到航天员在深空探测任务中会承受的氧化应激水平，他们的抗氧化维生素摄入量需显著高于推荐膳食摄入量（recommended dietary allowance，RDA）。

一项测试"抗氧化剂作为辐射对策"假说的研究使用了一种抗氧化剂，该抗氧化剂是含有多种抗氧化成分（抗坏血酸、辅酶 Q10、α-硫辛酸、L-硒蛋氨酸、N-乙酰半胱氨酸和维生素 E 琥珀酸）的混合物，有望减少辐射诱导的氧化应激。将该补充剂以相当于人类的质量给老鼠服用，随后一组老鼠在 NASA 空间辐射实验室（NASA space radiation laboratory，NSRL）接受辐射，而另一组保持无辐射。之后，连续两年每天对这两组老鼠检查是否存在毒性迹象，如运动失调、缺乏梳毛、虚弱、厌食、抽搐、痉挛、震颤、出血、放电（discharge）、肿胀或呼吸困难，并在两年期实验结束后，检测实验组和对照组之间的差异。由于在不同饮食组之间没有统计学上的显著差异，因此研究人员不得已给出结论：抗氧化剂的补充未能防止辐射暴露所导致的机体衰弱。但也有一些积极的消息，即一项更详细的结果分析显示，补充抗氧化剂确实有效防止了辐射暴露所导致的更严重的后果，如恶性淋巴瘤和罕见的肿瘤。

7.5.7.3　β-烟酰胺单核苷酸补充

β-烟酰胺单核苷酸（nicotinamide mononucleotide，NMN）是一种被过度宣传的抗衰老药物，由澳大利亚和美国的科学家开发。NMN的作用原理是促进DNA修复，因此可有助于保护航天员免受辐射损伤。NMN是一种存在于细胞中的化学物质，其通过增加烟酰胺腺嘌呤二核苷酸（NAD+）氧化形式的含量来发挥作用。NAD+通过调节蛋白质的相互作用来帮助修复DNA，这就是为什么NAD+补充剂非常流行的原因，尽管几乎没有证据支持它们有任何抗衰老作用。另一方面，NMN表现得非常好，以至于研究人员正在考虑自己服用这种药物。在研究中，喂食NMN补充剂的老鼠比没有喂食NMN补充剂的老鼠寿命延长了20%。当然，还必须进行人体试验，而且即便试验取得成功，该药物也需要得到美国食品和药物管理局的批准。

NMN是如何发挥作用的？随着年龄的增长，细胞中NAD+的含量会减少，尤其在那些暴露在辐射下的细胞中的NAD+含量下降得更厉害，这样身体的自我修复能力会越来越低。理论上讲，如果能增加细胞中NAD+的含量，就能增强DNA的修复能力。增加细胞中NAD+含量的一种方法是补充增强剂NMN，它能够增强细胞修复DNA的能力。一些试图验证这一理论的研究证明了NMN不仅能够增加细胞修复DNA的能力，而且能够逆转现有的基因损伤。据预测，航天员体内大约5%的细胞将在往返火星时死亡，NMN已经引起了寻找保护航天员方法的研究人员的注意。

7.5.7.4　粒细胞集落刺激因子补充

ARS的一种表现是造血综合征，这种综合征的特点是血细胞数量减少，也意味着中性粒细胞数量减少，而这些细胞是免疫系统的第一道防线。随着中性粒细胞数量减少，感染的风险会相应增加。骨髓中的中性粒细胞由造血干细胞（hematopoietic stem cell，HSC）产生，造血干细胞能促进多能祖细胞（multipotent progenitor，MPP）的形成。MPP通过几个维持细胞内稳态所需的调节因子分裂为成熟血细胞，而该分裂或分化的关键因素之一是粒细胞集落刺激因子

（granulocyte colony-stimulating factor，G–CSF）。

正常情况下，大多数成熟的中性粒细胞会留在骨髓中，只有 2%的成熟的中性粒细胞会被释放到血液中。一旦进入血液，分化的中性粒细胞就开始寻找感染迹象，如果检测到感染，就会分泌中性粒细胞化学引诱剂（neutrophil chemoattractant），从而触发 G–CSF 的产生（在感染期间，循环中性粒细胞数量可能会增加至正常水平的 10 倍）。

当一个人暴露于高水平的电离辐射时，中性粒细胞数量则减少，从而导致患中性粒细胞减少症。但假设可以通过添加 G–CSF 来刺激中性粒细胞，那么也许就可以避免患中性粒细胞减少症，并降低感染率。此类研究是利用聚乙二醇非格列司汀（pegfilgrastim，Neulasta®）进行的，它是 G–CSF 与非格列司汀（filgrastim，Neupogen®）的重组形式。在一项研究中，使老鼠暴露在 2 Gy 辐射环境中，并在暴露后的 30 天内监测其中性粒细胞的数量。结果表明，与未接受辐射的对照组相比，接受辐射的老鼠的中性粒细胞数量明显减少。但当第二组接受辐射的老鼠服用非格列司汀时，其血液中的中性粒细胞的数量在 2 天内恢复到正常水平。此外，该研究还将聚乙二醇非格拉斯汀应用于未接受辐射的老鼠的对照组，结果这一过程使中性粒细胞的数量增加了 15 倍。目前，在暴露于 2 Gy 器官剂量（organ dose）的航天员中是否会观察到这些影响尚不清楚，但如果非格列司汀和聚乙二醇非格列司汀在人体中也能表现出类似的效应，那么这些化合物可能是辐射暴露的一种温和对策。

目前，尽管有无数的研究，但仍然没有适合长期飞行的航天员使用的辐射防护剂或缓解剂。有一些弱的缓解剂，如维生素 E 衍生物，也有一些化合物在啮齿动物身上可能是弱辐射保护剂，但这些都没有在人体研究中试验过。那么，理想辐射防护剂或缓解剂的特性应是什么？

（1）由于太阳粒子事件的危险始终存在且航天员要持续暴露在 GCR 中，那么较弱的辐射防护剂或缓解剂对前往火星的航天员几乎没有什么用处。暴露于高剂量辐射下的航天员，需要一种能够阻止辐射诱发的突变和癌变的辐射防护剂或缓解剂。

（2）这些药物需要在暴露后的最初 24 h（或更长时间）内有效。

（3）应该有一种便利的给药方式，如肌肉注射或皮下注射。

7.6 心理对策

一名快乐的航天员才是可以高效率完成工作的，但随着执行任务的时间越来越长，若想持续保持幸福感就需要提高心理支持的力度。这一要求在航天飞机时代就得到了认可，当时 NASA 开始提供心理支持服务来减少航天员的压力，从而提高他们的幸福感和工作效率。心理支持包括监测认知功能和心理健康，并确保航天员有时间陪伴家人和朋友等。例如，国际空间站上的航天员可以每两周参加一次私人心理会议（private psychological conference，PPC），可针对睡眠、疲劳、情绪和家庭关系等情况提出任何问题。

NASA 航天员还通过每月一次的面向窗户的太空飞行认知评估工具（Spaceflight Cognitive Assessment Tool for Windows，WinSCAT）对自身认知功能进行评估。WinSCAT 也在任务结束后使用，即开展的一系列神经行为测试（neurobehavioral test battery），用于确定由于暴露在 VOC 等毒素下可能导致的认知变化。除了 PPC 和 WinSCAT 外，航天员还可以使用私人视频会议、家庭网页或在常规货运飞船上运送个性化护理包，甚至可以使用乘员互动移动伴侣（crew interactive mobile companion，CIMON）（见图 7.17）。心理支持的另一个方面是帮助航天员处理太空飞行导致的昼夜节律失调引起的疲劳。为了控制这种疲劳，航天员可能会被给予催眠药和警觉性药物治疗。

图 7.17　在国际空间站上使用的一台小型人工智能机器人 CIMON 的外形结构
（来源：NASA）

到目前为止，在 LEO 中采取的心理支持措施大多都很成功（CIMON 除外！）；但当航天员飞离 LEO 时，目前的许多应对措施要么无法获得，要么其范围受到严重限制。那么，行为科学家将会做什么？也许他们会进行更多的模拟，比如"火星－500"（Mars 500）这样的无用之物。俄罗斯联邦国家科学中心在莫斯科开展了"火星－500"项目，其中包括三项隔离和密闭研究，每项研究有六名参与者。三项研究包括一项为期 14 天的预备试验研究（2007 年 11 月完成）、一项为期 105 天的预备试验研究（2009 年 7 月完成）和一项为期 520 天的模拟火星飞行任务的研究（2011 年 11 月完成）。六名多国参与者的年龄（平均 32 岁）和教育背景（如工程师、医生、军人等）与生活在国际空间站上的航天员相似。隔离（2010 年 6 月 3 日至 2011 年 11 月 4 日）是在 550 m^3 的加压设施中进行的，其体积和配置与航天器相当。在加压舱内，还配备了生命保障系统和正常气压下的人工大气环境。其活动模拟了国际空间站上的工作程序，包括例行和紧急事件、通信模式的变化及第 54 天到第 470 天之间往返火星的时间延迟。在很多方面，"火星－500"具有 ICE 环境的特征。

除了紧急模拟外，参与者们的工作周期为工作 5 天，休息 2 天。期间在生理学、生物化学、免疫学、生物学、微生物学、操作方式和技术及心理学等领域进行了数十次实验，同时对社会期望偏差（social desirability bias）进行了测量，并对睡眠质量和情绪状态进行了评估，以确定抑郁、紧张、愤怒和困惑等因素。另外，让"火星－500"的参与者接受了抑郁调查，以了解他们的自杀倾向或易怒程度；让他们完成了冲突问卷调查，以确定参与者在什么时候争论最多。任务一结束，研究人员就有了大量的数据来仔细研究，并在行业期刊上予以发表。

但是，他们真的得到什么了吗？研究人员发现，参与者们表现出了抑郁的症状和一些心理上的痛苦，但这些在极地探险者中也被数百次观察到。也有几例参与者在应对 17 个月的长期隔离和密闭方面存在异样，但这也不是什么新鲜事。睡眠一觉醒数据显示，一些参与者失眠，从而导致精神运动警戒表现的错误不断升级，而且研究人员观察到，在任务的关键时期，如对接操纵、舱外活动或应对紧急情况，损伤的失误这可能会导致危险。然而，极地探险者尽管长期失眠，再加上可以想象得到的更可怕的情况，但仍然能够处理关键任务。

研究人员试图通过说明识别行为和心理标记物的重要性来证明研究是合理

的，这些标记物会使长期参与者对探索任务所需的隔离与密闭环境产生行为和心理反应。研究人员认为，需要类似的预测器和生物标记物来选择和训练航天员，而火星任务将需要"合适的东西"协助航天员适应长期的隔离与密闭。研究人员是对的，但是去一次当地图书馆就可能会告诉他们需要知道的关于人类在隔离和密闭环境中生存需要的一切，而不需要把参与者在密封舱里关 17 个月。最终，"火星－500"模拟受到了极大的限制，不仅因为它没有零重力环境，还因为参与者拥有非常宽大舒适的毯子，而且可以随时离开座舱。可以说，在前往火星的途中，不会有这样舒适的毯子。因此，根据"火星－500"的结果，研究人员仍然不能回答"人类是否能够忍受火星旅行的不便与痛苦。"但是，根据沙克尔顿（Shackleton）和南森（Nansen）等人的探险经验，人类是能够忍受火星旅行的不便与痛苦的。

7.7 免疫系统保护对策

免疫系统与身体的多个系统相连，如神经系统和骨骼系统，同时也受到压力、营养和运动等因素的影响。由于存在多种压力源，如辐射、限制、隔离、微重力、流体转移和要求较高的工作时间表，因此空间环境对航天员的免疫系统会产生重大影响。所有这些压力源会共同导致免疫失调，例如几名航天员的白细胞分布和细胞因子谱等的改变就是证明[49-51]。使用地面模拟物，如南极封闭式栖息地，会有助于确定航天效应的机制，但没有模拟物可以复制所有的飞行变量。因此，在轨飞行中被观察到的任何免疫系统的变化都可能在深空任务中出现。随着登月和火星飞行任务计划的逐步实施，针对免疫系统的防御措施将会变得越来越重要。

7.7.1 保健

目前，已经在使用的一种常规对策是"太空飞行中航天员健康稳定计划"（Flight Crew Health Stabilization Program，HSP），其目的是减少航天员在飞行前发生传染病的风险。传染病通过人与人之间的直接接触或接触环境中的传染性物质而感染。为了尽量减少航天员接触感染性病原体，HSP 制定了几种控制措施：

① 为航天员提供一种隔离环境,以尽量减少与潜在传染性物质的接触;② 限制与航天员密切接触者的数量;③ 对主要接触者进行避免感染的教育,并在他们生病或可能生病时避免与航天员接触,以便将其携带感染源的可能性降至最低;④ 接种疫苗,以便减少某些传染病的传播。

上述隔离等措施是保护免疫系统的一种对策,但它们只能起到部分作用。第二种对策是设计带有特殊控制措施的航天器,以减少感染。这些控制措施包括HEPA空气过滤器、水过滤器、抗污染表面、杀菌剂和巴氏杀菌。除此之外,在发射前要对货物、空气、有效载荷和食品等进行微生物监测。

第三种对策是实现营养平衡。从早期和当前的任务中可以了解到,航天员由于没有摄入足够的卡路里而导致出现低热量营养保障。这显然不好,因为营养摄入不足可能会导致氧化应激,从而产生炎症反应,进而损害免疫功能[52-54]。而且,在深空探测任务中,航天员会被暴露在更多的辐射中,这样氧化应激将会增加并改变基因修复机制,因此可能最终导致免疫系统失效。鉴于此,航天员可以增加水果和蔬菜的摄入量,因为水果和蔬菜中富含类胡萝卜素、黄酮类化合物和维生素C,从而改善免疫功能,进而提高抗氧化能力并减少DNA链断裂。

7.7.2 食用添加剂

保护免疫系统的另一种方法是为航天员提供添加剂。例如,维生素E是一种强抗氧化剂,维生素A可提供免疫增强效果,维生素C在对抗氧化损伤和促进免疫系统的细胞功能方面非常有效,而维生素D对调节钙稳态很重要。另一种潜在的添加剂是多酚(如槲皮素和儿茶素),其具有抗氧化和抗炎的效果。除了添加维生素和多酚外,还有一种可以给航天员补充的是 ω-3 脂肪酸。ω-3 脂肪酸是一种长链多不饱和脂肪酸,已证明其能防止如辐射暴露所引起的氧化损伤。

7.7.3 食用药物

除了食用添加剂,某些药物可能对航天员也有帮助。例如,β-受体阻滞剂(beta-blocker),已经被证明在地面上有助于降低骨折的风险,并可以帮助调节记忆。在太空中,因为对药物稳定性和药效学的认识还不够,则情况可能会有所不同。因此，虽然药物治疗似乎是解决太空旅行中许多问题的一种较为可行的方案，但由于免疫系统与其他器官系统的强烈相互作用，所以很难安全地实施这类对策。必须考虑的不仅仅是药效学的问题，还必须考虑许多地面上的药物的副作用问题，因为这将会影响航天员的机能发挥。例如，Fosamax®、Fosavance®、Adrovance®和 Aclasta®都是用于保护骨骼的药物，但每种药物都有副作用。以Fosamax®为例，服用这种药物的副作用如下。

（1）可引起食道刺激、炎症或溃疡，有时可能会出血。

（2）引起低血钙，其症状包括痉挛（肌肉的抽搐或痉挛）及手指、脚趾或嘴周围出现麻木或刺痛。

（3）可引起严重的骨骼、关节或肌肉疼痛。

（4）可导致颌骨组织分解、暴露骨骼，并可能导致感染、牙龈损伤和牙齿松动。

（5）偶尔会导致大腿骨折。骨折的症状可能包括髋关节、腹股沟或大腿出现新的或不寻常的疼痛。

（6）可引起过敏反应和哮喘，比如荨麻疹或面部、嘴唇、舌头或喉咙的肿胀。

7.7.4　保持运动

除了锻炼骨骼和维持肌肉张力外，运动对免疫系统也有强大的积极作用。例如，定期运动可以减少低度炎症、改善对流感的免疫反应、减少上呼吸道感染的症状，并能够提高黏膜免疫力。不过，过度运动实际上会损害免疫系统的功能，因此任何运动方案都必须考虑平衡，适度是关键。

7.7.5　接种疫苗

为什么要给航天员接种疫苗？众所周知，航天员的免疫系统在太空飞行中会失调，这将会导致如水痘、带状疱疹等病毒被激活。此外，在太空飞行中观察到的病毒散发（viral shedding）可能会导致疾病。所以，为了解决这个问题，NASA给所有乘员接种 Zostavax 带状疱疹疫苗（又称生蛇疫苗）。

参考文献

[1] Moore, A. D., Jr., Downs, M. E., Lee, S. M., Feiveson, A. H., Knudsen, P., & Ploutz-Snyder, L. Peak exercise oxygen uptake during and following long-duration spaceflight[J]. Journal of Applied Physiology, 117: 231–238, 2014.

[2] Hackney, K. J., Downs, M. E., & Ploutz-Snyder, L. Blood flow restricted exercise compared to high load resistance exercise during unloading[J]. Aerospace Medicine and Human Performance, 87: 688–696, 2016.

[3] Manned Spacecraft Center (U. S.). Results of the Third U.S. Manned Orbital Spaceflight[M], NASA SP-12. 1962.

[4] Hayes, J. C., Thornton, W. E., Guilliams, M. E., Lee, S. M. C., MacNeill, K., & Moore, A. D., Jr. Exercise: Developing countermeasure systems for optimizing astronaut performance in space[M]. In W. H. Paloski, D. Risin, & P. Stepaniak (Eds.), Biomedical Results of the Space Shuttle Program(pp. 289–313). Washington, DC: US Government Printing Office, 2013.

[5] Levine, B. D., Lane, L. D., Watenpaugh, D. E., Gaffney, F. A., Buckey, J. C., & Blomqvist, C. G. Maximal exercise performance after adaptation to microgravity [J]. Journal of Applied Physiology, 81: 686–694, 1996.

[6] Hackney, K. J., Scott, J. M., Hanson, A. M., English, K. L., Downs, M. E., & Ploutz-Snyder, L. L. The astronaut-athlete: optimizing human performance in space[J]. Journal of Strength and Conditioning Research, 29: 3531–3545, 2015.

[7] Loehr, J. A., Guilliams, M. E., Petersen, N., Hirsch, N., Kawashima, S., & Ohshima, H. Physical training for long-duration spaceflight[J]. Aerospace Medicine and Human Performance, 86: A14–A23, 2015.

[8] Korth, D. W. Exercise countermeasure hardware evolution on ISS: the first decade[J]. Aerospace Medicine and Human Performance, 86: A7–A13, 2015.

[9] Cavanagh, P. R., Genc, K. O., Gopalakrishnan, R., Kuklis, M. M., Maender, C. C., & Rice, A. J. Foot forces during typical days on the International Space

Station[J]. Journal of Biomechanics, 43: 2182 – 2188, 2010.

[10] Sibonga J. D., Evans H. J., Spector E. R., Maddocks M. J., Smith S. A., Shackelford L. C., & LeBlanc A. D. What Happens to bone health during and after spaceflight?[]. https://ntrs.nasa.gov/archive/nasa/casi.ntrs.nasa.gov/20060013245.pdf, 2006.

[11] English, K. L., Lee, S. M. C., Loehr, J. A., Ploutz-Snyder, R. J., & Ploutz-Snyder, L. L. Isokinetic strength changes following long-duration spaceflight on the ISS[J]. Aerospace Medicine and Human Performance, 86: A68 – A77, 2015.

[12] Moore, A. D., Lee, S. M. C., Stenger, M. B., & Platts, S. H. Cardiovascular exercise in the U.S. space program: Past, present and future[J]. Acta Astronautica, 66: 974 – 988, 2010.

[13] Paoli, A., Gentil, P., Moro, T., Marcolin, G., & Bianco, A. Resistance training with single vs. multi-joint exercises at equal total load volume: Effects on body composition, cardiorespiratory fitness, and muscle strength[J]. Frontiers in Physiology, 8: 1105, 2017.

[14] Weston, M., Taylor, K. L., Batterham, A. M., & Hopkins, W. G. Effects of low-volume high-intensity interval training(HIT) on fitness in adults: A meta-analysis of controlled and non-controlled trials[J]. Sports Medicine, 44: 1005 – 1017, 2014.

[15] Baker, J. S., Davies, B., Cooper, S. M., Wong, D. P., Buchan, D. S., & Kilgore, L. Strength and body composition changes in recreationally strength-trained individuals: Comparison of one versus three sets resistance training programmes [J]. BioMed Research International, 2013: 615901 – 615906, 2013.

[16] Goetchius, L., Scott, J., English, K., Buxton, R., Downs, M., Ryder, J., et al. High intensity training during spaceflight: Results from the SPRINT study[C]. In Proceedings of the NASA Human Research Program Investigators' Workshop 'Human Exploration and Discovery: The Moon, Mars and Beyond!(Galveston, TX: GICC). pp. 22 – 25, 2019.

[17] Laughlin, M. S., Guilliams, M. E., Nieschwitz, B. A., & Hoellen, D. Functional

fitness testing results following long-duration ISS missions[J]. Aerospace Medicine and Human Performance, 86: A87 – A91, 2015.

[18] Matsuo, T., Ohkawara, K., Seino, S., Shimojo, N., Yamada, S., Ohshima, H., et al. An exercise protocol designed to control energy expenditure for long-term space missions[J]. Aviation, Space, and Environmental Medicine, 83: 783 – 789, 2012.

[19] Scott, J. P. R., Green, D. A., & Weerts, G. The influence of body size and exercise countermeasures on resources required for human exploration missions [C]. In Proceedings of the 39th Annual Meeting of the International Society of Gravitational Physiology(ISGO). Noordwijk, The Netherlands, 2018.

[20] Cogoli, A. The effect of space flight on human cellular immunity[J]. Environmental Medicine, 37: 107 – 116, 1993.

[21] National Council on Radiation Protection and Measurements. Information needed to make radiation protection recommendations for space missions beyond Low-Earth Orbit[R]. NCRP Report No. 153, Bethesda MD, 2006.

[22] Cucinotta, F. A., Kim, M. H., Willingham, V., & George, K. A. Physical and biological organ dosimetry analysis for International Space Station astronauts [J]. Radiation Research, 170: 127 – 138, 2008.

[23] Thorne M. C. ICRP Publication 60: Recommendations of the International Commission on Radiological Protection, Thorne M.C. ICRP publication 60: 1990 recommendations of the International Commission on Radiological Protection[J]. Annals of Nuclear Energy, 19(1): 51-52, 1992.

[24] Zeitlin, C., Hassler, D. M., Cucinotta, F. A., Ehresmann, B., Wimmer-Schweingruber, R. F., Brinza, D. E., et al. Measurements of energetic particle radiation in transit to Mars on the Mars Science Laboratory[J]. Science, 340: 1080 – 1084, 2013.

[25] Hassler, D. M., Zeitlin, C., Wimmer-Schweingruber, R. F., Ehresmann, B., Rafkin, S., Eigenbrode, J. L., et al. Mars' surface radiation environment measured with the Mars Science Laboratory's Curiosity Rover[J]. Science, 343:

1244797, 2014.

[26] Kodaira, S., Kawashima, H., Kitamura, H., Kurano, M., Uchihori, Y., Yasuda, N., Ogura, K., Kobayashi, I., Suzuki, A., Koguchi, Y., Akatov, Y. A., Shurshakov, V. A., Tolochek, R. V., Krasheninnikova, T. K., Ukraintsev, A. D., Gureeva, E. A., Kuznetsov, V. N., & Benton, E. R. Analysis of radiation dose variations measured by passive dosimeters onboard the International Space Station during the solar quiet period 2007-2008[J]. Radiation Measurements, 49: 95–102, 2013.

[27] Labrenz, J., Burmeister, S., Berger, T., Heber, B., & Reitz, G. Matroshka DOSTEL measurements onboard the International Space Station(ISS)[J]. Journal of Space Weather and Space Climate, 5: A38, 2015.

[28] Reitz, G., Berger, T., Bilski, P., Facius, R., Hajek, M., Petrov, V. P., Puchalska, M., Zhou, D., Bossler, J., Akatov, Y. A., Shurshakov, V. A., Olko, P., Ptaszliewicz, M., Bergmann, R., Fugger, M., Vana, N., Beaujean, R., Burmeister, S., Bartlett, D., Hager, L., Palfalvi, J. K., Szabó, J., O'Sullivan, D., Kitamura, H., Uchihori, Y., Yasuda, N., Nagamatsu, A., Tawara, H., Benton, E. R., Gaza, R., McKeever, S. W., Sawakuchi, G., Yukihara, E. G., Cucinotta, F. A., Semones, E., Zapp, E. N., Miller, J., & Dettmann, J. Astronaut's organ doses inferred from measurements in a human phantom outside the International Space Station[J]. Radiation Research, 171(2): 225–235, 2009.

[29] Semkova, J., Koleva, R., Shurshakov, V., Benghin, V., St, M., Kanchev, N., et al. Status and calibration results of Liulin-5 charged particle telescope designed for radiation measurements in a human phantom onboard the ISS[J]. Advances in space Research, 40, 1586–1592, 2007.

[30] Zhou, D., Semones, E., & Weyland, J. Radiation measured with TEPC and CR-39 PNTDs in low earth orbit[J]. Advances in Space Research, 40(11): 1571–1574, 2007.

[31] Dachev, T. P., Spurny, F., & Ploc, O. Characterization of radiation environment by Liulin type spectrometers[J]. Radiation Protection Dosimetry, 144:

680 – 683, 2011.

[32] Dachev, T. P., Semkova, J. V., Tomov, B. T., Matviichuk, Y. N., Maltchev, P. G. S., Koleva, R., et al. Overview of the Liulin type instruments for space radiation measurement and their scientific results[J]. Life Sciences in Space Research, 4: 92 – 114, 2015.

[33] Casolino, M., Bidoli, V., Furano, G., Minori, M., Morselli, A., Narici, L., et al. The Sileye-3/Alteino experiment on board the International Space Station[J]. Nuclear Physics B, 113: 71 – 78, 2002.

[34] Narici, L., Belli, F., Bidoli, V., Casolino, M., De Pascale, M. P., Di Fino, L., et al. The ALTEA/Alteino projects: Studying functional effects of microgravity and cosmic radiation[J]. Advances in Space Research, 33: 1352 – 1357, 2004.

[35] Narici, L., Bidoli, V., Casolino, M., De Pascale, M. P., Furano, G., Morselli, A., et al. ALTEA: Anomalous long-term effects in astronauts. A probe on the influence of cosmic radiation and microgravity on the central nervous system during long flights[J]. Advances in Space Research, 31: 141 – 146, 2003.

[36] Semkova, J., Koleva, R., Maltchev, S., Benghin, V., Shurshakov, V., Chernykh, I., et al. Preliminary results of Liulin-5 experiment for investigation of the dynamics of radiation doses distribution in a human phantom aboard the International Space Station[J]. Comptes Rendus de l Academie Bulgare des Sciences, 61: 787 – 794, 2008.

[37] Wilson, J. W., Thibeault, R. C., Cucinotta, F. A., Shinn, M. L., Kim, M. H., Kiefer, R., & Badavi, F. F. Issues in protection from galactic cosmic rays[J]. Radiation and Environmental Biophysics, 34: 217, 1995.

[38] Zeitlin, C., Guetersloh, S., Heilbronn, L., & Miller, J. Shielding and fragmentation studies[J]. Radiation Protection Dosimetry, 116, 123 – 124, 2005.

[39] Durante, M., George, K., Gialanella, G., Grossi, G., La Tessa, C., Manti, L., Miller, J., Pugliese, M., Scampoli, P., & Cucinotta, F. A. Cytogenetic effects of high-energy iron ions: Dependence on shielding thickness and material[J]. Radiation Research, 164: 571 – 576, 2005.

[40] Harrison, C., Weaver, S., Bertelsen, C., Burgett, E., Hertel, N., & Grulke, E. Polyethylene/boron nitride composites for space radiation shielding[J]. Journal of Applied Polymer Science, 109: 2529–2538, 2008.

[41] Estevez, J. E., Ghazizadeh, M., Ryan, J. G., & Kelkar, A. D. Simulation of hydrogenated boron nitride nanotubes mechanical properties for radiation shielding applications[J]. International Journal of Engineering Science, 8(1): 63–67, 2014.

[42] Kouvaris, J. R., Kouloulias, V. E., & Vlahos, L. J. Amifostine: The first selective-target and broad-spectrum radioprotector. Oncologist, 12(6): 738–747, 2007.

[43] van der Vijgh, W. J., & Peters, G. J. Protection of normal tissues from the cytotoxic effects of chemotherapy and radiation by amifostine(Ethyol): Preclinical aspects [J]. Seminars in Oncology, 21(5 Suppl 11): 2–7, 1994.

[44] Bourhis, J., Blanchard, P., Maillard, E., Brizel, D. M., Movsas, B., Buentzel, J., et al. Effect of amifostine on survival among patients treated with radiotherapy: A meta-analysis of individual patient data[J]. Journal of Clinical Oncology, 29(18): 2590–2597, 2011.

[45] Verdrengh, M., Jonsson, I. M., Holmdahl, R., & Tarkowski, A. Genistein as an anti-inflammatory agent[J]. Inflammation Research, 52(8): 341–368, 2003.

[46] Landauer, M. R., Srinivasan, V., & Seed, T. M. Genistein treatment protects mice from ionizing radiation injury[J]. Journal of Applied Toxicology, 23(6): 379–385, 2003.

[47] Davis, T. A., Landauer, M. R., Mog, S. R., Barshishat-Kupper, M., Zins, S. R., Amare, M. F., et al. Timing of captopril administration determines radiation protection or radiation sensitization in a murine model of total body irradiation [J]. Experimental Hematology, 38(4): 270–281, 2010.

[48] Rizzo, A. M., Corsetto, P. A., Montorfano, G., Milani, S., Zava, S., Tavella, S., et al. Effects of long-term space flight on erythrocytes and oxidative stress of rodents[J]. PLoS One, 7: e32361, 2012.

[49] Sonnenfeld, G. Effect of space flight on cytokine production[J]. Acta Astronautica, 33: 143–147, 1994.

[50] Konstantinova, I. V., Rykova, M. P., Lesnyak, A. T., & Antropova, E. A. Immune changes during long-duration missions[J]. Journal of Leukocyte Biology, 54: 189–201, 1993.

[51] Crucian, B., Stowe, R. P., Mehta, S., Quiriarte, H., Pierson, D., & Sams, C. Alterations in adaptive immunity persist during long-duration spaceflight[J]. NPJ Microgravity, 1: 15013, 2015.

[52] Mermel, L. A. Infection prevention and control during prolonged human space travel[J]. Clinical Infectious Diseases, 56: 123–130, 2013.

[53] Crucian, B., Babiak-Vazquez, A., Johnston, S., Pierson, D. L., Ott, C. M., & Sams, C. Incidence of clinical symptoms during long-duration orbital spaceflight[J]. International Journal of General Medicine, 9: 383–391, 2016.

[54] Guéguinou, N., Huin-Schohn, C., Bascove, M., Bueb, J.-L., Tschirhart, E., Legrand-Frossi, C., et al. Could spaceflight-associated immune system weakening preclude the expansion of human presence beyond Earth's orbit?[J]. Journal of Leukocyte Biology, 86: 1027–1038, 2009.

延伸阅读文献

Chang-Díaz, F., Seedhouse, E.(Eds.) To Mars and Beyond, Fast! How Plasma Propulsion will Revolutionize Space Exploration[M]. Springer-Praxis, 2017.

Cucinotta, F. A., Kim, M. H., Willingham, V., & George, K. A. Physical and biological organ dosimetry analysis for International Space Station astronauts[J]. Radiation Research, 170: 127–138, 2008.

Moore, A. D., Lee, S. M. C., Stenger, M. B., & Platts, S. H. Cardiovascular exercise in the U.S. space program: Past, present and future[J]. Acta Astronautica, 66: 974–988, 2010.

Seedhouse, E.(Ed.) Space Radiation and Astronaut Safety[M]. Springer International Publishing AG, 2018.

第 8 章

太空植物种植

> **学习提要**
>
> ① 发芽的过程；
> ② 导管和小管（tubule）的区别；
> ③ 什么是向光性、向重性和饮食疲劳（dietary fatigue）；
> ④ 植物枕头（plant pillow）的工作原理；
> ⑤ 在 Veggie 蔬菜生产系统中开展的工作；
> ⑥ MELiSSA 项目的四个回路。

8.1 引言

只要有航天员，就会有经过加工并预先包装好的太空食品，包括加工过的水果、预先包装好的坚果、紫外线照射过的鲜虾鸡尾酒、消过毒的炖鸡、花生酱奶油杯子蛋糕（fluffer nutter）等（注：花生酱奶油杯子蛋糕是美国女航天员苏妮塔·威廉姆斯（Sunita Williams）在国际空间站上最喜欢吃的食品）。这些太空食品需经过加热、冷冻、紫外线照射和热稳定等目前人类已知的几乎每一个处理过程。不过，存在的问题是，预先包装好的太空食品有时缺乏营养物质（如钾和维生素 K），而且它们所含的任何营养物质都可能随着时间的推移而降解（如维生素 B1 和维生素 C）[1]。于是，目前正在轨道上开展植物栽培实验，且作物生产单元可能很快会被集成到未来航天器的生命保障系统中，这样航天员就可以用新鲜种植的蔬菜来补充储存及包装食品。

8.2 地面植物的基本生物学特性

地球上有 30 多万种大小不一的植物。与所有的生物一样，植物也需要能量、营养物质、空气和水分。下面就一些关键植物特性进行简要介绍。植物的绿色是因为一种叫作叶绿素的色素，它可以帮助植物通过光合作用获得光能。在这个过程中，叶片吸收二氧化碳储存能量，并用来帮助植物生长，同时会释放氧气。

最大的一类植物是被子植物，即那些有根、茎、叶和花的植物。根有两个非常重要的功能，一个是固定植物，另一个是吸收水分和营养物质。茎是营养物质和水分在根部和叶片之间的通道，叶片是气体交换（二氧化碳和氧气）发生的场所，主要通过叶片上的气孔进行。花是植物的繁殖部分，授粉就在此处发生。在一些植物中，授粉后会形成果实——如苹果、橘子、豌豆、橡子（acorn）和葡萄，这些果实起着许多重要的作用，其中之一是传播种子。

正因为植物所具备的可循环利用及可食用特性，使其成为设计封闭生命保障系统的工程师们的绝好选择。如果没有植物，任何前往火星或更远地方的载人飞行任务都是不可能的。然而，将植物种植整合到生命保障系统中是一项极其困难的任务。西班牙巴塞罗那自治大学 MELiSSA[①]的工程师和科学家对此深有体会。这些有才华的人员已经工作了 30 多年，但他们仍然无法解决在封闭生命保障系统中栽培植物的难题。为了做到这一点，必须在太空中复制地球的生态环境，而要知道这有多困难，必须先了解一下植物生长过程的复杂性。

8.2.1 发芽

开花植物的种子包括种皮、胚和胚乳。胚可以发育成新的植物，在出现合适的发芽条件之前一直处于休眠状态。胚的一端为胚根（radicle），最终会发育成植物的根；另一端是胚轴（hypocotyl），最终会形成茎和叶。营养物质可被储存在

[①] MELiSSA 代表微生态生命保障供选方案（Micro-Ecological Life Support Alternative）。

种子叶片中，也可被储存在胚的周围。一旦条件适合发芽，胚就会吸收水分，并开始利用营养物质进行生长。在某些情况下，发芽必须由非常特定的条件触发，例如，具有特定波长的光线或温度变化幅度很小的天数。在发芽过程中，新植物长出一条单根来收集水分并充当锚。过一段时间，该胚根会长成主根（primary root）。然而，并不是所有的根都一样，比如胡萝卜的根会形成粗根，而其他植物则会长出细根。随着继续生长，植株的叶片开始形成，同时会启动光合作用的过程。在更加仔细地观察这个过程之前，多了解一些有关根和茎的知识会很有启发性。

8.2.2 根和茎

首先，根的作用远远不只是固定植物，它们还吸收水分和养分，有些植物的根中有细菌，从而能够捕获氮并将其提供给植物。在地球上，大多数植物的根都是连续生长的，并选择阻力最小的路径。根系的方向和增殖在很大程度上取决于土壤中的水分、可用的氧气和养分等因素。水分和养分通过根毛的管道被吸收，根毛的作用是增加水分和养分进入根系的表面积。之后水分和养分通过维管系统被运输给植物的其余部分，而维管系统包括小管（运输水分和养分）和导管（运输光合作用产物）。许多植物的根和茎都经过了加固，因此可以长时间存活。

既然植物没有神经系统，那么根是如何知道生长方向的？的确，植物没有神经系统却仍然可以感知，这是因为其具有一种特殊的受体分子（receptor molecules），它可以检测和响应光的变化。一旦检测到这些变化，信号通路（signaling pathway）会被触发，接着植物就会相应做出反应。这些反应基本上是一系列化学反应，是植物相互交流的方式，也是根系知道生长方向的方式。不仅根必须知道该做什么，开花和种子发芽也必须要有触发因素。

这些进程是如何被触发的？答案是光。植物对光的反应称为向光性（phototropism），它会触发生化反应，并最终决定植物生长的快慢。茎向光生长，是因为它们具有正向光响应（positive phototropic response），而根对光的响应很弱，是因为它们具有负向光响应（negative phototropic response）。同样需要注意的是，不同植物对不同颜色的光具有不同反应，这是航天员园丁必须考虑和监测的另一个植物生长变量。当然，对根系生长和定向最重要的触发因素是重力，因为重力对根系定向的刺激比光对茎生长的刺激会更强。重力对根系的定向刺激被称为向重力性（gravitropsim），根呈正向重力性，而茎呈负向重力性。

8.3 Veggie蔬菜生产系统

"我们的植物看起来不太好。"这是美国航天员斯科特·凯利（Scott Kelly）2015年在他的推特上发布最新的国际空间站植物生长动态时说到的。这条推特的主题是一群看起来相当可怜的小百日菊（zinnia），植株卷缩，濒临凋亡。分析表明这是由霉菌引起的，因为地球上的园丁也会遇到类似的问题。正如我们现在所知，生命保障系统形成闭环的最大不足就是粮食生产。如果航天员想要在距离低地球轨道合理距离的环境中生存下来，他们就需要建造太空花园。实现这一目标的步骤之一（还有很多！）是研究如何防止霉菌破坏作物。幸运的是，已有一种名为"Veggie"的蔬菜生产系统（简称Veggie）在帮助科学家解决轨道植物种植技术方面的问题（见图8.1）。

图8.1 培育有生菜的Veggie蔬菜生产系统的外部形态
（来源：NASA）

8.3.1 植物枕头

目前位于国际空间站上的 Veggie，是一种植物生长的试验设施，其结构简单且功耗较低，可有助于航天员测试植物种植以供最终食用。依托 NASA 小型企业创新研究（Small Business Innovation Research，SBIR）项目，Veggie 由位于美国威斯康星州麦迪逊的 Orbitec 公司开发，2014 年 4 月，该系统在 SpaceX 的 CRS-3 任务中被运往国际空间站[2]。Veggie 抵达后不久，航天员里克·马斯特拉奇奥（Rick Mastracchio）和史蒂夫·斯旺森（Steve Swanson）将该系统安装于"哥伦布"舱。

Veggie 是怎么起作用的？在特殊设计的植物枕头（plant pillow）内装有被动毛细材料（passive wicking），以便为其中所培养的植物提供水分。植物枕头中含有栽培基质，基本上是一种特殊类型的黏土（见图 8.2）。

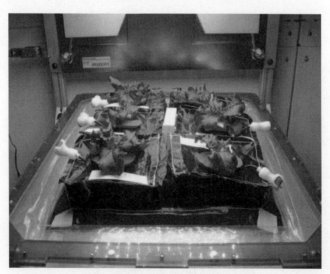

图 8.2　植物枕头的局部外部形态
（来源：NASA）

肥料和通过阀门注入的水一道被释放到植物枕头中。在每次植物试验开始时，每个植物枕头最多接收三粒种子（其中两粒是发芽失败时的备用种子）。这些种子是定向的，所以植物的茎杆向上生长，而根系向下生长。然后，这些植物就在航天员的日常监督下开始生长。同时，在地面上也培养着同样的植物。结果表明，有些植物长得好，有些则不那么好。这并不奇怪，因为影响植物生长的变量太多了：大气氧气浓度、二氧化碳浓度、温度、湿度、栽培基质水分含量等[3-4]。还有，微重力环境会导致对流缺乏而引起一些问题。

多年来，航天员在 Veggie 中种植了六种以上的绿叶蔬菜，并在地面试验了 100 多种植物。2014 年 5 月，史蒂夫·斯旺森在 VEG-01 中种植了第一种植物生菜。本次种植包括一套六个植物枕头，在其上面播种着红色的生菜种子。33 天后，有一个植物枕头未发芽，而另外两个植物枕头因缺水而失效。最终，仅产生了三棵健康的植株。这些植株并未被航天员们吃掉，而是被送回地面以供测试与分析。

第二次 Veggie 实验，于 2015 年 7 月在 VEG-01B 中开始。这一次轮到斯科特·凯利充当园丁，基尔·林格伦（Kjell Lindgren）提供帮助。第二次实验同样使用了六个植物枕头，每个枕头都含有红色的生菜种子。33 天后，航天员获准收获一半的生菜并进行了品尝，这标志着首次使用 NASA 硬件种植蔬菜并食用。可能有人认为在太空食用生菜没什么大不了的，但在吃了几个月平淡无奇的补水食物后再想想吃到生菜会是什么样。并不是说国际空间站食品储藏室里的食物种类有什么问题，而是确实会出现饮食疲劳，这就是为什么种植生菜带来了一种可喜的变化。此外，另一半生菜植株被送回地球进行微生物分析。

第三次 Veggie 实验，VEG-01C，在一套植物枕头中种植了百日菊种子。之所以选用百日菊，是因为它的生长期比生菜长。事实上，第三次种植操作同样存在一些问题，其中一个问题是盛种子的毛细材料漏水，这导致水分从叶片中渗出，然后随着霉菌的进入而致使叶片开始卷曲。为了挽救百日菊，航天员将栽培装置内的气流调到了高位，但这还不够，叶片开始死亡。航天员试着用剪刀剪掉发霉的部分，结果证明这是一次很好的尝试，但高风速设置又导致植物出现脱水。显然，对于前往火星的航天员来说，这不是一种好的情况，但幸运的是，这是在国际空间站上。和往常一样，NASA 对整个事件做出积极评价，表示至少他们知道百日菊能够在旱涝下仍旧存活。最终，实验成功收获了部分百日菊，而且来自太空的百日菊种子后来在地面上也能够发芽并健康生长。

8.3.2 高级植物培养装置

国际空间站上的另一种植物栽培设施是高级植物培养装置（advanced plant

habitat，APH），包括一个栽培面积约为 0.2 m² 的自主实验室，配备有 180 支传感器和自动浇水设施，其外观与微波炉的外形非常相似（见图 8.3）。温度调节系统可以将空气的温度精确度控制在 0.5 ℃ 范围内，并且传感器会将有关光照、湿度和氧气等水平的数据传回到地面。那么，Veggie 和 APH 有什么区别呢？Veggie 用来确定航天员种植食物的方式，而 APH 用来量化 Veggie 种植植物的实际情况。自 2017 年 10 月被在轨组装以来，APH 已经用于试验各种作物，包括拟南芥（Arabidopsis thaliana）和矮秆小麦。

图 8.3　门被去掉后的高级植物培养装置（APH）外观图
（内部种有矮秆小麦。来源：NASA）

8.3.3　迄今为止的研究结果

在 Veggie 实验中，无论何时在太空中种植作物，都会在地面上种植相同的作物（即设置地面对照），以便进行营养比较。那么，科学家们有何发现呢？

这里主要介绍红罗马生菜（red romaine lettuce，学名 Lactuca sativa）的营养品质[5]。返回到肯尼迪航天中心后，实验样本被保存在 −80 ℃ 冰箱中以供分析。然后，将植物样品解冻，对叶片进行微生物和化学分析。通过微生物分析，发现未在太空中生长的植物所含的细菌数量低于在太空中生长的植物。对太空样品食源性病原体（如大肠杆菌和沙门氏菌）的筛查结果显示为阴性，但细菌筛查中发现了葡萄球菌属，且其中某些菌株可能对人类有致病影响。对太空和地面样品进行元素（磷酸盐、镁、锌）分析筛选时，除了发现太空生菜中的钠含量较高外，未发现其他显著差异。另外，还测量了太空和地面样品的抗氧化能力，但未观察到显著差异。地面和太空样本之间的一些差异可归因于地面空气中细菌混合、太空中空气循环不良（由于 Veggie 的风扇发生故障）及微重力环境条件下不同的流体行为。然而，最终报告表明，从微生物学的角度来看，人类食用在太空中培养的红罗马生菜是安全的[6]。

8.4 MELiSSA

"我们正在创造一种人工生态系统，利用微生物处理废物，以便我们可以种植植物。底部是污泥（原废物），在黑暗中进行厌氧（无氧）发酵，较高处有光，但没有氧气，更高处有氧气，可以将氨转化为硝酸盐，在其表面，有二氧化碳、氧气和光。这是高等植物可以生长的地方。"

——MELiSSA 项目组科学家
克里斯托夫·拉瑟尔（Christophe Lasseur）

8.4.1 基本工作原理

能够种植航天员可食用的食物是迈向闭环生命保障系统的重要一步，但是如何将 Veggie（或类似这样的系统）整合到生命保障系统中呢？为了弄清楚该如何实现这一目标，对 MELiSSA（见图 8.4）的讨论是很有指导意义的。MELiSSA 是 ESA 支持的一个重要项目，由西班牙巴塞罗那自治大学负责实施。这个项目始于 1988 年，一直延续至今[7-8]。MELiSSA 的总体运行模式是以自然湖泊水生生态系统的废物循环原理为基础（见图 8.5）。

8.4.2 MELiSSA 的合作伙伴及保障单位

MELiSSA 项目是由 ESA 欧洲航天研究与技术中心（European Space Research and Technology Center，ESTEC）热与环境控制部门（Thermal and Environmental Control Section）管理的一个合作开发项目。其合作伙伴机构遍及西欧国家和加拿大，具体包括：

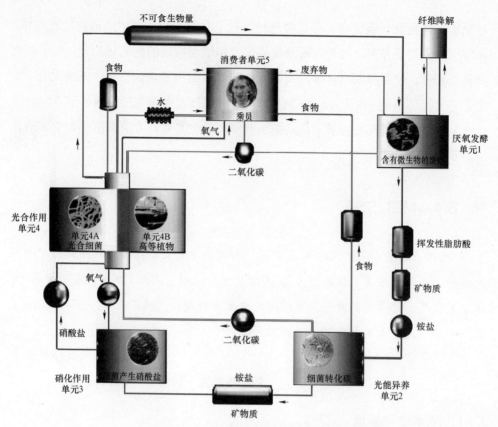

图 8.4　MELiSSA 项目运行原理图
（来源：ESA）

(1) 总部位于法国巴黎的 ESA；

(2) 法国克莱蒙特费朗的布莱斯·帕斯卡大学；

(3) 比利时根特的根特大学；

(4) 荷兰伍特的 IPStar 公司；

(5) 比利时的比利时核能研究中心（SCK-CEN）；

(6) 加拿大安大略省的圭尔夫大学；

(7) 西班牙加泰罗尼亚自治区的巴塞罗那自治大学；

(8) 比利时摩尔的法兰德斯技术研究院（VITO）；

(9) 法国的 Sherpa Engineering 公司；

(10) 意大利那不勒斯的那不勒斯费德里科二世大学；

(11) 瑞士洛桑的洛桑大学；

图 8.5　MELiSSA 项目所基于的水生生态系统运行原理图
（来源：ESA）

（12）意大利马塔雷洛的 EnginSoft 咨询公司；

（13）比利时布鲁塞尔的 MELiSSA 基金会 PS。

在 MELiSSA 系统中，由于细菌、真菌和藻类等生物的相互作用而导致湖泊中发生自然反应，进而使每种输出物都被转换为一种新的输入物。利用四台生物反应器和一间高等植物栽培室（higher plant compartment，HPC）[9-10]，这些过程在 MELiSSA 系统中得到了复制。每台生物反应器（见图 8.6）作为回收系统对废物和副产品进行处理，之后将这些处理过的废物和副产品输送到 HPC，以帮助其中的植物生长。

8.4.3　MELiSSA 的发展情况

MELiSSA 项目分为五个阶段：基础研究与发展、初步飞行实验、地面与空间验证、技术转让、交流与教育阶段。以下将详细讨论这些阶段。

图 8.6　MELiSSA 系统中一台生物反应器局部外观图
(来源：ESA)

8.4.3.1　基础研究与发展

研究的首要目标之一是识别细菌菌株，因为上述每个单元室都需要特定的细菌才能使系统有效工作。这是一项艰巨的任务，因为接种错误的细菌可能导致系统失衡。另一项挑战是遗传进化，计划中的生命保障系统将会运行多年，在这段时间里，细菌可能会以一种可以改变系统稳定性的方式进化。为了解决这些问题，启动了 MELiSSA 遗传学项目（MELiSSA genetics，MELGEN），其目的是检测和解决细菌的进化问题[11]。

基础研究与发展阶段的第二项任务是确定废物处理单元的处理能力，为此建造了废物处理单元原型，并利用人的粪便进行了试验。然后，重点是 HPC，即使在今天，HPC 面临的挑战仍然是艰巨的，因为即使运用世界上最先进且最复杂的数学模型来模拟植物生长变量的所有排列，要实现最佳生长产出也是一项困难的工作。如果把微重力这一变量也考虑进来，问题就会变得更加复杂。

8.4.3.2　初步飞行实验

研究人员一旦在地面上解决了地基闭环生命保障系统内种植植物的问题，那么就必须在太空中可以复制这些实验。这是因为，物理化学过程和生物过程在微重力条件下均会受到影响。这些实验必须在太空中被进行飞行验证的另一个原因是辐射环境。陆地植物生活在每年仅暴露于 2 mSv 的环境中，但将这些植物和细菌暴露于该剂量的 80 倍时会发生什么？[12] 为了回答这些问题，MELiSSA 项目组在国际空间站上搭载了旋转壁反应器（rotating wall vessel）和随机定位机（random positioning machine）。

8.4.3.3 地面与空间验证

当地面实验取得有效进展之后，则计划在国际空间站上进行 BIORAT 实验（说明：此处 BIORAT 中的 RAT 用词不当，因为实验用的是老鼠（mouse），而不是大鼠（rat））。

BIORAT 是一种全尺寸闭环生命保障系统所需要的工程原理试验平台。显然，必须先小规模试验这样的系统，因此 BIORAT 将包括一套简单的生态系统，该生态系统可以容纳小型受试动物——在这种情况下是老鼠。BIORAT 验证试验的重点放在 MELiSSA 系统中的两个回路上：光合反应器和消费者单元。在这项试验中，老鼠产生的二氧化碳将在光合作用中被藻类（螺旋藻）消耗，并产生氧气。在试验过程中将控制光照、气体传输和氧气产生等变量，并采用不同的光照强度来改变螺旋藻的生长速率。

除了 BIORAT，按照 MELiSSA 的发展路径，研究人员正在利用 MELiSSA 实验工厂（MELiSSA pilot plant，MPP）来试验其技术。MPP（见图 8.7）由五个单元组成：第一个用于废物降解；第二个用于硝化作用；第三个用于大气再生（螺旋藻开始工作）；第四个用于食品生产；第五个用于模拟航天员（在这种情况下是老鼠）居住[8]。

图 8.7　MELiSSA 实验工厂局部外观图[8]

在努力开发 MPP 和其他生命保障技术的过程中，MELiSSA 项目组与其他正在推进生命保障技术的团体进行了科研合作。例如，MELiSSA 与"康科迪亚"号（Concordia）南极研究站合作来回收该站的废水。随着 MPP 地面试验的持续开展，其数据正在被应用于地面系统，如可自主持续发展的栖息地。

8.4.3.4　技术转让

MELiSSA 的技术转让合作伙伴是 SEMiLLA 公司，后者成立于 2005 年，负责编制预算，以便进一步开展研究。SEMiLLA 公司主要通过四家分公司实现成果转化：SEMiLLA IPStar 公司、SEMiLLA 健康有限公司、SEMiLLA 卫生有限公司和 ezCOL 有限公司。技术成果转化的一个例子是利用细菌处理船舶压载水。

8.4.3.5　交流与教育

MELiSSA 开展了几项教育和信息推广项目，并定期在国际会议上发表演讲[13]。2018 年夏天，作者有幸和一些来自美国安柏瑞德航空大学（Embry-Riddle Aeronautical University）的学生一起参观了 MPP，在此期间 MELiSSA 的科学家们花了 2 小时向学生们展示了该设施。

一个太空花园会是什么样子的？它是被集成到虚构的闭环生命保障系统中的一种装置，可能看起来更像 Veggie（即 Veggie 2.0）而非 APH，而且会比 MELiSSA 小得多。

但要发射飞往火星的 Veggie 2.0 还有很长的路要走。首先，必须制定植物栽培的最佳指导方针，这些指导方针必须确保受空间限制的园艺系统能够可靠运行，以及植物能够有规律生长。其次，必须对影响植物在太空中生长的所有变量进行彻底评估，例如，必须评估污染物[14]、细菌[15-16]、二氧化碳[17]的影响以及植物对航天员[18]和座舱环境[19]的影响。只有对这些变量进行了评估，植物栽培系统才可能被集成到生命保障系统中，并且必须开发和试验监测系统[20]。只有到那时，航天员才能穿行于宇宙之中。

参考文献

[1] Borchers, A. T., Keen, C. L., & Gershwin, M. E. Microgravity and immune responsiveness: Implications for space travel[J]. Nutrition, 18: 890–898, 2002.

[2] Massa, G. D., Dufour, N. F., Carver, J. A., Hummerick, M. E., Wheeler, R. M., Morrow, R. C., et al. Veggie hardware validation testing on the International Space Station[J]. Open Agriculture, 2: 33–41, 2017.

[3] Massa, G. D., Newsham, G., Hummerick, M. E., Morrow, R. C., & Wheeler, R. M. Preparation for the Veggie plant growth system on the International Space Station[J]. Gravitational and Space Research, 5: 24–34, 2017.

[4] Massa, G. D., Wheeler, R. M., Morrow, R. C., & Levine, H. G. Growth chambers on the International Space Station for large plants[J]. Acta Horticulture, 1134: 215–222, 2016.

[5] Oliveira, M., Usall, J., Viñas, I., Anguera, M., Gatius, F., & Abadias, M. Microbiological quality of fresh lettuce from organic and conventional production [J]. Food Microbiology, 27: 679–684, 2010.

[6] Khodadad, C. L. M., Hummerick, M. E., Spencer, L. E., Dixit, A. R., Richards, J. T., Romeyn, M. W., Smith, T. M., Wheeler, R. M., & Massa, G. D. Microbiological and nutritional analysis of lettuce crops grown on the International Space Station [J]. Frontiers in Plant Science, 11: 199. doi: 10.3389/fpls.2020.00199, 2020.

[7] Perez, J., Montesinos, J. L., & Gòdia, F. Operation of the nitrifying pilot reactor [R]. Technical Note 37.420. MELISSA. ESTEC/CONTRACT. 11549/95/NL/FG, 1999.

[8] Albiol, J., Perez, J., Cabello, F., Mengual, X., Montras, A., Masot, S., Camargo, J., & Gòdia, F. In M. Lobo & C. Lasseur(Eds.). Leaving and Living with MELiSSA, MELiSSA Pilot Plant, MELiSSA Final Report 2002 Activity[M]. ESA/ EWP-2216. pp. 206–225, 2003.

[9] Burtscher, C., Fall, P. A., Christ, O., Wilderer, P. A., & Wuertz, S. Detection and survival of pathogens during two-stage thermophilic/mesophilic treatment of suspended organic waste[J]. Water Science and Technology, 38: 123–126, 1998.

[10] Chachkhiani, M., Dabert, P., Abzianidze, T., Partskhaladze, G., Tsiklauri, L., Dudauri, T., & Godon, J. J. 16S rDNA characterization of bacterial and archaeal communities during start-up of anaerobic thermophilic digestion of cattle

manure[J]. Bioresource Technology, 93: 227 – 232, 2004.

[11] Koops, H.-P., & Pommerening-Röser, A. Distribution and ecophysiology of the nitrifying bacteria emphasizing cultured species[J]. FEMS Microbiology Ecology, 37: 1 – 9, 2001.

[12] Hendrickx, L., De Wever, H., Hermans, V., Mastroleo, F., Morina, N., Wilmotte, A., Janssen, P., & Mergeay, M. Microbial ecology of the closed artificial ecosystem MELiSSA(Micro-Ecological Life Support System Alternative): Reinventing and compartmentalizing the earth's food and oxygen regeneration system for long-haul space exploration missions[J]. Research in Microbiology, 157: 77 – 86, 2006.

[13] Lasseur, C., Brunet, J., de Weever, H., Dixon, M., Dussap, G., Godia, F., Leys, N., Mergeay, M., & van der Straeten, D. MELiSSA: The European project of closed life support system[J]. Gravitational and Space Biology, 23(2): 3 – 12, 2010.

[14] Heaton, J. C., & Jones, K. Microbial contamination of fruit and vegetables and the behaviour of enteropathogens in the phyllosphere: A review[J]. Journal of Applied Microbiology, 104: 613 – 626, 2008.

[15] Dees, M. W., Lysøe, E., Nordskog, B., & Brurberg, M. B. Bacterial communities associated with surfaces of leafy greens: Shift in composition and decrease in richness over time[J]. Applied and Environmental Microbiology, 81: 1530 – 1539, 2015.

[16] Leff, J. W., & Fierer, N. Bacterial communities associated with the surfaces of fresh fruits and vegetables[J]. PLoS One, 8: e59310, 2013.

[17] McKeehen, J. D., Smart, D. J., Mackowiack, C. L., Wheeler, R. M., & Nielsen, S. S. Effect of CO_2 levels on nutrient content of lettuce and radish[J]. Advances in Space Research, 18: 85 – 92, 1996.

[18] Perchonok, M., Douglas, G., & Cooper, M. Risk of performance decrement and crew illness due to an inadequate food system[R]. NASA Human Research Program. Available online at: http://humanrc searchroadmap.nasa.gov/evidence/

reports/food.pdf, 2012.

[19] Sublett, W., Barickman, T., & Sams, C. The Effect of environment and nutrients on hydroponic lettuce yield, quality, and phytonutrients[J]. Horticulturae, 4: 48, 2018.

[20] Yamaguchi, N., Roberts, M., Castro, S., Oubre, C., Makimura, K., Leys, N., et al. Microbial monitoring of crewed habitats in space—Current status and future perspectives[J]. Microbes Environments, 29: 250–260, 2014.

延伸阅读文献

Lasseur, C., Brunet, J., de Weever, H., Dixon, M., Dussap, G., Godia, F., Leys, N., Mergeay, M., & van der Straeten, D. MELiSSA: The European project of closed life support system[J]. Gravitational and Space Biology, 23(2): 3–12, 2010.

第 9 章

未来生命保障技术概念

学习提要

① "科里奥利力"（Coriolis force）是什么意思；
② "麻木"（torpor）一词的含义；
③ 有冬眠航天员生命保障系统的五个优势；
④ 动物的冬眠过程；
⑤ "生物打印"中的预处理、处理和后处理过程；
⑥ 类血管（vasculoid）的结构；
⑦ 血管细胞（vasculocyte）和人造红血球（respirocyte）的功能；
⑧ 什么是反流态化（defluidization）。

9.1 引言

在不久的将来，我们可以期待哪些生命保障技术？世界各地的科幻小说爱好者都会有不同的想法。想想所有那些有冬眠（hibernation）元素的电影。然而正如将在本章中看到的，冬眠并不是科幻小说幻想出来的情节。低温疗法（therapeutic hypothermia）是一种标准的医疗程序，经过一些调整，就能够被航天员采用。另一种是纳米技术，针对肌肉萎缩和骨矿物质流失（bone demineralization）的问题，纳米技术可能是一种解决方案。还有人工重力，这也是一个流行的科幻小说元素，它可能是最难破解的生命保障难题，所以本章首先从这里开始。

9.2 人工重力

多年来，科幻电影一直被人工重力的场景所充斥，如《2001：太空漫游》(*2001: A Space Odyssey*)、《太空旅客》(*Passengers*)、《火星救援》(*The Martian*)、《极乐空间》(*Elysium*)。除了优雅的飞船为航天员提供地球重力的图像，几十年来，无可救药的误报记者（说误报是因为这些记者在假设人工重力存在的情况下写文章）一直将这项技术吹捧为使人类能够前往火星的技术，头条新闻包括"《火星救援》中旋转的飞船是如何工作的""人工重力摆脱了科幻小说的束缚"和"SpaceX星舰（Starship）中的真正人工重力"。

但在2020年，伟大的沃纳·冯·布劳恩（Wernher von Braun）表示他在进行人工重力设计65年后，发现人类要想实现这项技术还有很长很长的路要走。众所周知，在太空待很长时间对身体不利，即使有2020年的技术加持，人类在火星上的第一步也不会是巨大的跳跃，而是笨拙的蹒跚——前提还得是假设航天员的腿不会骨折。这是因为对基线人类（baseline humans）而言，他们还没有进化到能够在太空中生活。因此，如果航天员要冒险前往火星或更远的地方，就需要一些极端的解决方案。这些方案会是克隆、基因操作和复制人（replicant）（见图9.1）吗？答案也许是肯定的，但我们还是先来看看人工重力的可能性。

如果要设计人工重力航天器，它会是什么样子？会是一个圆环体吗？在圆环体的设计中，推进器会使这个环形结构绕轴旋转从而产生向心力。这意味着，在该

图9.1 在菲利普·K·迪克的《仿生人会梦见电子羊吗？》中的复制人
（复制人是生物工程化的生物，具有超常的力量、速度、敏捷和弹性，这使他们能够完美地完成人类无法完成的工作，比如探索其他行星！来源：原著作者）

结构外围的任何航天员都会感受到重力的存在,因为环形结构的底部在向他们施加推力。人工重力的大小取决于两个因素:环形的结构尺寸和旋转速度。尺寸越大,且转动越快,重力就越明显。这种效果在《2001:太空漫游》中得到了证明[1]。

冯·布劳恩式空间站的较小规模版本是 Nautilus – X(见图 9.2)。Nautilus – X 是在 2011 年 1 月由 NASA 高级概念研究所(Institute for Advanced Concepts,NIAC)的一个杰出团队——技术应用评估团队的马克·霍德曼(Mark Holderman)和爱德华·亨德森(Edward Henderson)——提出的,专门针对 6 名航天员的星际旅行。

图 9.2　计划用于美国星际旅行的 Nautilus – X 小型空间站

(来源:NASA)

那么,这艘革命性的航天器如今怎样了?作者与 NASA 火箭科学家马克·霍德曼进行了交谈,他解释说,由于优先次序和缺乏资金等原因最终取消了这个项目。这的确令人惋惜。

上述情况这给了我们什么启示?目前在开展的关于人工重力的研究有限,但在讨论这个现状之前,有必要提及的是离心机居住舱(Centrifuge Accommodation Module,CAM)。CAM(见图 9.3)的研制是人工重力研究领域又一个错失的机会(由于预算削减所致),该舱本应是国际空间站的一部分。

为什么关于人工重力的难题会如此难以破解?建造一个能够旋转的航天器只是任务的一半,人类对持续暴露在人工重力下的机体的生理反应更是知之甚少。例

图 9.3　离心机居住舱样机外形
（来源：NASA）

如，提供有效对抗效果所需要的最低重力水平是多少？需要多长的旋转时间？科里奥利效应和交叉耦合加速度对航天员有多大的影响？的确，现在还有很多未知的东西。

为了了解这些挑战，可以把围绕一个轴旋转的栖息地作为一种创造人工重力的方式。一名航天员站在这样一个围绕 56 m 长的轴以 4 r/m 的速度旋转的栖息地边缘，将感受到与地球上大致相同的重力，如图 9.4 所示。这看起来像是一种创造人工重力的优雅方式，但事实并非如此。可以看到，当在一个不平行于旋转轴的平面上产生线性运动时，就会产生科里奥利力（Coriolis force）[2-4]。这种科里奥利力与离心力相结合，则会产生重力矢量。这里的问题是，重力矢量的大小和方向与地面上的并不相同。

这种状态会在生理上给航天员造成怎样的影响？再想象一下，航天员在旋转的环境中行走的样子。重力矢量将增加沿旋转方向移动的航天员的表观质量，而当航天员沿相反的方向移动时，该重力矢量将减少航天员的表观质量。当航天员向旋转中心径向移动时，科里奥利力将与航天员在旋转方向上的运动成直角[5-7]，这已经够糟糕的了，但如果航天员与旋转轴成一个角度位移时，则交叉耦合的角加速度会给神经前庭系统带来刺激。人的神经前庭系统具有半圆管（semicircular canal），它们能够提供有关角加速度（即俯仰、滚转和偏航）的信息。在静止环境中，唯一受到刺激的半圆管是那些与头部旋转平面相对应的，但在旋转环境中，同样的头部运动也会刺激与旋转环境平面对齐的半圆管[8-10]。这种结果会让航天员产生虚幻的自我运动感，进而导致晕动病。

怎样才能避免这种虚幻的自我运动呢？离心力取决于转速和半径，因此必须调整这些因素。当然，所有这些变化都会影响航天器的尺寸、复杂性和成本，但

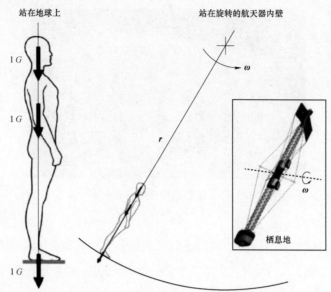

图 9.4　在航天器上产生的人工重力与在地面上的重力作用于人体的情况比较
(旋转具有适当长轴的航天器将在栖息地产生 1G 的离心力,即人工重力)

首先必须确定最佳转速,以及人类可以在旋转环境中暴露多长时间而不会造成不良的生理影响。20 世纪 60 年代,研究人员进行了许多研究,试图确定这些因素(见图 9.5),其中的多项研究将理论极限应用于转速,以确定舒适区(comfort zone)。

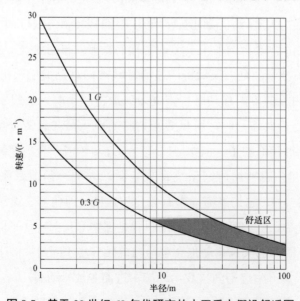

图 9.5　基于 20 世纪 60 年代研究的人工重力假设舒适区
(来源:Hall, T. W.(2016). Artificial gravity in theory and practice. SAE Technical Paper Series No. ICES–2016–194, 46th International Conference on Environmental Systems(ICES), 10–14 July, 2016, Vienna, Austria.2016.)

9.2.1　太空人工重力

最近，人们关注的焦点是短半径离心机。一个原因是建造旋转型航天器在工程和财务方面都面临严峻挑战；另一个原因是一些科学家认为可能没有必要提供全天候的人工重力，或许提供间歇性的人工重力就会奏效。1998年，在"哥伦比亚"号航天飞机 STS-90 神经实验室（Neurolab）任务中搭载了这样一台载人（human-rated）离心机[3,8]。20 多年后，这仍然是第一次也是唯一一次对航天员进行的人工重力空中评估。Neurolab 离心机沿着航天员的纵向和横向均产生了 0.5～1g 的离心力，这是可以忍受的。这项研究证明，对于那些每隔一天接受 20 min 这种重力水平治疗的航天员，其心血管失调的发病率会略有减少[3,8]。

9.2.2　将运动与人工重力相结合

回到地面上，科学家们试验了将运动与人工重力相结合的装置（见图 9.6）。理论上，如果航天员在离心机上旋转的同时进行运动，那么他们就不必花那么多时间在常规的对抗设施上进行运动。这被称为"同时干很多事情"（multitasking）。

在使用这些短臂/短半径离心机期间，受试者仰卧，头朝向旋转轴且双脚朝外，这意味着离心力沿纵轴方向分布。在这种配置下，重力梯度对静水压力产生影响，从而对心血管系统也产生影响[11-13]，而影响会有多大就是进行研究的原因。但是前面提到的科里奥利力呢？航天员在短臂离心机上还会经受这种痛苦吗？回想一下，科里奥利力与运动的线速度、被移动物体的质量和转速成正比。这一切都意味着科里奥利力仍然是短臂离心机的一种不利因素[12,14]。

但这仍然是一个很大的问题吗？可能不会。如图 9.6 所示，可以看到受试者会受到多大的限制。这个受限制的位置将有助于缓解在虚构的旋转栖息地配置中遇到的一些问题。那么，在短臂离心机上正确的重力大小和暴露时间应是多少？应采用何种持续时间和频率？如何应对不良副作用？航天员需要多少人工重力训练？应如何施加重力载荷？需要哪些药物干预措施来优化航天员的健康状态？应采用何种起始率和补偿率（onset and offset rate）？特定的重力载荷在减少肌肉萎缩方面有多少效果？目前尚无法回答上述问题，因此需要开展更多的研究。

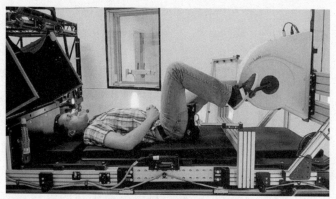

图 9.6　德国航空航天中心的下一代短臂离心机
（来源：DLR/ESA）

9.2.3　变量优化

对 NASA 来说，好消息是它还有时间，因为即使是最激进的乐观主义者也知道，该机构的载人火星任务至少要到 2040 年或 2050 年才会完成。这给了研究人员时间来继续研究卧床和间歇性离心，以确定骨骼和肌肉萎缩减少了多少，并制定相关的所有方案。但是，即使穷尽世界上的短半径离心机研究，也仍然无法复制在太空中会发生的所有情况。

2020 年，致力于解决人工重力难题的卧床研究已寥寥无几，而且同目标相差甚远。有一些研究评估了感觉运动的表现[10,15]，还有一些研究评估了部分重力模拟物的效用[15]，但大多数研究都让受试者接受为期数天和数周的测试，而这远低于返回火星所需的 12 个月。所以，让我们再来观察其中的一些变量：重力起始率（onset rate）、重力补偿率（offset rate）、重力负荷、暴露于重力负荷的时间、重力得到补偿后的适应时间和运动。现在，只考虑一种组合方式：重力起始率为 $0.2\,g\cdot s^{-1}$，让受试者每天在 $1\,g$ 下运动 $2\,h$；在重力补偿率为 $0.2\,g\cdot s^{-1}$、后重力适应时间为 $2\,h$ 的情况下以其最大摄氧量的 75% 完成运动。每名受试者将在卧床上躺 12 个月；试点研究只选择 24 名受试者，12 名男性，12 名女性。一年后，研究人员可以仔细处理这些数据，并开始另一项研究。看看变量的数量，再想想这些变量可能有多少种排列，就能明白这样的研究需要很长时间。

因此，人工重力的研究还有很长的路要走。虽然地面研究将有助于确定人工重力的可能性，但这些研究最终还需要在太空中得到验证。截至 2020 年，自"哥伦比亚"号航天飞机 STS-90 神经实验室上天以来，还没有在太空中建造其他用于对抗生理反应的载人离心机，甚至这样的设备都没有出现在规划清单中。希望这种情况能很快得到改变，也许在共同的努力下，我们能够在 21 世纪末看到用于产生人工重力的某种形式的载人离心机。

9.3 冬眠

冬眠，或者偶尔称为停滞或静止（stasis），是科幻电影中经常被使用的一个概念，如《外星人》（*Alien*）、《外星人 2》（*Aliens*）、《阿凡达》（*Avatar*）、《星际穿越》（*Interstellar*）、《深空失忆》（*Pandorum*）、《太空旅客》（*Passengers*）等。如果你认为冬眠有点牵强，那么可以参考一下 100 多年前发表在《英国医学杂志》上的一篇关于"人类冬眠"（human hibernation）的文章[16]。这篇文章于 2000 年重新印刷，介绍了俄罗斯农民是如何通过在一年内睡 6 个月来度过饥荒的。这种深度睡眠被称为"lotska"。以下是一段摘录：

> 据说，在俄罗斯普斯科夫（Pskov）地区的农民中，有一种与冬眠非常相似的做法，而且很普遍，因为那里的食物短缺到几乎相当于长期饥荒的状态。由于没有足够的食物来支撑他们度过一整年，因此农民们采取了将其中一半时间用于睡眠的经济权宜之计。这种习俗自古就存在。

> 初雪时，全家人围在炉子旁，然后躺下，不再与人类生存要面对的问题作斗争，而是安静地睡着。每人每天醒来一次，吃一块硬面包（而这些足够吃 6 个月的面包是在前一个秋天烤好的）。就水吃下面包后，又会继续睡觉。家庭成员轮流照看点燃的火。

> 这样平静地生活 6 个月后，全家人醒来，并出去看看草是否长出来了，然后开始做夏季的工作。人们就这样保持着相对活跃的状态，直到第二个冬天。这时候所有的生命迹象又都消失了，一切都沉默了，除了睡觉人的打鼾声。

9.3.1 动物冬眠

在自然界中，冬眠是指北极地松鼠、北极熊、狐猴和动物世界中所有其他冬眠动物在寒冷的天气中"睡眠"的时间。但这种睡眠并不像人类的睡眠。在真正的冬眠中，动物可以被四处移动却感觉不到，尽管没有人想用北极熊来验证这个理论。冬眠只是在冬眠动物中观察到的五种休眠形式之一，而其他形式的休眠包括睡眠、麻木（torpor）、冬睡和夏睡。

为了增加冬眠的时间，动物倾向于在秋天吃很多的食物，来增加冬眠期所需的体重。在增加了腰围后，冬眠动物会寻找一个合适的冬眠场所（hibernaculum）。人们认为，一些动物，如北极地松鼠，其进入冬眠要归功于启动冬眠的"触发分子"。这种分子被称为冬眠诱导触发器（hibernation induction trigger，HIT）。人们对其作用机理尚不完全清楚，但有可能采用类似的方式来使航天员冬眠，从而极大地减少对生命保障系统的需求（见表9.1）。

表 9.1　冬眠对生命保障系统需求的影响

生命保障类别	目的	冬眠效应
大气管理	大气控制、温湿度控制、大气再生、通风	减少对加热和大气再生的要求
水资源管理	提供饮用水和卫生水、回收并处理废水	大幅减少
食品生产/储存管理	提供和生产食品	大幅减少
废物管理	收集、储存和处理人类的废物和垃圾	大幅减少
航天员安全管理	火灾探测和灭火	增强
航天员心理学支持	维护航天员的心理健康	大幅减少
航天员健康管理	对抗骨质流失与肌肉萎缩	增强

我们知道，动物进入冬眠后会发生很多变化。例如，地松鼠的呼吸频率从 200 次/min 下降到 4~5 次/min，心率从 150 次/min 下降到 5 次/min。呼吸频率和心率的下降会导致代谢率的降低，但这种情况在整个冬眠过程中并不会保持不变，因为冬眠的动物偶尔会醒来吃食、喝水和排泄。在这些清醒阶段，其体温和其他生理参数会恢复到正常水平。冬眠期间，动物消耗的能量比活动时要少 1/100~1/70（为了维持基本的生理功能，这些动物以线粒体产生三磷酸腺苷（ATP）的形式获得能量）。相反，一旦动物退出冬眠，其生物化学和新陈代谢等过程就会恢复正常，尽管在睡眠数月后醒来的动物可能会感到有些不适。

松鼠是如何冬眠的：理查森的地松鼠，也称为地鼠，根据年龄和性别的差异，每年要冬眠 4~9 个月。每只松鼠都在自己的地下冬眠场所独自进行冬眠。松鼠有 85%~92% 的冬眠时间处于生理麻木状态，在此期间，它们的体温降低至与周围土壤的温度差不多，而且心率、呼吸和新陈代谢都急剧下降。在每年的 1 月份，这些松鼠会连续在 20~25 天内保持麻木状态，体温降至 0 ℃。在麻木期内，松鼠会重新升温到哺乳动物的正常体温 37 ℃。不过，恢复时间持续不到 24 h，包括 2~3 h 的重新升温期，然后在接下来的 12~15 h 内会保持温暖但几乎不活动。然后，体温会再次慢慢降低到环境土壤的温度，接着松鼠将进入另一个麻木期。一般来说，土壤越冷松鼠就越冷，其麻木期也就越长。在冬眠期间，松鼠会代谢它们在活跃季节积累的脂肪。大部分脂肪被用在冬眠期之间，这样松鼠在此期间会迅速升温并保持几个小时的温暖。因此，松鼠的觉醒在新陈代谢上是昂贵的。雄性松鼠通常在回到地面上的前一周结束冬眠，而雌性松鼠在回到地面上的前一天结束冬眠。

9.3.2 人类冬眠

我们似乎对动物是如何冬眠的有了一些了解，但是如何在人类身上诱发长期昏迷状态呢？尽管这一过程目前还没有超出科幻领域，但由于 ESA 和太空工厂公司（SpaceWorks）所努力开展的研究，这项技术可能有一天会投入使用。

首先来关注 ESA 的工作。ESA 的科学家认为，航天员的冬眠策略可以参考北极地松鼠的冬眠过程。北极地松鼠会经历三个特定的冬眠期：入眠（entry）、深眠（hypersleep increment）和出眠（exit）。以下简要介绍航天员将如何为每个阶段做准备。

9.3.2.1 阶段 1：入眠

首先，航天员需达到高水平的健康标准，以便能够最大限度地提高身体应对冬眠期的能力，一旦符合条件，就可以给航天员连接静脉输液管，通过静脉输液管来注射液体和电解质，以补偿血液成分的变化。然后，利用 HIT 使航天员处于休眠状态。使航天员处于冬眠状态的关键可能在于一种名为 DADLE 或丙氨酰-（D）亮氨酸脑啡肽（Ala-（D）Leuenkephalin）的合成类鸦片化合物（将其注射到松鼠体内时，可以在夏季引发冬眠）。

9.3.2.2 阶段2：深眠

在该阶段，将利用一套医学传感设备监测航天员的状态。除了检查体温、心率、大脑活动和呼吸是否保持正常，该医学设备还将监测血压、血糖含量和血气。航天员冬眠时到底会发生什么情况尚不清楚。虽然人类不需要冬眠来保护自己免受伤害（除了那些俄罗斯农民），但是否有可能曾经拥有过长期调节代谢活动和温度的生物机制？目前，人类是否可能还具有这些机制而只是未利用？因此，只有研究人员在这方面开展更多研究才会知道得更多。

9.3.2.3 阶段3：出眠

在太空旅行之后，航天员将会苏醒。由于冬眠状态的有害影响，苏醒可能发生在进入轨道前不久。但是，冬眠对航天员的影响程度如何，实际上尚未有人知道。在电影《深空失忆》(*Pandorum*)中，冬眠让航天员们患上了健忘症，虽然后来得到了康复。研究表明，与冬眠相关的深度麻木可能会使大脑出现问题，因此，一本概述迷向状态恢复程序的手册对此可能会有所帮助（附录F）。冬眠的扰乱作用发生在进入冬眠时，此时身体的温度逐渐降低，而降温过程会导致皮层能量降低，并且睡眠结构和记忆巩固会发生巨大改变。对于那些从冬眠中苏醒的人来说，更令人担忧的是对空间记忆和操作条件的潜在有害影响。想象一下，你从冬眠中醒来却不知道自己在哪里会是什么感觉。当然，这些影响在人类进行冬眠之前，我们都不能确定。人类可能只需要遵循《过度睡眠恢复程序手册》(*Hypersleep Recovery Procedures*，HRP)》（附录F）的说明就可以完全恢复，但也有可能会出现一些无法预料的情况。

另一种将航天员置于冬眠状态的方法是通过一种低温治疗（therapeutic hypothermia）的过程。得益于NASA创新先进概念项目（NASA's Innovative Advanced Concepts (NIAC) Program）的资助，SpaceWorks公司正在对该方法进行研究。低温治疗使航天员处于不活跃且低代谢的状态，也称为麻木状态。这不是科幻小说。在医院，低温用于治疗严重受伤，如通过将体温降低5℃来实现将患者置于镇静低温状态，从而使他们在低代谢状态下愈合。听起来好像没什么，但这会使身体的代谢率降低50%~70%。当然，航天员仍然需要食物，可以通过一种全肠外营养（total parenteral nutrition，TPN）注射技术来完成，这基本上就意味着利用导管将液体营养物质直接输送到血液中（见图9.7）。

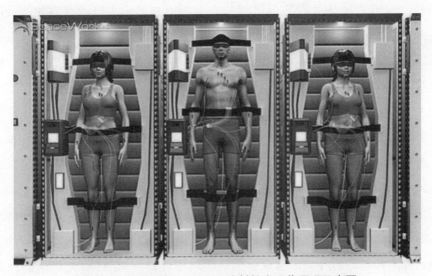

图 9.7　全肠外营养（TPN）注射技术工作原理示意图
（营养物质通过位于胸部中心的静脉导管进行输送。另外也能看到，为了
防止肌肉萎缩而使用了神经肌肉电刺激技术）
（这仍然是一项发展中的技术）。来源：美国 SpaceWorks 公司/NASA）

9.3.2.4　监测手段

如何监测航天员？最有可能的是为其配备一套人工智能（artificlal intelligence，AI）系统，以便能够监测体温、心电图、心率、大脑活动、气体交换、血压等医疗参数，以及血糖、代谢物水平、血氧饱和度和凝血时间等一系列其他变量。监测数据将被传递到 AI 冬眠管理人（agent）和任务控制中心进行分析。AI 冬眠管理人将在飞行期间充当代理护士，解读监测系统提供的医疗信息，并及时根据这些信息采取行动。如果出现问题，AI 冬眠管理人可能会咨询任务控制中心。如果判断突发事件严重及通信延迟太长，则 AI 冬眠管理人就会自主干预。

这种 AI 系统可被分为两个层次：较高层次负责监控故障检测、诊断和规划，而较低层次负责感知、数据采集和处理任务控制中心飞行外科医生的信息。AI 系统可能会被加载一个由六套器官系统（包括心血管、肺、肾脏、血液、神经和代谢/内分泌）信息构建的数据库，该数据库包含关于疾病、并发症及治疗行动和计划等方面的信息。由于在发生医疗紧急情况时需要自主操作，因此 AI 冬眠管理人将有三种职能：第一种是进行数据分析和说明，第二种是进行诊断和治疗管理，而第三种是进行基于可制定方案的治疗。中央监控计算机（central monitoring computer，CMC）将作为传感器监控系统的核心部件，收集由医学传感器发送的数据，并将该数据记录并更新在中央数据库收集的数据中。将给每位航天员都佩戴一只传感器元件，以便监测并将他们的生命体征传输给 CMC。

9.3.2.5 生命保障

由于航天员可以睡到目的地，因此降低了对生命保障系统的要求。例如，食品生产和制备设施将是多余的，而卫生设施的体积也将明显缩小，甚至可以完全取消。一种需要考虑的生命保障措施是创造人工重力。由于航天员长期不活动，则有可能将冬眠场所整合到人工重力设施中，以防止航天员失去太多的骨骼和肌肉。

如果长时间太空旅行和冬眠的念头让人想起电影《外星人》的开头场景，那么你并不孤单。然而，尽管让航天员冬眠可以解决 ECM 深空阶段的许多问题，但仍有几个问题尚待解决。首先，研究人员需要开发一种能够诱导冬眠状态的 HIT 化合物，并研究冬眠所带来的副作用，例如，冬眠对记忆、新陈代谢或免疫系统的影响情况。其他问题包括零重力与冬眠无法活动共同导致的有害影响，尽管这可以通过使用一些人工重力的手段来解决。面对的另一个挑战是如何诱导冬眠状态，如何建立、调节并退出这种状态，以及如何给处于冬眠状态的人服用化合物。实现和完善人类冬眠将需要在药理学、基因工程、环境控制、医疗监测、AI、辐射屏蔽、治疗学、航天器工程和生命保障等方面的综合专业知识。只有当把所有这些学科都成功融合在一起时，这种冬眠才能让航天员的远距离太空飞行变得更加舒适。

目前，所能达到的研究水平实际上都只是推测性的。然而，尽管冬眠似乎仅仅是科幻小说所描述的东西，但就像经常发生的那样，科幻小说往往会变为现实。

9.4 生物打印

"没有所谓的科幻小说。只有科学上的可能性。"

——美国加利福尼亚州斯坦福大学外科主任克鲁梅尔教授

想象一下这样的场景，在不久的将来，你会对你的身体进行三维（three

dimensional，3D）打印。假设当你从诊所开车回来的时候，你与另一辆车迎面相撞，而且你失去了右耳和肘部以下的左臂。更糟糕的是，缺失的身体部位严重受损而无法缝合回去。幸运的是，多亏了 3D 打印，你的医生会选择你缺失身体部位的规格，并打印出所有和你失去的相同的身体部位。医生当天就给你做了手术，将身体部位重新接好，并送你回家。

9.4.1 生物制造

生物打印（bioprinting），也就是生物制造（biofabrication），这是器官和身体部分替代技术的未来，由重建医学和生物打印领域的最新突破而产生。需要备用器官吗？也许是一个新的肝脏？没问题，只需按"打印"按钮。现在，打印肾脏或其他人体器官听起来就像科幻小说里的东西，但随着 3D 打印技术的进步，这种想法将不再那么难以置信。事实上，2019 年，就已将一台生物 3D 打印机就发射到了国际空间站，且在 2020 年，航天员就开始对心脏组织进行生物打印。当前，这项技术被用于制造从假肢到牙科固定装置的一切产品。这场生物技术革命的领导者之一是 Organovo 公司，这家总部位于美国加州圣地亚哥的机构专注于再生医学。为了打印功能性组织，Organovo 公司使用了 3D 打印机，又称为生物 3D 打印机（见图 9.8）。

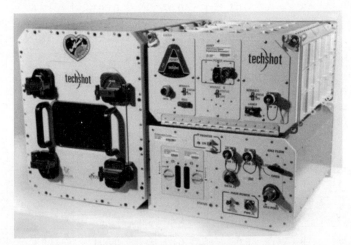

图 9.8　目前在国际空间站上使用的生物 3D 打印机

（该打印机由 Techshot 公司制造，正式名称为生物制造装置（BioFabrication Facility，BFF），用于打印各种厚度的心脏组织。来源：NASA）

生物 3D 打印技术在载人航天领域的应用在哪里？诚然，载人航天在过去几十年里发生了重大变化，最近的发展是自 2000 年以来国际空间站的载人活动。由于在国际空间站的建设和运营上取得了成功，因此载人登月和火星飞行任务成为合乎逻辑的下一步发展目标。但这些任务对技术、科学和医学复杂性等提出了极高的要求。火星飞行任务的持续时间将会引发许多人类的健康问题，其中一些可能最终会成为限制因素（表 9.2 列出了其中的部分问题）。此外，鉴于不可能中止飞行，载人火星飞行任务将需要自给自足。在这样的任务场景下，诸如再生医学支持的生物制造和器官再生等技术的集成将是一项必要的使能技术（enabling technology）[17]。

表 9.2 三种任务场景中健康问题发生的概率*

健康隐患	场景 1 （180 天月球任务）		场景 2 （500 天火星任务）		场景 3 （1 000 天火星任务）	
	在航天器上	在月球表面	在航天器上	在火星表面	在航天器上	在火星表面
呼吸道感染	0.35	7.9	28.2	1.3	39.3	23
膀胱炎	0.08	1.8	6.3	0.3	8.8	5.2
皮肤感染	0.08	1.8	6.3	0.3	8.8	5.2
心血管疾病	AR	0.02	0.07	0.003	0.1	0.06
颅骨骨折	AR	0.004	0.01	AR	0.02	0.01
脊柱骨折	AR	0.004	0.01	AR	0.02	0.01
上肢骨折	AR	0.01	0.04	0.002	0.06	0.04
下肢骨折	AR	0.006	0.02	AR	0.03	0.02
扭伤和拉伤	0.006	0.13	0.5	0.03	0.7	0.4
头部受伤	AR	0.004	0.01	AR	0.02	0.01
开放性伤口	AR	0.02	0.07	0.004	0.1	0.06
表皮受伤	AR	0.02	0.07	0.004	0.1	0.06
挫伤	0.002	0.04	0.1	0.007	0.2	0.1

续表

健康隐患	场景 1 （180 天月球任务）		场景 2 （500 天火星任务）		场景 3 （1 000 天火星任务）	
	在航天器上	在月球表面	在航天器上	在火星表面	在航天器上	在火星表面
挤压伤	AR	0.02	0.07	0.003	0.1	0.06
烧伤	AR	0.02	0.07	0.003	0.1	0.06
牙科问题	AR	0.02	0.07	0.003	0.1	0.06

AR：可被接受的风险，因为发生的概率太低（＜0.001）。
*改编自参考文献［18］。
说明：显然并不是所有的这些健康隐患都可以通过生物 3D 打印技术来解决，但大多数隐患都可以通过生物 3D 打印或纳米技术来解决，这将在下一节中讨论。

生物制造是一种利用生物原料、细胞外基质、活细胞和组织来构建不同于其成分的结构的技术。该技术主要包括六个基本要素：

（1）所需器官的计算机辅助设计（computer-aided design，CAD）绘图（将其视为蓝图）；

（2）能够自然自组装的细胞或由细胞包封的水凝胶（hydrogel，在生物制造界称为生物墨水（bioink））；

（3）用于打印生物墨水的生物打印机（bioprinter）；

（4）被沉积材料的生物墨盒（biocartridge）；

（5）用于转移材料的生物可处理的仿生水凝胶；

（6）含有最终被打印的 3D 组织结构的容器，而且该组织结构能够被进行后处理（通过生物反应器进行处理）。

9.4.1.1 预处理

生物制造的第一步是预处理，这就需要打印一个结构的蓝图。通常，这个蓝图是利用 CAD 生成的，CAD 还提供了有关细胞位置的信息。这些信息一旦生成，就可以利用生物成像和图像采集技术重建数字化图像。还有些技术，如 MRI（以提供器官解剖结构细节的方式捕获图像），可以用于提供结构和细胞水平的细节，如组织组成和分布。如果需要更详细的组织组成、器官大小及形状的信息，可以使用连续的组织学切片来重建 3D 图像。一旦蓝图设计好，对器官就可以进行打印和固化[19]。

9.4.1.2　处理

第二步是处理过程，可利用专门将材料输送和沉积到基质上的设备。根据蓝图，天然材料（通常是细胞）的逐层放置是通过一台生物 3D 打印机实现的。在这一步操作开始之前，需要准备好生物墨水，并滴装入生物墨盒中。然后，通过一个类似注射器的喷嘴发送生物墨水，并使之沉积在生物纸（biopaper）上。所需的细胞结构是根据蓝图精确放置细胞而创建的。在打印过程中，细胞层被一层薄薄的仿生水凝胶分开，以使生成的 3D 组织结构进行融合[20-21]。

9.4.1.3　后处理

处理阶段之后，就有了打印好的组织和器官结构。因为这些还不是成熟的功能组织，所以还需要一个快速自组装、成熟和分化的过程，即后处理阶段。在后处理之前，这些结构具有粘弹性流体的物理性质，而实际的器官通常具有弹性固体的物理性质。因此，为了使构建体成为固体器官，必须使组织经过加速成熟过程，这只能在潮湿的环境中使用特殊的灌注设备（生物反应器）来实现，从而使细胞能够存活。基本上，生物反应器的作用是确保打印组织和器官结构得到稳定的化学和机械调节。为了精确地对器官进行生物打印，有必要以非常精确的方式沉积细胞。目前，这是通过使用改进的生物打印机/沉积设备实现的，这些设备使用由机器人控制的注射器样式的输送工具[22-23]。一旦这些特殊的输送工具沉积了细胞，那么打印出来的组织就会在类似于体内条件的潮湿环境中生长发育。对此，在下一节中将会做一些更为详细的介绍。

9.4.2　生物打印技术

这里，先介绍一种最流行的组织工程方法，即一种被称为基于固体支架（solid scaffold-based）的生物制造技术。这项技术是由美国麻省理工学院（Massachusetts Institvte of Techndogy，MIT）的罗伯特·兰格（Robert Langer）和约瑟夫·瓦坎蒂（Joseph Vacanti）发明的。在兰格和瓦坎蒂的技术中，支架是一种临时的支撑结构，并可生物降解。这些支架可以是人工合成的，也可以是自然衍生的，以自上而下的方式铺设，并已用于创建相对简单的组织工程化的膀胱。这项技术适用于创建简单的身体结构，包括其将干细胞接种或注射到脱细胞化基质（decellularized matrix）中，但可能不适用于心脏等复杂的器官。这是因为该技术使用了动物来源的异种（xenogeneic，即来自不同的物种）支架，而这些支架虽然适用于支气管或膀胱，但不适用于肝脏或肺。为了解决这个问题，研究人员正在研究使用由活的人体细胞制造的支架。这些支架是同种异体的，这意味着它们在基因上是不同的，但因为它们来源于同一物种的不同个体，在免疫学上比动物来源的异种支架会更好[24]。

9.4.2.1 细胞膜片技术

组织工程学中另一种流行的方法是细胞膜片技术（cell sheet technology），这是一种可以应用于心脏瓣膜构建的生物制造技术。顾名思义，细胞膜片技术是一种无支架的固体自组装过程，使堆叠或轧制的工程组织层进行融合而形成更厚的结构。已将这项技术用于构建第一个完全生物的组织工程化人工血管。

打印器官的情况怎样？对于器官打印，科学家们必须利用更复杂的技术，因为器官是人体复杂的组成部分。打印器官的一种方法是使用定向组织自组装（directed tissue self-assembly）技术，其通过使用自组装的组织球状体作为构建模块来工作。当将这些构建模块紧密放置在一起时，它们会进行融合，这一过程在胚胎发育中普遍存在。因为该过程模仿了生物学上发生的事情，所以称之为仿生。这项技术已将用于打印带分支的维管树。

尽管面临着严峻的技术挑战，但这种器官打印技术最终将逐步用于构建 3D 型血管化的功能性人体器官（最终，将在太空及火星表面上打印这些器官）。事实上，一些生物打印技术是专门针对特定器官设计的。以离心浇铸（centrifugal casting）为例来加以说明。这项技术允许科学家在多孔支架中制造带有高细胞密度的管状支架，而且尽管这项技术尚不足以制造体内的所有器官，但有很多管状器官可被制造[25]。

9.4.2.2 静电纺丝技术

另一种快速发展的生物制造技术是静电纺丝技术，这是一种将纳米技术和组织工程相结合的过程。该技术最初用于合成及天然聚合物，也可应用于纳米级的组织工程化支架。静电纺丝是生物制造中的一项重要技术，因为它能够帮助科学家解决在微观尺寸上建造结构时遇到的一些问题。所遇到的挑战之一是构建三维支架来支持细胞的向内生长（in-growth）和增殖，而一旦得到构建，这些新组织就必须被身体适应以执行生理功能。由于支架表面的细胞对形貌很敏感，因而使得该过程变得很困难，但这就是静电纺丝技术发挥作用的地方——这项技术可用来改变纤维本身的表面形貌或纺丝纤维网的形貌。

和大多数尖端技术一样，这项技术仍然存在一些漏洞。例如，在静电纺丝技术中存在的一个问题是细胞接种，即虽然致密的仿生纳米结构基质非常适合让细胞黏附，但当细胞通过基质时就会出现问题。克服这一问题的一种方法是使用冷冻纺丝技术（cryospinning），这使研究人员能够在电纺基质中创建定制大小的孔穴。不过，冷冻纺丝技术存在影响支架生物力学特性的问题。

9.4.2.3 颠覆性技术

研究人员已经知道如何对组织进行生物打印，并且实现对器官进行生物打印的技术似乎也并不遥远。但对于其他身体部位呢，比如骨头或气管？在这方面，正在取得进展。以 30 岁的哥伦比亚妇女克劳迪娅·卡斯蒂略（Claudia Castillo）为例，她于 2008 年成为世界上第一位由捐赠组织和自身细胞相结合而成的气管组织接受者。卡斯蒂略患有严重的肺结核感染，导致她的左肺支气管（tracheal branch）出现塌陷。由于她几乎无法呼吸，医生决定尝试从一位已故捐赠者身上取出一段 7 cm 长的气管来重建她的气管。意大利帕多瓦大学（University of Padua）的研究人员利用洗涤剂和酶清洗被捐赠气管中的所有细胞，直到只剩下结缔组织的固体支架。与此同时，在英国布里斯托尔（Bristol）的一个研究小组从卡斯蒂略的骨髓中提取了干细胞，并诱导它们发育成通常覆盖在气管上的软骨细胞。然后，通过专用生物反应器将卡斯蒂略的软骨细胞包裹在被捐赠的气管支架上。之后，将生物打印的气管送到西班牙巴塞罗那，那里的外科医生保罗·马基亚里尼（Paolo Macchiarini）利用新构建的气管替换了卡斯蒂略受损的气管（整个手术花费了 2.1 万美元）。

研究人员可以生物打印气管，而且他们有信心在不久的将来能够生物打印肾脏。但是更复杂的器官，比如肝脏呢？科学家又如何将这些身体部位整合到体内，以使组织保持活力并使器官发挥应有的功能呢？首先考虑第一个问题。生物打印复杂器官将是一种挑战，但研究人员有信心，因为虽然每种器官和组织结构都有自己复杂的内部构造，但研究人员相信每种器官和组织结构都有一些基本的细胞模式,一旦完全了解则可以很容易通过生物打印进行复制。生物医学工程师表示,当涉及整合所有这些器官和身体部位的挑战时,他们还没有掌握打印细胞层之间用于保持正常组织存活的毛细血管微观网络的方法。弄清楚如何饲喂组织是一个很大的挑战,因为必须在器官与新宿主之间建立一座"桥梁":这个新的器官应具有动脉和静脉,而这些动脉和静脉必须被连接到患者相应的动脉和静脉上。

按照目前的生物打印技术水平,常规移植比在实验室或航天器中创造的器官移植更能延长寿命。这是因为,在实验室生成/打印的器官不能被视为真正的器官,这些器官远不如体内天然的器官复杂。例如,一个正常的肝脏由几十种细胞组成,且每种细胞都具有特定的功能,但研究人员在实验室中制造的肝脏中只有几种细胞类型,这与在人体中自然存在的肝脏复杂性相去甚远。因此,正如研究人员所称,这类器官的唯一用途是在短期内能够延长寿命。另一个有待解决的问题是,一旦器官进入体内,只要最初未被排斥就需要维持它[26-27]。已知的确保器官不被排斥的方法之一是让患者的免疫细胞回迁。问题是,研究人员并不完全了解这些细胞,更不用说能够对它们进行生物打印了。然而,研究还在进行中,研究人员正逐步掌握如何在人体之外培养人类细胞。制药公司对这一领域也给予了很多支持,一旦有了足够的资金,研究人员很有可能会取得许多突破。

■ 9.5 纳米技术

在关于冬眠问题的讨论中,提到了如何在航天员冬眠时保持其肌肉质量的挑战,另一个问题是减少骨矿物质流失,然后是辐射问题和所有那些可能遇到的潜在健康问题(见表 9.2)。如何应对这些挑战?纳米技术可能会给出答案。

9.5.1 树形大分子纳米材料

首先,思考以下场景。采用称为树形大分子(dendrimer)的纳米材料,可以将分子大小的传感器注射到正在冬眠的航天员体内,以预防辐射对健康的影响并修复辐射造成的损伤。这种药物传递胶囊很小,只有几百纳米,比细菌还要小。利用皮下注射针头注射,可以将数百万粒这样的胶囊释放到航天员的血液中。一旦进入体内，纳米颗粒就可以利用人体的细胞信号系统来寻找并修复受辐射损伤的细胞。人体中数万亿的细胞都是通过嵌入细胞膜中的分子来识别其他细胞并相互交流。这些分子充当着细胞与细胞进行交流的化学"信号旗"（flag），也就是当细胞受到辐射的破坏时，它们会产生标记物并将这些标记物置于细胞的外表面。从本质上来讲，这是一种系统，在这里细胞进行相互交流并传递自己受伤的信息。纳米研究人员可以做的是，将这种信号分子植入与标记物结合的纳米颗粒的外表面，然后引导（program）纳米颗粒去寻找受辐射损伤的细胞。一旦纳米颗粒发现了受损细胞，它们就可以评估该细胞的受损程度，如果细胞受损非常严重，纳米颗粒就会进入细胞并对其进行破坏；如果判断该损伤是可修复的，纳米颗粒则将释放 DNA 修复酶并修复细胞（见图 9.9、图 9.10 和图 9.11）。

图 9.9　循环系统中细胞纳米机器人探测器的外形

图 9.10　停泊在细胞叶酸受体上的树形大分子聚合物

图 9.11　血管中被红细胞包围的人造红血球纳米机器人
（该纳米机器人能够复制血液中的所有热量和生化运输功能）

9.5.2 类血管

在太空,虽然血液中的纳米传感器可以帮助航天员监测辐射损伤,甚至修复它,但即使是这样一个多功能的系统也有可能会受到太阳耀斑事件的伤害。这样的事件可能会危及重要的造血细胞,而如果没有新鲜的红细胞和白细胞供应,则航天员很快会贫血且免疫系统会崩溃,此时如果得不到医疗护理他们将最终死亡。那么,为什么不干脆用更坚固的系统来取代血液呢?这正是纳米科学家罗伯特·弗雷塔斯(Robert Freitas)和克里斯托弗·菲尼克斯(Christopher Phoenix)建议去做的事情。弗雷塔斯和菲尼克斯提出用 500 万亿携带氧气和营养物质的纳米机器人来替换一个人的血液[28-30],该系统称为类血管(vasculoid,一种类似血管的机器),用来复制血液的所有功能,而且效率更高。类血管的一个关键部件是人造红血球纳米机器人。每个人血造红血球纳米机器人由 180 亿个精确排列的原子组成,并包括一台机载计算机、动力装置(power plant)以及能够运输氧气和二氧化碳分子的分子泵。类血管不仅能够复制血液中所有的热量和生化运输功能,而且比生物血液的效率高出数百倍。从本质上来讲,类血管是一种得到机械重新设计的人体循环系统。尽管类血管系统很复杂(包括 500 万亿个协同操作的纳米机器人),但它的质量只有 2 kg,而且只依靠葡萄糖和氧气提供动力。

类血管的关键结构单元是一个由 150 万亿个方形 sapphiroid 组成的二维血管表面整合阵列。sapphiroid 是一种自主型的超薄纳米机器人,其覆盖全身所有血管的全部表面,且只有一个盘子的厚度。在 150 万亿个盘子(plate)中,有 24 万亿个是分子输送停靠站,在那里装有供分配分子的"邮轮",可供停靠和装卸货物。类血管阵列的另一个特点具有数量达到 326 亿的 cellulock。在 cellulock 中,载有生物细胞的"货车车厢"(carbox),可用来停靠并装卸货物。剩下的 125 万亿个盘子用于特殊设备和其他用途。所有的盘子都有水密封的机械界面,包括沿着每个盘子周边的变形缓冲器,这些缓冲器可以膨胀和收缩,具有允许系统弯曲以响应身体运动的功能。

关于类血管成分的讨论已超出了本章的范围,这里将重点讨论类血管如何帮助航天员对抗辐射疾病。已知电离辐射会导致原子和分子发生电离或激发,而这些电离和激发可以产生自由基并破坏调节重要细胞过程的分子。虽然正常细胞可以修复一些细胞损伤，但如果细胞受损太严重且不能很快被替换，这样组织也就无法发挥作用。如果这种情况发生在一个安装了类血管的航天员身上，那么类血管就会检测到损伤并调度 Vasculocyte 纳米机器人。机器人配备有可移动附件、机械臂、修复工具、机载计算机、通信设备和电源等，使之不断巡逻类血管以寻找维护和维修任务，如堵塞内部泄漏和清理溢出物。在发生辐射损伤的情况下，这些纳米机器人将利用分子标记物来搜索受影响的细胞[29-30]，并摧毁这些细胞。这听起来是一个很好的修复机制，但是究竟该如何安装这一设备？

9.5.2.1 安装过程

安装是一个复杂的过程，包括从放血（exsanguination）开始，到最后血管电镀（vascular plating）结束。首先，在航天员服用镇静剂后，对其自然循环液进行移除，并用安装液（installation fluid）予以取代。接下来，将进行机械血管电镀及去流体化（defluidization），最后激活血管并使航天员复温。从开始到结束，该安装过程大约需要 6 h，在不久的将来这可能会逐步成为现实。

9.5.2.2 准备工作

准备工作将于安装前 24 h 开始，届时航天员将接受 700 亿个血管修复纳米机器人的注射，以清除任何脂肪条纹、斑块沉积物、损伤物和血管壁肿瘤。完成任务后，修复纳米机器人将被排出，而且其操作结果也会被下载到计算机上。这些信息将被外科医生用来准备一张航天员的血管树地图，以提高在电镀和平板初始化过程中的效率。这一步骤结束后，航天员将被注射镇静剂、插管并连接到一台心肺机上。另外，将会注射肝素和链激酶以防止凝血。之后，外科医生将使用各种药物来辅助安装。

9.5.2.3 放血（exsanguination）

航天员被麻醉后，他们的整个血容量将被人造红血球悬浮液、电解质混合物和其他通常在血液替代品中发现的成分所取代。在呼吸停止后 3 h 内，全体人造红血球将提供相当于整个人体红细胞质量的氧气和二氧化碳运输量。一旦血容量被交换，航天员的体核温度（core temperature）将从 37 ℃降低到 7~17 ℃。之后，将通过静脉为航天员注射类血管成分。

9.5.2.4 静脉注射

首先，人造红血球悬浮液将被一种新的悬浮液所取代，该悬浮液含有 1% 的充满电的人造红血球和 10% 的载货血管细胞（vasculocyte），从而产生一种黏度和流动特性均接近人体血液的混合物。每个血管细胞都会在流动中漂移，直至遇到血管壁而被激活，从而导致其释放货物。一旦其货盘（cargo plate）就位，血管细胞就会被释放回液体中，然后断电并被从体内排出。在完成定位和子系统验证后，每个货盘都会通过相邻的接触周边缓冲器向密封变形缓冲器（fluid–tight metamorphic bumper）充气，这将使缓冲器与嵌入在缓冲器中的可逆紧固件牢固地锁在一起。大约 1 h 后类血管的结构几乎形成，且对所有主要成分都将进行测试。这时，航天员将做好去流体化的准备。

9.5.2.5 反流态化

在反流态化的过程中，纳米机器人盘子的一个单层会在血管树的内表面形成一层化学惰性的柔性蓝宝石衬里。通过注射 6 L 含氧丙酮冲洗血管树，从而将血管融合液（vasculoinfusant fluid）从体内清除。一旦冲洗完系统后，就开始启动盘子初始化（plate initialization）的过程。

9.5.2.6 盘子初始化

对 2 000 亿个血管细胞和 150 万亿个盘子进行初始化，意味着每个血管细胞需要接触并初始化 750 个盘子。在这一阶段之后将安装储存囊泡（storage vesicle），其中包含移动、货运纳米装置和其他辅助纳米装置的备用件。之后，依次对航天员进行复温、拆除导管和密封血管缺口。在这个阶段，类血管将可以开始运作，且基本的代谢和免疫系统将恢复正常。

对许多人来说，为了保护航天员免受辐射伤害而在其身上安装这种装置可能是一种极端的医疗干预。目前对纳米机械系统的调研表明，这种设备不会违反已知的物理学、工程学或医学原理[29-30]。如果类血管能成为现实，那么不仅在生物进化方面，在人类将生存边界延伸到轨道之外的探索中，它也代表着一种重要前哨。

参考文献

[1] Von Braun, W. The baby space station: First step in the conquest of space [J]. Collier's Magazine, 27: 33–35, 38, 40, 1953.

[2] Antonutto, G., Linnarsson, D., & di Prampero, P. E. On-earth evaluation of neurovestibular tolerance to centrifuge simulated artificial gravity in humans [J]. Physiologist, 36: S85 – S87, 1993.

[3] Arrott, A. P., Young, L. R., & Merfeld, D. M. Perception of linear acceleration in weightlessness [J]. Aviation, Space, and Environmental Medicine, 61: 319 – 326, 1990.

[4] Benson, A. J., Guedry, F. E., Parker, D. E., & Reschke, M. F. Microgravity vestibular investigations: Perception of self-orientation and self-motion [J]. Journal of Vestibular Research, 7: 453 – 457, 1997.

[5] Clément, G., Moore, S., Raphan, T., & Cohen, B. Perception of tilt(somatogravic illusion) in response to sustained linear acceleration during space flight [J]. Experimental Brain Research, 138: 410 – 418, 2001.

[6] de Winkel, K., Clément, G., Werkhoven, P., & Groen, E. Human threshold for gravity perception [J]. Neuroscience Letters, 529: 7 – 11, 2012.

[7] Lackner, J. R., & DiZio, P. Human orientation and movement control in weightless and artificial gravity environments [J]. Experimental Brain Research, 130: 2 – 26, 2000.

[8] Benson, A. J., Kass, J. R., & Vogel, H. European vestibular experiments on the Spacelab – 1 mission: 4. Thresholds of perception of whole-body linear oscillation [J]. Experimental Brain Research, 64: 264 – 271, 1986.

[9] Guedry, F. E., & Benson, A. J. Coriolis cross-coupling effects: Disorienting and nauseogenic or not [J]. Aviation, Space, and Environmental Medicine, 49: 29 – 35, 1978.

[10] Jarchow, T., & Young, L. R. Neurovestibular effects of bed rest and centrifugation [J]. Journal of Vestibular Research, 20: 45 – 51, 2010.

[11] Caiozzo, V. J., Rose-Gottron, C., Baldwin, K. M., Cooper, D., Adams, G., & Hicks, J. Hemodynamic and metabolic responses to hypergravity on a human-powered centrifuge [J]. Aviation, Space, and Environmental Medicine, 75: 101 – 108, 2004.

[12] Clément, G., Deliere, Q., & Migeotte, P. F. Perception of verticality and cardiovascular responses during short-radius centrifugation [J]. Journal of Vestibular Research, 24: 1−8, 2014.

[13] Greenleaf, J. E., Gundo, D. P., Watenpaugh, D. E., Mulenburg, G. M., McKenzie, M. A., Looft-Wilson, R., et al. Cycle-powered short radius(1.9 M) centrifuge: Exercise vs. passive acceleration [J]. Journal of Gravitational Physiology, 3: 61−62, 1996.

[14] Clément, G., & Pavy-Le Traon, A. Centrifugation as a countermeasure during actual and simulated microgravity: A review [J]. European Journal of Applied Physiology, 92: 235−248, 2004.

[15] Wu, R. H. Human readaptation to normal gravity following short-term simulated Martian gravity exposure and the effectiveness of countermeasures [D]. Master of Sciences Thesis. Cambridge, MA: Massachusetts Institute of Technology, 1999.

[16] One hundred years ago: Human hibernation [J]. British Medical Journal, 320 (7244): 1245, 2000.

[17] Ghidini, T., Pambaguian, L., & Blair, S. Joining the third industrial revolution: 3D printing for space [J]. ESA Bulletin, 163: 24−33, 2015.

[18] Horneck, G., Facius, R., Reichert, M., Rettberg, P., Seboldt, W., Manzey, D., Comet, B., Maillet, A., Preiss, H., Schauer, L., Dussap, C. G., Poughon, L., Belyavin, A., Reitz, G., Baumstark-Khan, C., & Gerzer, R. HUMEX, a study on the survivability and adaptation of humans to long-duration exploratory missions, part I: Lunar missions [J]. Advances in Space Research, 31(11): 2389−2401, 2003.

[19] Jakab, K., Norotte, C., Marga, F., Murphy, K. Vunjak-Novakovic, G., & Forgoe, G. Tissue engineering by self-assembly and bio-printing of living cells. Biofabrication, 2: 022001, 2010.

[20] Boland, T., Xu, T., Damon, B., & Cui, X. Application of inkjet printing to tissue engineering [J]. Biotechnology Journal, 1: 910−917, 2006.

[21] Chan, B. P., & Leong, K. W. Scaffolding in tissue engineering: General approaches and tissue-specific considerations [J]. European Spine Journal, 17: 467–479, 2008.

[22] Ringeisen, B. R., Othon, C. M., Barron, J. A., Young, D, & Spargo, B.J.. Jet-based methods to print living cells [J]. Biotechnology Journal, 1, 930–948, 2006.

[23] Mironov, V., Visconti, R. P., Kasyanov, V., Drake, C.J., & Markwald, R.R.. Organ printing: Tissue spheroids as building blocks [J]. Biomaterials, 30 (12): 2164–2174, 2009.

[24] Saunders, R. E., & Derby, B. Inkjet printing biomaterials for tissue engineering: Bioprinting [J]. International Materials Reviews, 59: 430–448, 2014.

[25] Smith, C. M., Stone, A. L., Parkhill, R. L., Stewart, R.L., Simpkins, M.W., Kachurin, A, Warren, W., & Williams, S.K. Three-dimensional bioassembly tool for generating viable tissue-engineered constructs [J]. Tissue Engineering, 10 (9-10): 1566–1576, 2004.

[26] Gudapati, H., Dey, M., & Ozbolat, I. A comprehensive review on droplet-based bioprinting: Past, present and future [J]. Biomaterials, 102: 20–42, 2016.

[27] Murphy, S. V., & Atala, A. 3D bioprinting of tissues and organs [J]. Nature Biotechnology, 32: 773–785, 2014.

[28] Freitas, R. A., Jr. Respirocytes: High performance artificial nanotechnology for red blood cells [J]. NanoTechnology Magazine, 2(1): 8–13, 1996.

[29] Freitas, R. A., Jr. Exploratory design in medical nanotechnology: A mechanical artificial red cell [J]. Artificial Cells, Blood Substitutes, and Immobilization Biotechnology, 26: 411–430, 1998

[30] Freitas, R. A., Jr. Robots in the bloodstream: The promise of nanomedicine [J]. Pathways, The Novartis Journal, 2: 36–41, 2001.

延伸阅读文献

Seedhouse, E. 2011. Trailblazing Medicine [M]. New York: Springer-Praxis.

Seedhouse, E. (Ed.) 2012. Interplanetary Outpost [M]. Dordrecht: Springer-Praxis.

Seedhouse, E. (Ed.) 2014. Beyond Human [M]. Heidelberg: Springer Nature.

附录 A 电离辐射

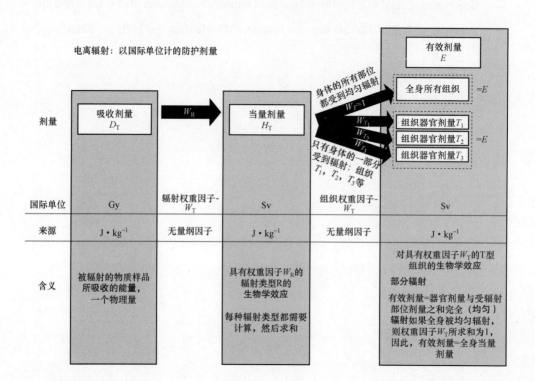

附录 B 辐射防护

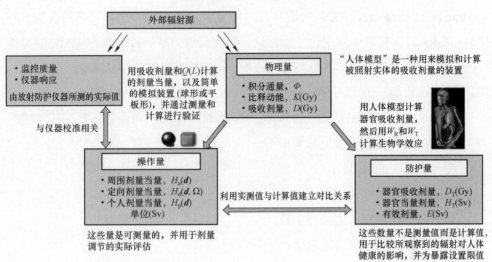

附录 C 颅内高压症

颅内高压症（intracranial hypertension）是一种疾病，其主要特征是颅内压（intracranial pressure，ICP）持续升高。与 ICP 最相关的神经体征是视乳头水肿（papilledema），在第 2 章中已予以讨论。视乳头水肿是一种危险的情况，它可能导致渐进性视神经退化，并最终导致失明——如果在前往火星或其他遥远目的地的途中，这将是一个大问题。

通常与 ICP 升高和视乳头水肿有关的典型体征和症状，可能包括以下四个方面：

（1）头痛，类型、部位和频率不一；

（2）复视（diplopia）；

（3）搏动性耳鸣（pulsatile tinnitus）；

（4）放射状疼痛，通常在手臂。

视乳头水肿的症状可能包括：

（1）短暂的视觉障碍，通常是均匀体位性的（uniformly orthostatic）；

（2）单眼或双眼周边视力逐渐丧失；

（3）中央视觉模糊和失真；

（4）突然失明。

最显著的物理表现是继发于 ICP 升高的双侧椎间盘水肿。在更严重的病例中，可能会出现水肿和中央视力减弱。用于诊断和监测颅内高压症患者的视觉功能测试与用于评估 VIIP 的视觉功能测试相似，包括：

（1）检眼镜检查；

（2）视野评估；

（3）眼球运动检查；

（4）脑部核磁共振成像。

治疗该疾病的目的是保护视神经功能，同时治疗 ICP 升高。常用的药物可能包括乙酰唑胺（acetazolamide），它是降低 ICP 最有效的药物。

表 C.1 概述了 NASA 关于确保航天员队伍眼科健康的现行指南,表 C.2 总结了在 VIIP 综合征报告后不久在 7 名航天员身上观察到的视力变化情况。

为了对这个问题进行更全面的评估,读者可以参考国际空间大学关于这个主题的教科书:《微重力与航天员视觉损伤》(*Microgravity and Vision Impairments in Astronauts*),作者为埃里克·西德豪斯(Erik Seedhouse),由施普林格出版社出版。

表 C.1 美国 36 名长期工作的航天员的临床实践指南分类

CPG 分类	说明	受影响航天员的人数
非病例	① <0.50 屈光度睫状体麻痹性屈光度改变; ② 与基线相比,无视乳头水肿、神经鞘扩张、脉络膜皱褶、球扁平、暗点或棉絮点的证据	2
1	① 在 6 周内重复 OCT 和视力; ② ≥0.50 屈光度睫状体麻痹性屈光度改变和/或棉絮斑; ③ 与基线相比,无视乳头水肿、神经鞘扩张、脉络膜皱褶、眼球扁平、暗点或棉絮斑点的证据; ④ 脑脊液开放压力(如果测量)≤25 cm H_2O①	2
2	① 6 个月内每 4～6 周复查一次 OCT、睫状体麻痹性屈光度、眼底和阈值视野;6 个月复查一次 MRI; ② ≥0.50 屈光度睫状体麻痹性屈光度改变或棉絮斑; ③ 脉络膜褶皱、视神经鞘扩张、眼球变平、暗点; ④ 无视乳头水肿迹象; ⑤ 脑脊液开放压力(如果测量)≤25 cm H_2O	8
3	① 6 个月内每 4～6 周复查一次 OCT、睫状体麻痹性屈光度、眼底和阈值视野检查;6 个月复查一次 MRI; ② ≥0.50 屈光度睫状体麻痹屈光度改变或棉絮斑; ③ 视神经鞘扩张、眼球变平、脉络膜褶皱、暗点; ④ 0～2 级视乳头水肿; ⑤ 脑脊液开放压力≤25 cm H_2O	1
4	① 根据 CPG 制定治疗方案; ② ≥0.50 屈光度睫状体麻痹性屈光度改变或棉絮斑; ③ 视神经鞘扩张、眼球变平、脉络膜褶皱、暗点; ④ 2 级及以上视乳头水肿; ⑤ 表现为新的头痛、搏动性耳鸣和/或短暂的视力模糊; ⑥ 脑脊液开放压力>25 cm H_2O	4
未分类	① 目前证据太少而无法确定分类; ② 对早期 ISS 上的航天员未进行或只进行了有限的测试	19

*CPG 代表"临床实践指南"。

① 此单位为非法定计量单位,1 cmH_2O≈0.098 kPa。

表 C.2　7 名受影响的长期工作的航天员的眼科变化总结

眼部疾病	受影响航天员所占比例
视神经鞘扩张	6/7（86%）
神经纤维层增厚	6/7（86%）
视盘水肿	5/7（71%）
眼球后部扁平化	5/7（71%）
≥+0.50 屈光度的单眼或双眼远视转移	5/7（71%）
脉络膜皱襞	4/7（57%）
飞行后脑脊液压力升高（表明 ICP 增加）	4/7（57%）
棉毛斑点	3/7（43%）
飞行后眼内压（IOP）降低	3/7（43%）
视神经扭曲	2/7（29%）

附录 D　生存心理学

读过下面这些生存故事，也许有人会提出疑问，是否真的需要用昂贵的模拟物来测试人类的韧性。事实上，任何拥有基本知识或探索经验的人都知道人类是顽强的，这些故事和更多类似的故事都证明了这一点。

D.1　道格拉斯·莫森（Douglas Mawson，1882—1958）

即使在今天，有了所有先进的技术，徒步穿越南极洲也是可以想象到的最艰难的试验之一（也许"火星-500"的科学家应该在那里进行研究），而100年前情况更要糟糕得多。当时，极地探险者穿着不防雪的羊毛衣服，吃着一种叫作干肉饼（pemmican）的令人倒胃口的脂肪混合物，但最糟糕的是极端寒冷的环境。阿普斯利·切里-加拉德（Apsley Cherry-Garrard）与斯科特船长（Captain Scott）带领的南极探险队一起航行，他报告说，他的牙齿在接触了-60 ℃低温后，已经"裂成了碎片"。切里-加拉德在书名贴切的《世界上最糟糕的旅程》（*The Worst Journey in the World*）一书中描述了他的冒险经历。但即使是切里-加拉德在冬天完全黑暗的南极深处长途跋涉，也不像澳大利亚探险家道格拉斯·莫森（Douglas Mawson）所面临的悲惨行军那样可怕。莫森的旅程已被载入南极探险史册，可能是南极洲有史以来最可怕的一次。

1912年，莫森只有30岁，被誉为当代最好的地质学家之一。他拒绝了参加斯科特带领的南极探险队的机会，这样他就可以带领澳大拉西亚南极探险队（Australasian Antarctic Expedition），该探险队的目的是探索南极一些更偏远的地区并绘制地图。作为一名南极的老兵和天才的组织者，莫森非常坚强，这对他后来应对事态的发展是一件好事。莫森的团队于1912年1月在英联邦湾抛锚。在接下来的几个月里，平均风速达到80 km/h，有时甚至会超过320 km/h，而且暴风雪持续不断。莫森把他的探险队分成四组，一组留守大本营，其他三组分别开展科学工作。他自己带领的远东海岸组是一个三人小组,任务是测量距离大本营数百公里处的冰川。这是一项冒险的工作,因为莫森和他的组员要走最远的路程并携带最重的货物。

莫森选择了英国军官贝尔格雷夫·尼尼斯中尉(Lieutenant Belgrave Ninnis)和瑞士律师泽维尔·默茨(Xavier Mertz,尼尼斯的朋友)加入他的团队。这三名探险者乘坐了三辆雪橇,由 16 只爱斯基摩长毛犬拉着,装载了 790 kg 重的食物、生存装备和科学仪器。起初进展很好,莫森带领组员在短短 5 周内就行驶了 480 km。但在经历了一系列近乎灾难的时刻后,他们开始感到自己的运气正在改变。尼尼斯几乎掉进冰上隐藏的裂缝中,莫森的嘴唇裂开,且左脸感到疼痛。更糟糕的事情还在后面。

1912 年 12 月 14 日中午,莫森停下来拍摄太阳并确定他们的位置,他站在雪橇的跑道上进行计算,这时他意识到默茨正在雪橇前面滑雪并在空中举起了一根滑雪杆,以发出有裂缝的信号。莫森在回到工作地点前给尼尼斯打电话以向他发出警告,但几分钟后,他注意到默茨又停下来了,并惊恐地回头看,这时尼尼斯、雪橇和狗都不见了。莫森和默茨急忙回到他们穿过裂缝的地方,并发现了一个巨大的裂缝,下面一片黑暗。莫森一直叫尼尼斯的名字,但五个小时都没有回应。他们所有的食物几乎都没了,只剩下睡袋和维持一个半星期的食物。不得已,他们开始返回基地,期间一边走一边杀死并吃掉剩下的狗,且每天晚餐的味道一天不如一天。不可避免地,两个人的身体状况均迅速恶化:

"饥饿、表面冻伤与睡袋里的潮湿环境,导致我们全身皮肤脱落;只有非常糟糕的没有营养的替代品,且很多只能生吃。行军引起的摩擦在最麻烦的地方形成了大片的粗糙斑块。由于我们从来没有脱过衣服,因此我们脱落的头发和皮屑掉在我们的内裤和袜子里,然后从袜子开始进行定期清理。"

——道格拉斯·莫森(节选自大卫·罗伯茨的著作《冰上的孤独》(Alone on the Ice))

后来,在距离基地 160 km 的地方默茨因生病而去世了。在身体状况不佳的情况下,莫森每天只能走 8 km,而到了 1913 年 1 月底,这个距离被缩短到了 4 km,

因为他的精力被处理和治疗多次伤病而耗尽了。一连几天，由于恶劣的暴风雪，他都无法取得任何进展。直到2月8日，他找到了前往基地的路，并正好看见探险队的"曙光"号（Aurora）船前往澳大利亚。幸运的是，有一个海岸组留下来在等他，但船要掉头已经太晚了，这样莫森只能被迫在南极洲度过了第二个冬天。

D.2 波莫里人（Pomori）

在极地探索的历史上，出现过很多坚韧和足智多谋的人。以4名波莫里猎人扣人心弦的故事为例，他们在1743年发现自己被困在了斯瓦尔巴群岛（Svalbard Archipelago）的埃奇奥亚岛（Edgeøya Island）上。6年来，这群顽强的人战胜了北极一切恶劣条件下幸存下来：风暴、极度寒冷、极度贫困、孤独和北极熊。

这4个人随同14名猎人的团队从白海（White Sea）岸的梅岑村出发，计划在斯瓦尔巴群岛猎杀海象。在经历了8天的好天气之后，他们被风吹离航道而驶向了埃奇奥亚岛，这是一个船只很少冒险去的地方。不久，他们的船被冰封了。在接下来的几天里，情况恶化了，他们的船似乎有可能被压碎。他们决定让一个4人小组去岛上调查那里有什么避难所，因为他们知道几年前水手们在那里的一间小屋里度过了冬天。这4个人知道不会走得太远，而且打猎会很容易，所以只带了最基本的必需品。

到达岛上后，这4个人发现了小屋，由于外面狂风肆虐，所以他们在那里过夜。第二天，他们想要返回到船上和猎人伙伴们分享这个消息。但当他们到达岸边时，他们发现部分浮冰已经消失了，船也可能被前一天晚上的风暴给带走了。不得已，这4个人又回到小屋，思考着他们现在可能被永久困在了岛上。他们寻找他们的船，但几天后，他们得出结论——船沉没了（船再也没有返回港口，所以这个假设可能是正确的）。

这4个人在北极熊繁殖地中间的一个岛屿上度过了悲惨的生活，耗尽了所有的物资。更糟糕的是，岛上没有树木和灌木丛，这意味着他们没有什么可以烧的，也不能做饭，但他们决心要努力生存下去，毕竟，他们还能做些别的什么事情。他们在岛上搜寻了一遍，发现了浮木和一块木板，上面有一个长铁钩和一些嵌入其中的钉子。虽然不多，但对这些人来说，这是一条生命线。他们用一个原始的锻造法，把他们新发现的东西做成一个尖头，并把它连接在一根浮木杆上。波莫里人现在了拥有一件武器，开始去捕猎北极熊。

在杀死并吃掉第一头熊后，他们把熊皮剪成衣服，用肌腱作弦制造了弓，钉子被用来制造基本的箭头。波莫里人用弓和箭杀死了 250 多头驯鹿，以及各种各样的蓝狐和白狐。随着冬天的临近，燃料的经济性变得至关重要，但他们不能让大火熄灭。幸运的是，波莫里人将其聪明才智发挥到了极致，他们收集了在侦察岛上时发现的黏糊糊的壤土，并制作了一盏灯。将驯鹿的脂肪放在灯里，在漫长的冬天这成为他们温暖的来源。食物来源仍然是一种挑战，岛上唯一的植被是苔藓和地衣，因此他们只能靠驯鹿、狐狸和熊为生；水来自泉水和融化了的冰；为了防止坏血病，他们喝驯鹿的血，并吃岛上生长的小草。其中一个人不太喜欢喝驯鹿的血，因此卧床不起，最终死去。

他们是如何应对多年隔绝和单调的生活的？他们是如何应对寒冷和烟雾弥漫的可怕环境的？谁知道呢，但是这些漂流者的经历对那些连续几个月被关在航天器里的人来说是一种重要的参考。

1749 年 8 月 15 日，被困的波莫里猎人看到一艘前往新地岛（Novaya Zemlya）的俄罗斯商船，因此最终获救。这艘商船被吹离航道，无意中发现自己靠近了埃奇奥亚岛。6 周后这 3 个人终于回家了。这些猎人所取得的成就代表了所有探险者的信仰、毅力和智慧。这就是为什么许多人质疑模拟太空任务的效用，比如把 6 个人放在一个密封舱里待 520 天的"火星-500"项目。

附录 E　环境与热力操作系统操作手册

E.1　环境与热力操作系统（Environmental and Thermal Operating System, ETHOS）

ETHOS 飞行控制器，管理着多个系统，有助于为航天员提供一个干净、安全和舒适的生活区域，另外监测 ISS 上的大气和水。

ETHOS 飞行控制器要确保生命保障系统（见图 E.1）每天都能够正常工作，同时帮助规划航天员在环境和热力系统工作时的活动，并跟踪氧气、氮气和水资源的消耗。由于持续向 ISS 运送氧气、氮气和水这些资源的成本很高，所以空间站上的生命保障设备会尽可能回收这些资源（或再利用）。

图 E.1　ETHOS 飞行控制器生命保障系统的标识

E.1.1　大气控制与供应系统

舱内大气是如何被营造的？在 ISS 上，航天员的舒适是非常重要的，因为他们可能要在太空中生活很长一段时间。航天员在空间站上一直穿着加压服是不现实的，所以需要利用 ACS 提供氧气和氮气，以保持 ISS 处在适当的气压下（14.0～14.9 psi，即 96.5～102.7 kPa），同时保持适当的空气流动，且不超过 ISS 舱壁的压力限制，从而使航天员可以在类似地球的环境中生活和工作。

对 ISS 座舱大气中的氧气和氮气含量必须仔细监测，因为这两种气体的准确混合很重要。如果压力过低，一些设备可能无法工作；如果氧气含量过高，火灾可能会成为严重威胁。此外，当为了舱外活动而打开气闸舱或使其他航天器与 ISS 对接时，大气压力也会发生变化。ETHOS 飞行控制器为这些活动提供适当数量的氧气和氮气（见图 E.2）。

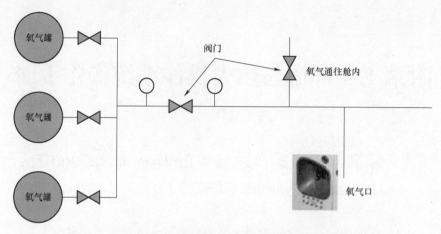

图 E.2　ETHOS 飞行控制器生命保障系统中氧气控制原理图

ACS 从氧气罐和氮气罐开始，连接在 ISS 的外部，气体管路贯穿整个 ISS。这些管路连接到使用氧气和氮气的系统（如在轨实验设施）和压力控制阀，压力控制阀控制氧气或氮气在需要时进入 ISS 的大气。

E.1.2　大气再生系统

如何保持新鲜空气？ ACS 提供人类健康生活所需要的理想压力和大气混合物，大气再生系统（atmosphere revitalization system，ARS）监测 ISS 上的大气气体。大气再生就是去除"空间站上的有害物质，如二氧化碳、空气颗粒和污染物"。

该系统主要包括三种功能部件。其中一种设备（使用质谱分析法）用于测量大气中的气体水平；一种设备用于过滤空气污染物，如由于加热设备或表面而释放到空气中的化学物质、航天员的汗水和烟雾；还有一种设备用于清除航天员每次呼气释放到大气中的多余二氧化碳。

"阿波罗"13 号的航天员因为一次意外认识到大气再生的重要性。在执行任务过程中，飞船上的氧气罐发生了爆炸，航天员被迫关闭了为指令舱提供电力、氧气和水的服务舱燃料电池。由于指令舱没有电力和氧气，3 名航天员不得不进入登月舱。登月舱的环境系统只能清除 2 个人 30 h 内排出的多余二氧化碳，而不是 3 个人 4 天内排出的多余二氧化碳。任务控制中心的飞行控制人员必须迅速想出办法，以使指令舱中的二氧化碳过滤器能够适合登月舱。最终，他们成功了，在这个过程中，建造了一套可"匆忙"（on the fly）工作的 ARS。

E.1.3 内部热控系统

国际空间站是如何保持安全而舒适的温度的?为了保持航天员的安全和舒适,ETHOS 飞行控制器负责监测国际空间站的湿度(空气中的水蒸气)和温度。过多的水分会损害设备和计算机,从而导致它们发生故障。虽然太空可能很冷,但国际空间站会从航天员、计算机和其他设备及阳光中接收额外的热量,所以温度可能会变化。

空调和风扇用于冷却、循环和清除国际空间站大气中的水分,这些水分被收集并循环成淡水。风扇还将空气吹过烟雾探测器,这对探测可能发生的火灾非常重要。虽然空调和风扇很有帮助,但国际空间站使用了内部热控系统(internal thermal control system,ITCS),这是冷水循环系统,可以帮助计算机、设备和航天员保持凉爽。

在国际空间站的美国部分有两套内部冷水回路,由 ETHOS 飞行控制器控制。低温回路(low temperature loop,LTL)的温度维持在露点以下(即水蒸气凝结成水的温度),制冷剂流经空调,起到冷却空气和收集冷凝水的作用。中温回路(moderate temperature loop,MTL)的温度维持在露点以上,用来冷却国际空间站上用于实验的计算机和设备。

此外,ITCS 中的泵使冷水通过管道而流经温暖的设备,这样来自设备的热量通过传导(热能从高温物体转移到低温物体的过程)而转移到冷却管道的水中。这使航天员感到舒适,同时使设备在绕地球轨道运行时不会过热。航天员还可以通过 ITCS 中的阀门将冷水和温水混合而得到合适温度的水,这很像水龙头可以控制自来水的温度一样。

E.1.4 被动热控系统

为什么国际空间站不会生锈?被动热控系统(passive thermal control system,PTCS)用于国际空间站经常变得太冷的区域。在国际空间站的舱壁上,温度很难通过水回路来控制。ETHOS 飞行控制器可以在这些区域激活 PTCS,其中包括电加热器、热管和绝缘材料,这使得国际空间站的温度保持在露点之上,以防止金属上凝结水汽导致霉菌腐蚀(如生锈)。

E.1.5 再生式环境控制与生命保障系统

大气和水是如何被循环利用的?国际空间站的航天员需要淡水来饮用和制备食物,ETHOS 飞行控制器应确保空间站上有足够的水。和氧气一样,水也是宝贵的,因此必须从地球运到国际空间站。由于国际空间站距离地球超过 200 mi

（约 321.8 km），淡水供应并不容易实现，而且水很重，致使运输到太空的成本很高。因此，尽可能多地重复利用是很重要的。

ETHOS 飞行控制器可以监测国际空间站上收集废水（即冷凝水和尿液）并将其回收再生为清洁饮用水和氧气的设备。这是通过再生式环境控制与生命保障系统（regenerative environmental control and life support system，Regen ECLSS）完成的，该系统是国际空间站上最复杂的系统之一。

该系统由 UPA、WPA 和 OGS 组成。OGS 由 OGA 和萨巴蒂尔还原系统（Sabatier reduction system）组成，后者通常称为萨巴蒂尔反应器（Sabatier reactor）。

UPA 对收集到的尿液进行蒸馏（加热），以蒸发并提取水，然后将其送入 WPA。WPA 将蒸馏水与从空调中收集的冷凝水进行混合。接着，系统对混合物进行净化，然后用于饮用或在 OGS 中制造氧气。

OGS 通过电解（电流将水分解为氧气和氢气）水产生氧气。OGA 是 OGS 的主要组成部分，它产生供航天员呼吸的氧气和被送往萨巴蒂尔反应器的氢气。萨巴蒂尔反应器利用剩余的氢气和航天员呼出的多余二氧化碳制造水和甲烷气体。

然后，使水返回到系统中（在国际空间站上形成一个完整的水再生环路），而使甲烷气体排放到国际空间站外面的太空中（见图 E.3）。

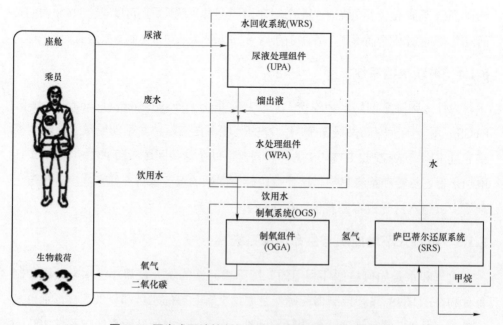

图 E.3　再生式环境控制与生命保障系统基本工作流程

E.1.6 应急响应

在国际空间站如何处置紧急情况？ 国际空间站航天员的安全是最重要的。每名航天员都接受过应对三种可能的紧急情况的培训：火灾、压力迅速下降（当国际空间站的空气泄漏到太空时）和有毒大气（从水溢出到可能致命的氨气泄漏）。

E.1.6.1 火灾监测与灭火

如果在国际空间站上发生火灾，与地球上不同的是，航天员无法逃生出去并保持安全距离。这时，他们必须灭火或关闭火灾区域的舱门。在国际空间站上安装有若干支烟雾探测器，它们均不易燃。

只要在有动力设备和氧气的地方，就存在火灾的危险。如果发现火灾，自动响应系统会立即切断所有设备的电源，并隔离所有氧气来源。将所有内部通风口关闭，以容纳污染物，并防止新鲜空气助长火势。如果航天员能看到火，他们可以使用类似地球上使用的灭火器；如果看不见火（例如，在一台实验设备内），他们会使用手持烟雾探测器（见图 E.4）来找到火源。

图 E.4 手持烟雾探测器

E.1.6.2 压力迅速下降与堵漏

在国际空间站上有一种特殊的屏蔽罩，可以防止小块的太空"垃圾"（破碎的卫星或 EVA 抛出的物品）在绕地球运行时击穿空间站的舱壁。然而，如果有足够大的物体撞击国际空间站，则可能造成破坏，使可呼吸的空气排入太空。这种类型的紧急情况称为快速降压（rapid depression），即舱内压力突然下降。

由于国际空间站上的空气供应有限，那么如果发生快速降压，则航天员就需要迅速找到泄漏点。国际空间站上到处都是压力传感器，这些传感器会向航天员和任务控制中心发出紧急警报。

如果检测到快速降压，空间站上的应急响应系统将自动关闭所有向舱外释放气体的通风口。ETHOS 飞行控制器将与航天员一起检查国际空间站的每个舱体是否有泄漏。通过确定碰撞的位置，ETHOS 飞行控制器和任务控制中心的其他团队可以提供指导,并在可能的情况下为航天员提供修复漏洞的计划。

E.1.6.3 有毒大气躲避及泄漏物清理

对国际空间站上的任何泄漏物都必须立即清理。水也会损坏设备,并成为细菌的滋生地。没有重力,任何溢出的液体或玻璃碎片都会漂浮起来,并可能会进入设备或伤害航天员。

虽然舱内溢出的水可以被简单地擦干净,但氨气的泄漏可能是致命的。所有航天员需要与受影响的地区进行隔离,并戴好氧气面罩,以确保呼吸干净的空气。泄漏是国际空间站上的紧急事件,而 ETHOS 飞行控制器负责监测泄漏后的空气质量。

要了解更多关于国际空间站的环境与热操作系统,请回到国际空间站在线(*ISSLive!*)网站 www.iss-live.com,首先选择"交互(Interact)",然后选择"访问空间站(Visit Space Station)"。

E.2 ETHOS控制台显示

无线信号将数据从国际空间站发送到任务控制中心。该数据在 ETHOS 控制台显示中被更新,并在控制台上显示国际空间站各座舱当前的大气、氧气和水等的情况。ETHOS 飞行控制器会检查控制台所显示的数据,以确保一切正常。

附录 F 超眠状态恢复手册

乘组医务人员操作说明：在结束睡眠状态的前 24 h 内，每 6 h 为航天员填写一次超眠状态恢复量表（hypersleep recovery scale，HRS）。如果一名航天员在第四次评分后获得 23 分，则应视为具有功能。

有关管理指南，请参考约翰·F. 肯尼迪昏迷恢复量表管理和评分指南（JFK Coma Recovery Scale Administration and Scoring Guidelines）（约翰逊康复研究所（Johnson Rehabilitation Institute），2004 年）。

F.1 超眠状态恢复量表 [1]

航天员名称：	超眠状态进入日期：			
超眠状态苏醒日期：	HRS 管理时间：			
听觉功能量表	苏醒 + 6 h	苏醒 + 12 h	苏醒 + 18 h	苏醒 + 24 h
4 – 对于命令的一致运动				
3 – 对于命令的可重复运动				
2 – 对于声音的定位				
1 – 听觉惊吓				
0 – 无				
视觉功能量表	苏醒 + 6 h	苏醒 + 12 h	苏醒 + 18 h	苏醒 + 24 h
5 – 目标识别				
4 – 目标定位：到达				
3 – 视觉追求				
2 – 固定				
1 – 视觉惊吓				
0 – 无				

续表

运动功能量表	苏醒+6 h	苏醒+12 h	苏醒+18 h	苏醒+24 h
6－功能目标使用				
5－自主性运动响应				
4－目标操作				
3－对有害刺激的定位				
2－屈曲撤回				
1－异常姿态				
0－无				
口部运动/言语功能量表	苏醒+6 h	苏醒+12 h	苏醒+18 h	苏醒+24 h
3－易懂的语言表达				
2－发声/口腔运动				
1－口腔反射运动				
0－无				
通信量表	苏醒+6 h	苏醒+12 h	苏醒+18 h	苏醒+24 h
2－功能性：准确的				
1－非功能性：故意的				
0－无				
觉醒量表	苏醒+6 h	苏醒+12 h	苏醒+18 h	苏醒+24 h
3－注意力				
2－无刺激睁开眼睛				
1－有刺激睁开眼睛				
0－无法唤醒的				
总分				

[1] 改编自上述的约翰·F. 肯尼迪昏迷恢复量表。

F.2 干预措施

如果航天员在 24 h 内无法从超眠状态中恢复意识,可能会进入植物状态(vegetative state,VS)。植物状态可能是恢复过程中的过渡状态,也可能发展成为一种长期且可能不可逆的疾病——功能性超眠状态中断综合征(functional hypersleep disconnection syndrome,FHDS)。FHDS 是一种航天员可能无法恢复的状况。

如果航天员被诊断为植物状态,首席医疗官(chief medical officer,CMO)应根据 CMO 手册中的指南对大脑进行标准代谢评估。如果无法确定代谢活性,应按照标准程序使用定量的氟脱氧葡萄糖(fluorodeoxyglucose)对航天员进行重新扫描。如果未被确定代谢功能,则航天员可能被诊断为 FHDS。应根据超眠状态中断量表中所列的行动反应,将 FHDS 分为轻度、中度或重度。

F.3 超眠状态中断量表

眼睛睁开	得分	语言功能	得分	运动神经	得分
无	1	无	1	无	1
因疼痛睁眼	2	声音	2	伸展	2
听从指挥	3	只言片语	3	弯曲	3
不由自主地	4	迷失方向	4	因疼痛缩起肢体	4
		分得清方向	5	局部疼痛	5
				局部疼痛并听从指挥	6
FHDS 等级:<8,严重;9~13,中度;>13,轻度					

被诊断患有 FHDS 的航天员的康复将取决于之前的超眠状态障碍、年龄和综合征严重程度。FHDS 的恢复阶段是昏迷、走出昏迷、失忆症和记忆恢复。通常情况下,完全的药物辅助恢复需要 5 天。

从 FHDS 中恢复的航天员可能会进入一种创伤后失忆症(post-traumatic

amnesia，PTA，又称外伤后健忘症）的状态。PTA 的特点是存在严重的记忆问题、思维混乱和定向障碍。根据地球上的超眠状态增量（increment），PTA 患者通常在 4 天内恢复。

如果 PFA 患者在 8 天后仍未恢复，则认为该航天员已进入永久性植物状态（permanent vegetative state，PVS），因此不太可能恢复。在这种情况下，CMO 应与任务控制中心协商，以便讨论基于生命保障消耗品的最适行动方案。

附录G 纳米技术

NASA开发了一种创新方法，以提高医疗诊断的质量和便利性，以及即时治疗的数据传输速率。这项新技术使用了一个硅芯片上的纳米化学传感器网络，并结合了一个由湿度、温度和压力/流量传感器组成的监测系统，以用于实时测量人体呼吸的化学和物理特性，从而实现无创和低成本的医疗诊断。不过，目前市场上尚不存在这样的技术。尽管许多研究活动仍在进行中，但NASA的技术已可实现应用。该技术称为纳米传感器阵列芯片（nanosensorarray），其检测范围为$10^{-9}\sim10^{-6}$，为原位实时分析提供了一种高灵敏度、低功耗并且紧凑的工具，它还改变了决策的方式和时间，从而能够来帮助患者和医疗服务提供者降低成本、优化资源、减少风险并缩短响应时间。

G.1 技术特点

许多疾病都伴有特征性的气味，识别这些气味可以提供诊断线索、指导实验室评估并影响即时治疗的选择。利用气相色谱—质谱（gas chromatography-mass spectrometvy，GC－MS）对人类呼吸化学成分的研究结果表明，挥发性化合物与某些疾病的发生之间存在相关性。这些特定化合物的存在可以提示生理功能障碍并支持疾病的诊断，这种情况需要一种灵敏度非常高的分析工具进行测量。在呼吸样本中发现了许多挥发性化合物，即所谓的生物标志物，通常处于10^{-9}水平。例如，人在呼吸中呼出的丙酮与其他生物标志物一起可以诊断I型糖尿病。通常，人呼出的挥发性化合物的浓度非常低，而背景相对湿度很高，几乎是100%。NASA发明了一种方法，即利用一系列化学传感器结合湿度、温度和压力进行实时呼吸测量，以便将呼吸中的化学信息与不同人体器官的状态和功能相关联。该方法提供了一种非侵入式的方式，可在医疗护理点或家中进行快速而准确的诊断。传感器芯片包括多个传感器，以用于综合测量化学成分、温度、湿度和压力/流速。

将从该芯片收集的传感器数据通过有线或无线方式传输到医生服务台或医院监测中心的计算机终端。可以使传感器芯片直接或通过通用串行总线（universal serial bus，USB）连接到手机来进行远距离数据传输，并接收医生办公室的指令以进行即时治疗。

G.2 技术优势

（1）检测限浓度范围：$10^{-9} \sim 10^{-6}$；

（2）温度为 300 K 时的响应时间迅速（以秒为单位）；

（3）传感器之间的可重复性；

（4）低功耗：毫瓦/传感器；

（5）湿度效应是线性加成的；

（6）易于集成（2 端子 I/V 测量）；

（7）传感器芯片尺寸为 1 cm×1 cm，具有 12～96 个通道；

（8）非侵入性；

（9）低成本；

（10）快速而精准；

（11）具有用于综合测量的多路传感器；

（12）有线或无线远距离数据传输。

G.3 应用领域

（1）医疗诊断；

（2）纳米技术；

（3）运行状况监测；

（4）国土安全；

（5）生物医学；

（6）航空航天。

索　引

0~9（数字）

3%辐射暴露诱发的死亡危险条件下 1 年期任务中有效剂量限值样本和死亡时平均生命损失估值（表）　81

4BMS　86

4人－180天集成实验用CELSS组合体外观（图）　90

7 名受影响的长期工作航天员眼科变化总结（表）　288

19 岁以上男性人体代谢率方程式　81

A~Z、β

ACLS 子系统　158

ACS　151

AI 系统层次　267

ALARA 原则　210

ARED　27、28

　系统结构及航天员在其上面运动情形（图）　28

ARM　212

ARS　152

AstroRad 辐射防护罩　222、223

　背心外观（图）　223

BIORAT　251

BLSS　87、90

　基本工作原理（图）　87

　技术挑战　90

BNNT 外形结构（图）　222

BVAD（表）　78

CCA　179

CDRA　152

CELSS 技术研究　89

CPDS　213

CRA　153

DCM　180

DDR　205

DNA 损伤反应　205

ECLSS　148、150

　子系统情况　148

ESA 158
 大气再生系统技术进展 158
 高级闭环系统 158
ETHOS 飞行控制器 293、296、298
 控制台显示 298
ETHOS 飞行控制器生命保障系统 293、294
 标识（图） 293
 氧气控制原理（图） 294
EVA 176、179
 训练 176
GCR 10、55、58、62
HSP 230
 控制措施 230
HUT 177
ICP 286
ICP 升高 36、37、286
 典型体征和症状 286
ISS 食品系统（图） 42
IV—TEPC 功能 213
LCVG 179、180
LSS 76、89、102
 因素 76
 自动控制 89
LTA 178
Matroshka 215、216
 人体模型 215、216（图）
 实验 215
MELiSSA 247～252
 初步飞行实验 250

地面与空间验证 251
发展情况 249
合作伙伴及保障单位 247
基本工作原理 247
基础研究与发展 250
技术转让 252
交流与教育 252
生物反应器局部外观（图） 250
实验工厂局部外观（图） 251
项目所基于的水生生态系统运行原理（图） 249
项目运行原理（图） 248
研究首要目标 250
NASA 航天员职业暴露限值（表） 209
Nautilus−X 小型空间站（图） 258
OGA 153
OGS 296
ONSD 测量 37
ORCA 154
PADLES 214
PLSS 传感器 181
PRD 211
RAM 212
RBE 10、60
ROS LSS 163
sapphiroid 277
SOD 224
SPE 9、55
TCCS 156

TEPC　212

THCS　158

UPA　296

USOS LSS　148

Veggie 实验　245、246

　　研究结果　246

Veggie 蔬菜生产系统　243

　　外部形态（图）　243

VIIP 综合征　33～36

　　症状　34

Vozdukh 二氧化碳去除系统　166

WRMS　160、161

　　工作原理　161

X－15 高超音速研究机外观（图）　8

β－烟酰胺单核苷酸补充　226

A

"阿波罗"计划　111～135

　　13 号飞行任务航天员临时解决二氧化碳去除问题的方法流程（图）　122

　　15 号飞行任务飞船指令舱耗氧量情况（表）　113

　　15 号飞行任务中 LSS 中水量平衡情况（表）　116

　　17 号飞行任务中尿液取样数据（表）　117

　　17 号航天员首次太空行走期间收集样本（图）　135

　　LSS 问题分析　121

　　便携式生命保障系统　132

便携式生命保障系统基本规格（表）　133

便携式生命保障系统通风回路子系统结构示意（图）　134

便携式生命保障系统远程控制装置（图）　134

　　舱外机动装置　125

　　常穿服　132

　　大气再生子系统　120

　　登月舱 LSS　119

飞船执行任务期间所遇到的问题总结（表）　123

　　飞船指令舱 LSS 内部结构示意（图）　112

　　飞行任务中 LSS 实际耗氧量（表）　114

　　废物管理子系统　117

　　供氧子系统　113

航天员便携式生命保障系统基本结构外观（图）　133

　　航天员舱外机动装置外部结构（图）　126

航天员佩戴的加压头盔组件背面外部结构示意（图）　128

航天员佩戴的加压头盔组件前面和侧面外部结构示意（图）　128

　　加压服回路子系统　114

　　加压服组件　125

　　加压服组件基本结构构成（图）　127

　　加压服组件基本性能指标（表）　126

　　加压手套　129

　　加压头盔组件　128

　　尿液收集与容器组件结构分解示意（图）　119

尿液收集与容器组件结构基本构成示意
（图） 117

躯干－肢体服装组件 126

躯干－肢体服装组件的舱外结构构型（图）
127

水管理子系统 115、121

通信载体 132

温度控制子系统 116

氧气供应与座舱压力控制子系统 120

氧气供应与座舱压力控制子系统的工作原
理（图） 120

液冷服 130

液冷服基本结构示意（图） 131

液冷服基本物理特性（表） 131

液冷服结构材料（图） 131

月球靴 132

指令舱 LS 111

综合防热及微流星体服 129

综合防热及微流星体服结构构成示意（图）
129

综合防热及微流星体服内各结构层功能
（图） 130

阿尔茨海默病 64

阿尔忒弥斯计划原准备将于2024年将航天员送
上月球（图） 208

阿姆斯特朗线 15

氨磷汀局限性 224

案例研究 34

B

白内障（图） 61

保持运动 232

保护免疫系统 231

保健 43、230

　　营养对策 43

暴露 218

北极光（图） 3

被动辐射 211

　　剂量测定 211

　　剂量计 211

被动热控系统 295

被子植物 241

闭环 LSS 73

闭环生命保障系统 73、149

　　回路 149

边际增益累积 170

变量优化 262

波莫里人 291

C

舱间通风 158

舱内 TEPC 装置 213

舱内大气营造 293

舱外服 177～179

　　肘部剖面（图） 179

　　组成部分 177

舱外活动 176、182、188

索引

预呼吸程序 182

预呼吸程序及探索号舱尺寸概况（图） 188

尝试设计生命保障系统时必须完成的权衡研究

类型示例（图） 79

超眠状态 299~301

恢复量（表） 299

恢复手册 299

中断量（表） 301

超氧化物歧化酶 224

成骨细胞和破骨细胞作用（图） 25

处理 272

过程 272

穿上舱外服基本程序 181

穿着舱外服轻度运动程序 185

优缺点 185

磁屏蔽 219

基本原理 219

次级辐射 220

D

大气层 2、3

分层（图） 3

大气氮循环基本原理（图） 7

大气管理功能 84

大气和水循环利用 295

大气监测 85

大气控制与供应 84、293

系统 293

大气控制子系统 151

大气水循环基本原理（图） 4

大气氧循环基本原理（图） 6

大气再生 85、294

各种功能及所采用的相应技术（表） 85

系统 294

大气再生子系统 152

基本工作原理（图） 152

代谢活动 81

代谢率 81

带电粒子定向光谱仪 213

带有特殊控制措施航天器 231

氮循环 6

道格拉斯·莫森 289

德国航空航天中心下一代短臂离心机（图） 262

等效剂量 11

低温治疗 266

地面植物基本生物学特性 241

地球图像（图） 2

颠覆性技术 274

电离辐射 65、284

电屏蔽 219

冬眠 263、264

对生命保障系统需求影响（表） 264

动物冬眠 263

独木屋艺术画（图） 51

短臂离心机（图） 262

短期和职业生涯非癌症影响的剂量限值(表) 207

对流层 2

E

俄罗斯轨道段生命保障系统　163～170

　　大气控制子系统　165

　　各种设备所处位置（表）　164

　　供水子系统　167

　　火灾探测与灭火子系统　170

　　接口压力整体监测单元　167

　　居住舱压力整体监测单元　167

　　空气净化单元　166

　　气体分析单元　167

　　食品供应子系统　168

　　卫生设备基本操作步骤　169

　　卫生设备基本工作原理　168

　　卫生设备基本结构构成　168

　　卫生设备子系统　168

　　温度与湿度控制单元　167

　　氧气供应单元　165

　　总体概况　163

俄罗斯三名航天员展示星辰号服务舱内的Elektron氧气发生器（图）　165

二氧化碳还原组件　153、154

　　萨巴蒂尔反应器基本工作原理示意（图）　154

二氧化碳去除　152、179

　　去除盒　179

　　组件　152

二氧化碳吸收罐　166

F

发现号航天飞机抵近国际空间站（图）　136

发芽　241

范·艾伦带　12

放射量测定器　10

放射性骨丢失　66

放射性骨坏死　66

放射治疗副作用　65

冯·布劳恩式空间站　258

"弗拉姆"号勘探船（图）　50

弗里德乔夫·南森（图）　49

辐射　9、10、54、58、64、65、205、211、212

　　暴露监测要求　211

　　基本概念　9

　　区域监测器　212

　　危险　58

　　引起骨丢失　64

　　影响骨骼变化　65

　　组织权重　10

辐射防护　80、204、223、285

　　对策　204

　　防护剂　223

辐射剂量　57、59、211

　　测定与检测　211

　　剂量计功能　59

辐射与航天员健康　58

复制人（图）　257

G

干预措施 301

高级闭环系统 158、159

    结构构成示意（图） 159

高级生命保障计划 88

高级植物培养装置 245、246

    外观（图） 246

高级阻力运动装置 27

高速可变比脉冲磁等离子体火箭概念图（图） 210

根和茎 242

骨重塑 25、64

骨丢失 24～26、43

骨骼 24、83

    质量 83

骨骼肌 28、29

    结构示意（图） 29

骨炎 66

固体/液体废物收集器使用方式 169

故障容限 74

国际空间站 12、42、57、84、86、88、151、178、185、201、215、228、244、269、295、297

    ECLSS 不同组成单元在各种舱体中的布局示意（图） 151

    Veggie 244

    保持安全而舒适温度 295

    不会生锈 295

    处置紧急情况 297

    辐射剂量 57

    航天员漂浮在团结舱内（图） 12

    建造期间航天员舱外活动时所穿舱外服外观（图） 178

    美国轨道段对策项目特点（表） 201

    美国航天员开展的蔬菜生产系统实验（图） 88

    使用的生物 3D 打印机（图） 269

    所用探测器种类及其应用情况（表） 215

    太空食品系统（图） 42

    物理化学生命保障系统主要功能示意（图） 84

    小型人工智能机器人 CIMON 外形结构（图） 228

    预呼吸程序时间线（图） 185

    作为二氧化碳去除组件一部分的 4BMS 示意（图） 86

国际空间站生命保障系统 77、147

    工作原理（图） 77

H

哈里·乔治·阿姆斯特朗（图） 16

寒冷 15

航天飞行器内的辐射 59

航天飞机 135～143

    舱外活动机动装置和高级航天员逃生服子系统 142

    大气再生压力控制子系统 137

大气再生子系统 136

废物收集系统外观（图） 141

废物收集子系统 140

氟利昂散热器板安装位置（图） 139

高级航天员逃生服具备特点和能力（表） 143

供水和废水储存子系统 140

航天员穿着高级航天员逃生服练习紧急逃生程序（图） 143

气闸舱保障子系统 141

气闸舱保障子系统外部结构示意（图） 142

水冷却剂回路子系统 137

水箱结构示意（图） 140

主动热控制子系统 138

主动热控制子系统中氟利昂－21冷却剂回路工作原理（图） 139

航天器上产生的人工重力与在地面上的重力作用于人体的情况比较（图） 260

航天员 2、26、32、80~83、198~203、209、212

从国际空间站返回地面着陆场后状态（图） 26

从太空拍摄到的一张地球图像（图） 2

风险评估时的不确定性评估指标 212

和普通大众辐射穿透深度和暴露限值（表） 209

进行各种活动时的代谢率（表） 82

日常活动用时情况（表） 83

使用允许等长和等张运动的在轨运动装置（图） 198

需求 80

在CEVIS上进行运动时的最大摄氧量测试（图） 203

在地球上和太空中对重要生命保障物质需求量（表） 80

在各种航天器上使用过的运动对策硬件（图） 200

在国际空间站和谐节点舱内摆出的姿势（图） 32

在国际空间站宁静号座舱中使用ARED进行运动（图） 201

在国际空间站上完成日常运动（图） 202

在自行车功量计上运动（图） 198

职业暴露限值（表） 209

亨利定律 15

红罗马生菜营养品质 246

后处理 272

环境需求 80、81、83

环境与热力操作系统 293

操作手册 293

患骨质疏松症的骨头与健康骨头比较（图） 25

火星 19、20

辐射 20

重要特性（表） 20

火星巡航阶段和火星表面平均剂量率的MSL测量值（表） 62

火星之旅概念（图） 209

火灾监测与灭火 160、297

子系统　160

J

基于 3% REID 的 1 年飞行任务理论剂量限值
　　（表）　206
基于 20 世纪 60 年代研究的人工重力假设舒适区
　　（图）　260
基于渴墙去除二氧化碳的一种基本概念（图）
　　172
积微成著　170
肌肉　28、29
　　流失　28
　　生理学　28
　　萎缩　29
　　张力　29
肌丝滑动学说　29、30
　　示意（图）　30
急性效应　60
极地探险健康本源学效应（表）　52
剂量限值　208
计划用于美国星际旅行的 Nautilus－X 小型空间
　　站（图）　258
加压服　16、100、101
　　破损　16
　　躯干部分结构外观（图）　100
　　氧气进气口、出气口和通风气流分布情况
　　（图）　101
监测手段　267
减压病　183、187～189

　　常见和罕见症状（表）　183
　　治疗　187
　　总结　189
健康本源学　51
接种疫苗　232
禁闭　49
精选预呼吸程序　184
静电纺丝技术　273
静止　263
具有隔振与稳定功能的自行车功量计程序　186
聚乙烯等聚合物屏蔽材料　221

K

开环 LSS　73
开环与闭环生命保障系统　73
抗氧化剂作为辐射对策假说研究　225
科里奥利力　259
渴墙　171
空间生命科学实验被动剂量计　214

L

类血管　277～279
　　安装过程　278
　　成分　277
　　反流态化　279
　　放血　278
　　静脉注射　278
　　盘子初始化　279
　　准备工作　278

冷却水系统　180
离心机居住舱样机外形（图）　259
理想辐射防护剂或缓解剂特性　227
丽莎·诺瓦克　47、47（图）
　　警示故事　47
利尿　39、40
　　缺点　40
粒细胞集落刺激因子补充　226
猎户座飞船（图）　197、204
　　结构示意（图）　197
　　内部局部构造（图）　204
磷循环　8
零重力　12
颅内高压症　286
　　患者视觉功能测试　286
颅内压　36
露营程序　186
伦琴　11

M

毛细胞　30
每日营养摄入报告（图）　43
美国 36 名长期工作航天员临床实践指南分类
　　（表）　287
美国佛罗里达号上监视控制室技术人员（图）　171
美国轨道段生命保障系统　148
美国航天员在国际空间站探索号实验舱内进行
　　预呼吸（图）　186
门被去掉后的高级植物培养装置外观（图）　246

棉絮状斑点外观（图）　34
免疫失调　53
免疫系统　53、230
　　保护对策　230

N

纳米技术　275、303、304
　　技术特点　303
　　技术优势　304
　　应用领域　304
脑脊液　37
内部热控系统　295
内耳结构示意（图）　31
尿液处理组件（图）　162
　　外观（图）　162
　　运行原理（图）　162
尿液容器使用方式　169

O～Q

欧内斯特·沙克尔顿（图）　41、45
　　带领队员在南极冰面上（图）　41
欧洲航天员个人主动剂量计　213
培育有生菜的 Veggie 蔬菜生产系统外部形态
　　（图）　243
配有再生生命保障系统的航天器中每名航天员
　　每天的水质量平衡情况（图）　150
品行不良航天员　47
屏蔽措施　216
平流层　2

索 引

器官组织权重因子（表） 11

气闸舱 187

迄今为止的研究结果 246

全肠外营养注射技术工作原理示意（图） 267

R

热层 2

人工重力 257～262

 航天器 257

 假设舒适区（图） 260

 研究 262

人类冬眠 265、266

 出眠 266

 入眠 265

 深眠 266

人造红血球纳米机器人 277

任务时间长度为 1～12h 的生命保障系统主要功能（图） 75

任务时间长度为 1～7 天的生命保障系统主要功能（图） 75

任务时间长度为 12 天～3 个月的生命保障系统主要功能（图） 76

任务时间长度为 3 个月～3 年的生命保障系统主要功能（图） 76

任务因素对生命保障系统影响（表） 77

溶血磷脂酸 225

S

萨巴蒂尔反应器 154、296

基本工作原理示意（图） 154

三种任务场景中健康问题发生概率（表） 270

散裂 221

沙克尔顿 45、46

 队员选拔 45

 探险 45

 选择队员十条指导原则 46

膳食抗氧化剂补充 225

社会心理学支持 44

深度睡眠 263

神经前庭系统 30

神经前庭效应 30

神经形成 63

 发生改变 63

生存心理学 289

生理测试 197

生理系统适应时间表（图） 32

生理学 24

 基本概述 24

生命保障 78、170、268

 单元接口（表） 78

 范式 170

生命保障系统 1、24、72、74、97、99、295

 基本功能（表） 74

 基础 1

 类型 72

 设计要求 99

 设计因素 74

 演变与发展 97

生物打印 268~272

    3D 打印技术 270

    技术 272

生物连接器外观（图） 101

生物圈 4、5

    物质循环 5

生物群落 5

生物医学仪器系统 180

生物再生生命保障系统 87

生物制造 269~271

    基本要素 271

食用添加剂 231

食用药物 231

视觉障碍颅内压综合征 33

视力障碍 33

    基本理论 33

视乳头水肿症状 286

视神经鞘直径 37

手持烟雾探测器（图） 297

受到辐射轰击而可能很难修复的遗传物质（图） 58

受到空间辐射的生物医学后果 60

受控生态生命保障系统 89

树形大分子纳米材料 275

双子座计划 105~111

    3 号飞船航天员 G3C 型加压服（图） 108

    4 号飞船任务期间完成了美国首次太空行走（图） 111

    舱外活动 110

    低温液体储存子系统 109

    供氧子系统 105

    航天员对太空飞行反应预测和实际观察到情况（表） 109

    加压服回路子系统 108

    加压服基本用途和主要技术指标（表） 109

    设备布局（图） 107

    生理指标测量 109

    生命保障系统 105

    水管理子系统 106

    弹射座椅组件（图） 106

    温度控制子系统 107

水回收管理子系统 160、161

    基本功能（图） 161

水屏蔽 218

水圈 4

水星计划 98~105

    采用正常大气还是纯氧模式 100

    飞行前和飞行后的生理测量 103

    飞行中的生理测量 104

    航天员穿着一套基本的双层航天加压服（图） 99

    航天员飞行前和飞行后的体重减轻动态变化情况（表） 104

    航天员飞行前和飞行后的温度和心率动态变化情况（表） 103

    航天员身体上的电极安装位置（图） 103

    加压服 100

    生命保障系统 99

系统操作方法　102
　　　医学保障措施　102
　　　仪表面板使用方法　102
　　　总体飞行情况（表）　105
　　　座舱控制系统　101
四床分子筛工作原理（图）　153
松鼠冬眠　265
苏联死于高空减压的航天员（图）　17

T

太空不利环境因素对抗措施　195
太空飞行中航天员健康稳定计划　230
太空环境　8
太空垃圾　13、14
　　　成为一种严重且不断演变的危险源（图）　14
太空起点高度　8
太空人工重力　261
太空生理学　23
太空食品系统　42、42（图）
太空心理学　23
太空运动应用简史　196
太空植物种植　240
太空中的骨丢失　25
太空中的肌肉萎缩　29
太阳　9
太阳风　9
太阳辐射最低限度及被 $5g/cm^2$ 铝屏蔽层屏蔽条件下在月球或火星飞行任务中引起致命癌症的有效剂量和 REID（表）　208

太阳粒子　9、55～57
　　　辐射测量　56
　　　强度　57
　　　事件　9、9（图）、55
探测器　214
探索号舱　187
碳循环　7
体液沸腾　15、188
天空实验室　198、199
停泊在细胞叶酸受体上的树形大分子聚合物（图）　276
停滞　263
通风功能　158
通过估算组织对癌症贡献而计算出的组织加权因子（表）　207
通信载体组件　179
头盔　178

W

外大气层　4
外固定术　27
　　　股骨骨折处理的一种方法（图）　27
外逸层　4
微结构解剖学差异　38
微量污染物控制装置　166
微量污染物控制组件（图）　156、157
　　　简化工作流程（图）　157
　　　太空飞行结构（图）　157
微重力　12、13、40

人体中的液体转移过程（图） 40

为航天员设定可接受的风险水平 205

萎缩 29

卫生设备操作步骤 169

未来生命保障技术概念 256

未来月球基地外观示意（图） 18

未来载人行星际飞行概念图（图） 217

胃肠道综合征 223

温度和湿度控制 85、158

  子系统 158

沃纳·冯·布劳恩 257

物理化学生命保障系统 84

物质循环 5

X

西弗特 11

细胞膜片技术 273

下躯干组件 178

线性能量转移与相对生物学效应 220

相对生物效率 60

消防水雾便携式灭火器结构外观（图） 160

心理对策 228

心理支持措施 229

心血管系统 39

新鲜空气保持 294

行星环境 17

虚幻的自我运动 259

血管中被红细胞包围的人造红血球纳米机器人（图） 276

循环系统中细胞纳米机器人探测器外形（图） 276

Y

压力迅速下降与堵漏 297

亚特兰蒂斯号航天飞机气闸舱保障子系统外观（图） 142

岩石圈 4

眼球后部扁平化 38

氧化损伤 63

氧化应激 63

氧气 154、180

  补充压缩机组件 154

氧循环 5

药理学对抗措施 223

药物服用副作用 232

野餐方式 87

液冷通风服 179

液体转移 39

一次太阳粒子事件外观（图） 56

一片油漆撞击航天飞机挡风玻璃造成的撞击坑（图） 14

医疗保障责任领域 102

银河宇宙辐射 10

  起源（图） 10

银河宇宙射线 55

  测量 55

营养 5、41、43、83、231

平衡 231

摄入量监测 43

问题 41

循环 5

营养素 5

应急响应 297

硬质上躯干和 PLSS 177

尤里·加加林进行运动测试（图） 197

有毒大气躲避及泄漏物清理 298

有害杂质过滤器 166

有效剂量 11

预处理 271

预防骨丢失措施 27

预呼吸程序 183

程序表（表） 183

发展历史 183

月尘覆盖的最后一个人（图） 122

月球 18、19

辐射 19

重要特性（表） 18

月球服缺点 19

月壤 18

允许暴露剂量限值 205、206

运动对策的项目研究概况（表） 204

运动能力 202

运动生理学知识 29

运动与人工重力相结合 261

Z

再生生命保障系统工作原理示意（图） 150

再生式环境控制与生命保障系统 295、296

基本工作流程（图） 296

造血综合征 224～226

特点 226

真空 14、163

调控子系统 163

执行长期太空飞行任务的航天员特征（表） 53

植物 88

植物枕头 244

局部外部形态（图） 244

制氧组件 153～156

基本工作原理示意（图） 155

集成式过滤器和电池组及氢气传感器组的累积故障维护率（图） 155

年维护次数（图） 156

年维修和更换次数（图） 156

质量平衡 149

中国 4 人－180 天 CELSS 集成实验医学研究主要结果（图） 91

中间层 2

中枢神经系统 61、62

风险行为研究 62

效应 61

重力 12

主动辐射监测器　212
自行车功量计程序　186
组织等效比例计数器　212
组织工程学　273
最后一位在月球上行走的航天员吉恩·塞尔南

（图）　122
座舱大气警告灯　138
座舱内空气循环　159
座舱通风　85

（王彦祥、张若舒　编制）